Unidirektionale schwingungsunterstützte Ultrapräzisionszerspanung eisenhaltiger Werkstoffe mit definierter Schneidteilgeometrie

Von der Fakultät für Maschinenwesen
der Rheinisch-Westfälischen Technischen Hochschule Aachen
zur Erlangung des akademischen Grades eines
Doktors der Ingenieurwissenschaften
genehmigte Dissertation

vorgelegt von
Diplom-Ingenieur Michael Heselhaus
aus
Südlohn

Berichter:
Univ.-Prof. Dr.-Ing. Dr.-Ing. E.h. Dr. h.c. Fritz Klocke
Univ.-Prof. Dr.-Ing. Eberhard Abele

Tag der mündlichen Prüfung: 19. August 2009

ERGEBNISSE AUS DER PRODUKTIONSTECHNIK

Michael Heselhaus

Unidirektionale schwingungsunterstützte Ultrapräzisionszerspanung eisenhaltiger Werkstoffe mit definierter Schneidteilgeometrie

Herausgeber:
Prof. Dr.-Ing. Dr.-Ing. E.h. Dr. h.c. F. Klocke
Prof. Dr.-Ing. Dipl.-Wirt.Ing. G. Schuh
Prof. Dr.-Ing. C. Brecher
Prof. Dr.-Ing. R. Schmitt

Band 8/2009

WZL
RWTHAACHEN

Fraunhofer
IPT

Bibliografische Information der Deutschen Bibliothek
Die Deutsche Nationalbibliothek verzeichnet diese Publikation in der Deutschen Nationalbibliografie; detaillierte bibliografische Daten sind im Internet über http://dnb.ddb.de abrufbar.

Autor: Michael Heselhaus
Unidirektionale schwingungsunterstützte Ultrapräzisionszerspanung eisenhaltiger Werkstoffe mit definierter Schneidteilgeometrie

Wissenschaftsverlag des Instituts für Industriekommunikation und Fachmedien an der RWTH Aachen
Steinbachstr. 25, 52074 Aachen
Internet: www.apprimus-verlag.de, E-Mail: info@apprimus-verlag.de

Druck: KN Digital Printforce GmbH, Stuttgart

ISBN 978-3-940565-34-1

D 82 (Diss. RWTH Aachen University, 2009)

Vorwort

Preamble

Diese Arbeit ist im Rahmen meiner Tätigkeit als wissenschaftlicher Mitarbeiter am Fraunhofer-Institut für Produktionstechnologie IPT in Aachen entstanden.

Mein erster Dank gilt Herrn Univ.-Prof. Dr.-Ing. Dr.-Ing. E.h. Dr. h.c. Fritz Klocke, Leiter des Fraunhofer IPT und Inhaber des Lehrstuhls für Technologie der Fertigungsverfahren der Rheinisch-Westfälischen Technischen Hochschule Aachen, danke ich für die stets wohlwollende Förderung und fachliche Unterstützung, die ich bei der Erstellung dieser Arbeit sowie meiner Tätigkeit am Fraunhofer IPT erfahren durfte.

Mein Dank gilt auch Herrn Univ.-Prof. Dr.-Ing. Eberhard Abele, Leiter des Instituts für Produktionsmanagement, Technologie und Werkzeugmaschinen PTW der Technischen Universität Darmstadt, für die Übernahme des Koreferats und die Durchsicht des Manuskripts. Herrn Univ.-Prof. Dr.-Ing. Uwe Reisgen, dem Leiter des Instituts für Schweißtechnik und Fügetechnik ISF der RWTH Aachen, danke ich für die Übernahme des Prüfungsvorsitzes.

Mein besonderer Dank gilt Hr. Ralph Leyers, Inhaber der Firma Leyer & Kiwus GmbH für die Entwicklung und Bereitstellung eines Werkzeugsystems, Hr. Peter Feuchter, Geschäftsführer der Fa. Mössner GmbH und Hr. Peter Geelen, Mitarbeiter der Fa. Contour Fine Tooling für die Entwicklung und Bereitstellung vieler Versuchswerkzeuge.

Für die Durchsicht des Manuskripts bedanke ich mich herzlich bei Sarah Hatfied, Sonja Kampfer, Benjamin Bulla, Dr. Olaf Dambon, Jens Helbig und Dr. Andreas Weber. Ihre detaillierten Hinweise und Anregungen haben signifikant zum Gelingen dieser Arbeit beigetragen.

Meine Sympathie gilt vielen Kollegen und Mitarbeitern des Fraunhofer IPT, ohne deren freundliche Unterstützung und Diskussionsbereitschaft das Erstellen dieser Arbeit nicht denkbar gewesen wäre. Hervorheben möchte ich Reinhard Chalier und sein Werkstatt-Team sowie Martina Göbbels, ohne deren Engagement die ausgefallenen Konstruktionen und unzähligen REM Aufnahmen nicht möglich gewesen wären. Insbesondere hervorheben möchte ich die Kollegen der Abteilung Prozesstechnologie durch deren Offenheit und Hilfsbereitschaft ein einmaliges Büroklima entstand. Bedanken möchte ich mich weiterhin bei meinen ehemaligen Vorgesetzten Dr. Thomas Bergs und Dr. Olaf Dambon sowie den ehemaligen Kollegen Dr. Christoph Ader, Bernd Bresseler, Torsten Gerrath, Dr. Markus Grawatsch, Jens Helbig, Guido Pongs, Dietmar Pähler, Udo Schneider, Dr. Andreas Weber und nicht zuletzt der gesamten Fräsergruppe, die mich auch in schwierigen Zeiten stets unterstützt haben. Herzlich danke ich Jackson Michael Andretta, Benedikt Gellißen, Philip Jatzkowski, Guido Leuschen, Johannes Püllen, und Benjamin Bulla, die sich durch ihren unermüdlichen Einsatz bei der Erarbeitung der Ergebnisse verdient gemacht haben.

Ein ganz besonderer Dank gilt meinen Eltern Eugen und Anneliese Heselhaus, die mir durch ihre wertorientierte Erziehung und ihre einzigartige Unterstützung erst die akademische Laufbahn ermöglicht haben. Danken möchte ich auch meinen Brüdern Alexander und Konstantin. Ihre regelmäßigen Erinnerungen „Wat mäck de Doktorarbäit" (plattdeutsch) haben mich immer wieder neu motiviert.

Der größte Dank gebührt jedoch meiner zukünftigen Frau Sabine. Sie hat mir durch ihre liebevolle Unterstützung die notwendige Motivation gegeben sowie die Freiräume für die Umsetzung dieser Arbeit geschaffen.

Oberteuringen, im September 2009 Michael Heselhaus

Inhaltsverzeichnis

Table of Contents

Formelzeichen und Abkürzungen

Symbols and Abbreviations

Große Buchstaben

A, A_1, A_2	[µm]	Amplitude
A_R	[µm]	radiale Amplitude
$A_{r,theo}$	[µm]	theoretische radiale Amplitude
A_1, A_2	[mm²]	Fläche
A_{sp}	[µm²]	Fläche des Spanquerschnitts eines Kommaspans
D, D_1, D_2	[mm]	Durchmesser
D_E	[mm]	Durchmesser der expandierten Sonotrode
D_K	[mm]	Durchmesser der kontrahierten Sonotrode
D_R	[mm]	Durchmesser der Sonotrode in Ruhelage
E	[N/mm²]	Elastizitätsmodul
ED	[%]	Eingriffsdauer
$E_{kin,ges}$	[J]	Gesamtenergie über alle Eingriffszyklen
$E_{f1,kin\text{-}zyk}$, $E_{f2,kin\text{-}zyk}$	[J]	frequenzabhängige Energie pro Schwingungszyklus
F, F_1, F_2	[N]	Kraft
F_c	[N]	Kraft in Schnittrichtung
F_f	[N]	Kraft in Vorschubrichtung
F_p	[N]	Kraft in Passivrichtung
K, K_1, K_2	[mm]	Klemmbreite
K_A	-	Proportionalitätsfaktor
K_D	[mm]	Proportionalitätsfaktor
K_F	[s]	Proportionalitätsfaktor
K_f	[mm²]	Kennzahl
K_{US}	[J/kg]	Energieäquivalent
$K_{\Delta r}$	-	Transformationsfaktor
L_{ges}	[mm]	Systemlänge
M_s	[°]	„Martensit Starting“ Temperatur
PV	[nm]	maximale Rautiefe
Ra	[nm]	Arithmetischer Mittenrauwert
Ra_{theo}	[µm]	theoretischer arithmetischer Mittenrauwert

R_m	[N/mm²]	Bruchgrenze
$R_{p0,2}$	[N/mm²]	Streckgrenze
$R_{t,theo}$	[nm]	kinematische Rauheit
S	-	Schärfemaß
S_s	-	schwingungsspezifisches Schärfemaß
SV_y	[µm]	Schneidkantenversatz
T	[°C oder K]	Temperatur
T	[s]	Schwingungsperiode
T	-	Transformationsgrad
T_a	[s]	Austrittszeitpunkt des Werkzeugs
$T_{a,f1}, T_{a,f2}$	[s]	frequenzabhängiger Austrittszeitpunkt des Werkzeugs
T_e	[s]	Eintrittszeitpunkt des Werkzeugs
$T_{e,f1}, T_{e,f1}$	[s]	frequenzabhängiger Eintrittszeitpunkt des Werkzeugs
T_g	[°]	Erweichungs-/ Umwandlungstemperatur des Glases
T_s	[°]	Solidustemperatur
U_{os}	[mm]	Werkzeugüberläufe pro Oberflächenpunkt
VB	[µm]	Verschleißmarkenbreite des Freiflächenverschleißes
V_E	[mm³]	Volumen der expandierten Sonotrode
V_K	[mm³]	Volumen der kontrahierten Sonotrode
V_R	[mm³]	Volumen der Sonotrode in Ruhelage
$\dot{V}_{Abtrag}$	[mm³/min]	zerspantes Volumen pro Zeiteinheit
$\dot{V}_{Umform}$	[mm³/min]	umgeformtes Volumen pro Zeiteinheit

Kleine Buchstaben

a_p	[µm]	Schnitttiefe
b_{sp}	[µm]	Spanungsbreite des Kommaspans
c_D	[m/s]	Schallgeschwindigkeit im Festkörper
d_c	[µm]	Eindringtiefe des Werkzeugs
f, f_1, f_2	[Hz]	Frequenz
f	[µm]	Vorschub
f_{Im}	[1/s]	Impulsfrequenz
f_{max}	[µm]	maximal zulässiger Vorschub
h	[µm]	Höhe
h_{cu}	[µm]	Spanungsdicke
$h_{cu,krit}$	[µm]	kritische Spanungsdicke
$h_{cu,max}$	[µm]	maximale Spanungsdicke

$h_{cu,min}$	[µm]	minimale Spanungsdicke
$h_{cu,n}$	[µm]	oberflächennormale Spanungsdicke
k_f	[N/mm²]	Fließspannung
l	[mm]	Länge
l_E	[mm]	Länge der expandierten Sonotrode
l_K	[mm]	Länge der kontrahierten Sonorode
l_R	[mm]	Länge der Sonotrode in Ruhelage
$l_{s,40kHz}$	[mm]	Länge der Sonotrode für eine Frequenz von f = 40 kHz
$l_{s,60kHz}$	[mm]	Länge der Sonotrode für eine Frequenz von f = 60 kHz
m	[kg]	Masse
n	[1/min]	Drehzahl
nf1, nf2	-	frequenzabhängige Anzahl von Eingriffszyklen
p	[Pa]	Druck
r	[mm]	Radius
r	[mm]	beeinflusste Randtiefe
r_ε	[mm]	Schneideckenradius
s, s_1, s_2, s_3	[m]	Drehweg
s	[m]	Messstrecke
s_{zyk}	[µm]	pro Schwingungszyklus zerspante Strecke
t	[s]	Zeit
t	[µ]	Tiefe
t_c	[s]	Kontaktzeit zwischen Werkzeug und Werkstück
v_c	[m/s]	Schnittgeschwindigkeit
$v_{c,rel}$	[mm/s]	Relativgeschwindigkeit zwischen Werkzeug und Werkstück
$v_{c,rot}$	[mm/s]	Umfangsgeschwindigkeit des Werkstücks
v_{ein}	[mm/s]	Eintrittsgeschwindigkeit
v_{mit}	[mm/s]	arithmetisches Mittel der Geschwindigkeit
v_{os}	[mm/s]	Geschwindigkeitsanteil der Werkzeugschwingung
$v_{os,max}$	[mm/s]	maximale Geschwindigkeit der Werkzeugschwingung
$v_{rel,max}$	[mm/s]	maximale Relativgeschwindigkeit
v_{y-os}	[mm/s]	Geschwindigkeit der Werkzeugschwingung in y-Richtung
v_{z-os}	[mm/s]	Geschwindigkeit der Werkzeugschwingung in z-Richtung
w	[mm]	Strecke für elastische Entspannung
y_c	[µm]	Schädigungstiefe
v_{sp}	[mm/s]	Abflussgeschwindigkeit des Spans
x, y, z	-	kartesisches Koordinatensystem

x_{eff}	[µm]	Abstand Werkzeugscheitel - Schädigungsbereich

Griechische Buchstaben

ΔL	[µm]	Längenänderung
Δr_{theo}	[mm]	Radiusänderung der verformten Sonotrode
Δs	[µm]	Hilfsstrecke
Φ	[°]	Scherwinkel
α	[$10^{-6}K^{-1}$]	Wärmeausdehnungskoeffizient
α, α_0	[°]	Freiwinkel
α_R	[°]	Winkel der Linearschwingung relativ zur Bauteiloberfläche
ε	-	Dehnung
ε	[°]	Öffnungswinkel
γ, γ_0	[°]	Spanwinkel
γ_{eff}	[°]	effektiver Spanwinkel
φ_0, $\varphi_{1.1}$, $\varphi_{1.2}$	[°]	Winkelintervall
λ	[W/mK]	Wärmeleitfähigkeit
λ	[mm]	Wellenlänge
λ_{40kHz}	[mm]	Wellenlänge für eine Frequenz von f = 40 kHz
λ_{60kHz}	[mm]	Wellenlänge für eine Frequenz von f = 60 kHz
μ	-	Reibungskoeffizient
ρ	[g/cm³]	Dichte
ρ_s	[nm]	Schneidkantenverrundung der Werkzeugschneide
σ, σ_1, σ_2	[N/mm²]	Spannung
σ	[S/m]	elektrische Leitfähigkeit
σ_E	[N/mm²]	Eigenspannung
σ_F	[N/mm²]	Eigenspannung in Vorschubrichtung
σ_S	[N/mm²]	Eigenspannung in Schnittrichtung
σ_{VB}	[N/mm²]	induzierte Spannung durch Freiflächenverschleiß
τ	[N/mm²]	Schubspannung
τ_B	[N/mm²]	Schubbruchgrenze
τ_F	[N/mm²]	Fließgrenze
τ_{VB}	[N/mm²]	induzierte Schubspannung durch Freiflächenverschleiß
ω_{os}	[1/s]	Winkelfrequenz des oszillierenden Werkzeugs

Chemische Stoffe und Verbindungen

C	Kohlenstoff
Co	Kobalt
Cr	Chrom
Cu	Kupfer
Ge	Germanium
Mn	Mangan
Mo	Molybdän
Ni	Nickel
Pb	Blei
S	Schwefel
Si	Silizium
Ta	Tantal
Ti	Titan
V	Vanadium
W	Wolfram
Zr	Zirkonium
Al_2O_3	Aluminiumoxid
CaF_2	Calciumfluorid
CO_2	Kohlendioxid
CH_4	Methan
Fe_3C	Eisencarbid, Zementit
SiC	Siliziumcarbid
SiO_2	Siliziumoxid, Quarzglas
TiC	Titancarbid
TiN	Titannitrid
ZnS	Zinksulfid

Abkürzungen

CBN	kubisches Bornitrid
ESU	Elektroschlacke-Umschmelzverfahren
HM	Hartmetall
HRC	Härte nach Rockwell
HSS	Schnellarbeitsstahl
HV	Härte nach Vickers
HV0,1	Härte nach Vickers mit einer Prüfkraft von F = 0,1 N

MCBN	monokristallines kubischer Bornitrid
MKD	monokristalliner Diamant
NE-Metalle	Nichteisenmetalle
OFHC-Kupfer	oxygen free high conductivity Kupfer
PCBN	polykristallines kubisches Bornitrid
PTFE	Polytetrafluorethylen
ppm	parts per million
UP-Zerspanung	Ultrapräzisionszerspanung
WZ-System	Werkzeugsystem
ZTU	Zeit-Temperatur-Umwandlungsdiagramm
e-Nickel	stromlos abgeschiedenes Nickel

1 Einleitung und Motivation

Ausgeprägte Innovationskraft wird in den globalisierten Märkten als ein entscheidendes Kriterium zur Sicherung der Wettbewerbsfähigkeit und des Wohlstands lohnintensiver Standorte gegenüber der Konkurrenz aus Niedriglohnländern gesehen. Dies gilt insbesondere für den Standort Deutschland, da das produzierende Gewerbe einen überproportionalen Beitrag zum Bruttoinlandsprodukt leistet. Aus Sicht der Produktionstechnik ergibt sich hieraus die Forderung nach immer effizienteren oder gänzlich neuen Prozessen [MILB05].

Exemplarisch für diese Situation steht die Produktion mobiler Telefongeräte, die geprägt ist von einem scharfen weltweiten Wettbewerb. Der hohe Anspruch und die Mobilität der Endkonsumenten führen zu Geräten mit gesteigerter Funktionalität und Leistung. Mobile Telefone, in denen die Verbindung elektronischer, mechanischer sowie optischer Funktionen realisiert sind, können bereits in vielfältiger Ausprägung bezogen werden. Dabei rückt die Basisfunktion des mobilen Telefonierens immer weiter in den Hintergrund. Wettbewerbsvorteile werden nur noch durch die Bereitstellung weiterer Funktionen wie Video, Foto, E-mail oder auch Navigation erzielt. Das heißt, unterschiedliche Produkte mit singulären Funktionen verschmelzen bereits heute zu hochintegrierten Einzelgeräten. Gleichzeitig darf die Integration neuer Funktionalitäten nicht zur Zunahme der Gerätegrößen und -massen führen. Nichtsdestotrotz leiden in den multifunktionalen Produkten immer noch die Qualität der Einzelfunktionen sowie deren Zusammenspiel [PROM06, VDI00].

Eng verbunden mit dem stetigen Trend der Funktionsintegration bei gleichzeitiger Miniaturisierung und Leistungssteigerung des genannten Beispielprodukts ist die Entwicklung und Produktion optischer Systeme, Baugruppen und Komponenten. In der Vergangenheit sind optische Systeme durch radiuskonstante Linsen oder Spiegel realisiert worden. Bekannte optische Abbildungsfehler, wie sphärische und chromatische Abberation, können durch Kombination von Einzellinsen und -spiegeln über relativ lang bauende Systeme kompensiert werden. Heutzutage finden sich aber auch verstärkt asphärisch gekrümmte Komponenten, die zu einer Reduzierung der Baulänge bei gleicher oder sogar verbesserter optischer Abbildungsqualität führen. Sie wirken ausnahmslos refraktiv oder reflektierend und folgen den konventionellen Brechungs- und Reflexionsgesetzten der Optik [COSE98, VDI00, MIKR02].

Zusätzliches Potenzial zur weiteren Miniaturisierung der optischen Systeme bietet der Einsatz diffraktiver Linsen oder Spiegel, die nach dem Prinzip der Strahlbeugung von Huygens arbeiten. Diese können je nach Anwendungsgebiet sowohl transmissiv als auch reflektierend ausgelegt werden. Im Gegensatz zu konventionellen Optiken, die eine stetige Kontur aufweisen, zeichnen sich diffraktive Linsen oder Spiegel durch unstetige Konturen wie zum Beispiel Stufen aus. Sie können dabei durchaus auch in eine sphärisch oder asphärisch gekrümmte Kontur eingebracht werden. Neben der weiterhin geforderten optischen Oberflächenqualität bestehen hohe Toleranzanforderungen an die Form, Lage und Tiefe der Strukturen, die sich immer an der zur Anwendung kommenden Lichtwellenlänge orientieren. Hieraus ergeben sich, neben der exakten Auslegung des optischen Strahlengangs, auch hohe Anforderungen an die Fertigung dieser Elemente [PROM06].

Der Zugang dieser Elemente zum kostengetriebenen Massenmarkt ist durch relativ aufwendige Bearbeitungsprozesse und Prozessketten wie dem Vor-, Feinschleifen und Polieren zum Beispiel von Glasoptiken stark eingeschränkt. Schlüsseltechnologien zur Massenfertigung von komplexen Optiken aus Glas oder auch Kunststoff sind replikative

Verfahren, wie der Kunststoffspritzguss, das Blankpressen sowie das Präzisionsblankpressen. Diese Verfahren grenzen sich über ihre erzielbare Genauigkeit, optische Güte, Konturkomplexität sowie des bearbeitbaren Werkstoffspektrums voneinander ab. Eine entscheidende Bedeutung zur prozesssicheren Massenfertigung kommt dabei den Formwerkzeugen zu. Diese müssen aufgrund der abbildenden Charakteristik hervorragende Oberflächengüten sowie Form- und Lagetoleranzen aufweisen. Eine zusätzliche Anforderung ergibt sich aus den relativ hohen Umformtemperaturen an die Verschleißbeständigkeit respektive die Warmfestigkeit der Werkzeugwerkstoffe.

Für das Präzisionsblankpressen optischer Gläser liegen die Prozesstemperaturen im Bereich von 500°C < T < 1100°C. Die Formwerkzeuge werden oftmals aus Hartmetallen oder Keramiken über Schleif- und Polierverfahren hergestellt. Diese Verfahren sind jedoch durch ihre kinematischen Restriktionen und mangelnde Determinierbarkeit des zerspanten Materialvolumens nur eingeschränkt geeignet, um beispielsweise komplex konturierte bzw. strukturierte optische Formwerkzeuge zu erzeugen. Neuste glastechnische Entwicklungen zeigen, dass hochwertige optische Gläser auch in einem Temperaturbereich von 325°C < T < 550°C umformbar sind. Dies eröffnet die Möglichkeit, kostengünstigere Formwerkstoffe wie hochlegierte Stähle und Nichteisen-Metalle einzusetzen [YIAL06, KLOC03, SCHO07].

Für den optischen Kunststoffspritzguss stellt sich die Situation durch die wesentlich geringeren Umformtemperaturen im Bereich von 170°C < T < 250°C anders dar. Zum Einsatz kommen hier gehärtete Stahlsubstrate, die anschließend mit Nickel (Ni) beschichtet und über die etablierte Ultrapräzisionszerspanung mit monokristallinen Diamanten bearbeitet werden. Hierdurch können bereits feinstrukturierte bis hin zu freigeformten Formeinsätzen hergestellt werden. Trotz der kinematischen Flexibilität der Ultrapräzisionszerspanung mit definierter Schneide bleibt ihr die direkte Bearbeitung von eisenhaltigen Metallen aufgrund des hohen Werkzeugverschleißes noch verschlossen [DAMB05].

Das Präzisionsblankpressen von Glasoptiken sowie der Spritzguss von Kunststoffoptiken weisen sowohl ein hohes technologisches als auch wirtschaftliches Potenzial zur Massenherstellung komplex konturierter bzw. strukturierter Optiken auf. Es zeigt sich, dass der Einsatz kostengünstiger Formwerkstoffe aus z. B. Stahlwerkstoffen hochinteressant sein kann. Voraussetzung ist jedoch die nachbearbeitungsfreie Herstellung der optisch wirkenden Konturen und Strukturen über definierte Schneidteilgeometrien.

Eine Möglichkeit, den hohen Verschleiß an monokristallinen Diamanten zu reduzieren und damit die prozesstechnologische Lücke zu schließen, bietet die schwingungsunterstützte Zerspanung. Sie wurde erstmals durch MORIWAKI et al. für die konventionelle Ultrapräzisionsbearbeitung untersucht [MORI91]. In der jüngeren Vergangenheit konnten die positiven Effekte der Schwingungsunterstützung durch Untersuchungen an verschiedenen Werkstoffen, unter anderem auch Glas und Stahl, bestätigt werden. Jedoch liegen momentan noch keine detaillierten Kenntnisse der Wirkzusammenhänge in der Zerspanungszone für die schwingungsunterstützte Bearbeitung eisenhaltiger Legierungen vor [BABI04, LIUK06, KOSH07, MORI00, MORI01, RUEB01].

Aus den genannten Gründen ist die Motivation dieser Arbeit die system- und prozessspezifischen Abhängigkeiten und Wirkmechanismen zur Verbesserung des Prozessverständnisses bei der unidirektionalen schwingungsunterstützten UP-Zerspanung von Stahl bereitzustellen. Dazu werden unterschiedliche Gefügezustände eines Stahlwerkstoffs mit Hilfe eines neu entwickelten Schwingungssystems bearbeitet, um den Einfluss der system- und schwingungsspezifischen sowie konventionellen Prozessparameter auf das Bearbeitungsergebnis und die zugrunde liegenden Wirkmechanismen zu ermitteln. Eine Modellbildung liefert den theoretischen Unterbau, den es zu verifizieren gilt. Dazu wird erstmals auch die Abhängigkeit der Systemfrequenz auf das Prozessergebnis untersucht.

1 Introduction and Motivation

A distinct strength in innovation in the globalised markets is seen as one of the most important criteria to ensure the competitiveness und wealth of high-wage nations against competitors from low wage countries. This applies especially to Germany where the industrial sector contributes an overly proportional amount to the gross domestic product. For production technology this implies the demand for continuously improved and efficient as well as entirely new processes [MILB05].

The production of mobile cell phones characterised by a severe world wide competition is exemplary for this situation. Mobility and other consumer requirements lead to mobile products with increased functionality and performance. Products with combined electronical, mechanical and optical functionalities can be purchased in manifold variations. At the same time though, the importance of the basic mobile phone functionalities decreases continuously. Competitive advantages are only achieved by providing functions like video, photo, email as well as navigation. Today, different products with singular functions are merging to highly integrated single products. Simultaneously, the integration of new applications must not lead to increased size and mass of devices. Nevertheless, the multi-functional products still show a lack in quality of singular functions as well as their interaction between singular functions [PROM06, VDI00].

The mentioned trend of functional integration, miniaturisation and increase of performance is closely associated with the development and production of optical systems, modules and components. In the past, optical systems were realised by radius-constant lenses or mirrors. Known optical imaging aberrations, such as spherical and chromatic aberration, are compensated by the combination of singular lenses and mirrors. These systems are characterised by a high overall length. Nowadays, aspherical curved lenses are applied to reduce the overall system length for similar or even increased optical imaging quality. These components work refractively or reflectively without exception and are calculated by the conventional corresponding optical laws [COSE98, VDI00, MIKR02].

An additional potential for further miniaturisation of optical systems is opened up by the use of so called diffractive lenses and mirrors. The working principle of beam diffraction is described by the laws of Huygens. The components can be dimensioned for transmissive as well as reflective applications. In contrast to conventional optical components, diffractive lenses and mirrors are characterised by discontinuous contours, like e.g. steps. These microstructures can also be applied to spherical and aspherical contours. Beside the required optical surface quality, high demands on tolerances like form, position or depth of structure are posed. These demands are always oriented at the applied wavelength of light. Next to the exact calculation of the light pass, this also poises high demands concerning the production of the corresponding components [PROM06].

The access of these elements in the cost driven mass market is strongly reduced due to expensive machining processes and process chains. Exemplary, the production of glass optics is usually done by pre-grinding, fine grinding and polishing. Key technologies for the mass production of complex glass and plastic optics are replicative processes like plastic injection moulding, moulding and precision moulding of glass. These processes are distinguished by their attainable precision, optical quality and contour complexity as well as the applicable material spectrum. Therefore, the applied moulds and dies have a high importance for a stable mass production. Due to their imaging characteristics, they have to show outstanding surface, form and position qualities. Additionally, the high moulding temperatures require wear and heat resistant mould materials at elevated temperatures.

For the precision moulding of optical glass, the process temperatures are in a range of $500°C < T < 1100°C$. The dies are made out of carbide or ceramics and are usually machined by grinding and subsequent polishing. However, these processes are cinematically limited and their lack of deterministic material removal prevents the usage for the manufacturing of complex contoured and structured optical dies. Recent material developments offer the opportunity to mould high quality glass optics in a temperature range of $325°C < T < 550°C$. This enables the application of low cost mould materials like alloyed steels and non ferrous metals [YIAL06, KLOC03, SCHO07].

Due to lower moulding temperatures within a range of $170°C < T < 250°C$, the situation is different for the injection moulding of plastic. The moulds are made of hardened steel alloys with a nickel (Ni) coating and subsequently machined by the established ultra-precision cutting technology applying mono-crystalline diamond tools. Fine structured to free formed dies are already produced. Despite the kinematic flexibility of the ultra-precision cutting technology, the direct cutting of ferrous alloys is not possible due to high diamond tool wear [DAMB05].

The precision moulding of glass optics as well as the injection moulding of plastic optics offer a high technological and economical potential for the mass production of complex contoured and structured optics. Applying low cost die materials, like ferrous alloys, is highly interesting. However, applying defined cutting edges without secondary processes to machine optical contours and structures is a precondition for this.

One possibility to close the technological gap and to reduce the high diamond tool wear is given by vibration-assisted cutting. The positive influence for the classical ultra-precision machining with defined cutting edges could be shown for the first time by MORIWAKI [MORI91]. In the recent past, different investigations for various materials like glass and steel were undertaken and confirmed the reduced tool wear. However, for the vibration-assisted machining of ferrous alloys the knowledge on the interactions in the cutting zone is still limited [BABI04, LIUK06, KOSH07, MORI00, MORI01, RUEB01].

Due to the mentioned facts, the aim of this thesis is to provide the system and process specific dependencies and mechanisms to enhance the process knowledge for the unidirectional vibration-assisted ultra-precision cutting of steel.

Therefore, different material structure conditions of one steel material will be machined by use of a newly developed vibration-system. Hereby, the influence of the system and vibration specific parameters, the conventional parameters on the machining result and the underlying mechanisms of material removal are investigated. The theoretical basis will be given by a cutting model which needs to be verified. For this purpose, the dependency of the system frequency on the machining result will be researched upon for the first time.

2 Stand der Erkenntnisse und Verfahrensgrundlagen

State of the Art and Process Fundamentals

Die schwingungsunterstützte Bearbeitung ist eine Weiterentwicklung der etablierten Ultrapräzisionsbearbeitung. Sie kann die bisherigen Grenzen des bearbeitbaren Werkstoffspektrums signifikant erweitern. Jedoch sind die vorliegenden Wirkmechanismen und Einflüsse detailliert zu untersuchen, um eine fundierte Ausgangsbasis für die weitere Verfahrensentwicklung zu schaffen.

Eine Bewertung des aktuellen Stands der Technik sowohl für die Hartbearbeitung von eisenhaltigen Werkstoffen als auch für die klassische und schwingungsunterstützte Ultrapräzisionszerspanung (UP-Zerspanung), soll die Grundlage zur Modellbildung und Gestaltung der Versuchsreihen in den Kapiteln 5 bis 7 liefern.

2.1 Ultrapräzisionszerspanung mit monokristallinen Diamantwerkzeugen

Ultra-precision cutting with mono-crystalline diamond tools

Die Ultrapräzisionsbearbeitung mit geometrisch bestimmter oder unbestimmter Schneide ist ein Verfahren zur Herstellung optischer und mechanischer Bauteile mit höchsten Anforderungen an die Oberflächengüte und die Formgenauigkeit. Entscheidendes Merkmal der Ultrapräzisionsbearbeitung ist die duktile Spanabnahme mit geringen Vorschüben f und Schnitttiefen a_p von wenigen Mikrometern unter Verwendung hochsteifer Werkzeugmaschinen bei konstanten Umgebungsbedingungen. Dabei gewinnen, im Gegensatz zur klassischen Zerspanung mit z. B. Hartmetallschneiden, folgende Randbedingungen einen großen Einfluss auf die erzielbaren Bauteilqualitäten:

- Verwendung hochgenauer Maschinensysteme mit hydro- und aerostatischer Lagerung der translatorischen bzw. rotatorischen Maschinenachsen sowie hochsteife Maschinenbetten aus Granit.
- Einsatz von monokristallinen Diamantwerkzeugen mit höchster Schneidkantenschärfe bei gleichzeitiger geringer Schartigkeit.
- Zerspanung von homogenen, feinkörnigen und "reinen" Werkstoffen ohne Hartstoffpartikel, Carbidbildner oder Eisen.
- Zerspanung unter konstanten Umgebungsbedingungen durch den Einsatz von geregelten Klimaanlagen in staubfreier Umgebung.
- Konsequente Anwendung von Reinigungsstrategien für empfindliche Oberflächen mittels Ultraschallbäder, organischer Reinigungsflüssigkeiten und partikelfreier Druckluft.

Aus prozesstechnologischer Sicht sind bei der Ultrapräzisionszerspanung mit definierten Schneidteilgeometrien die auftretenden Wechselwirkungen in der Zerspanungszone zwischen Werkzeug- und Werkstückwerkstoff entscheidend für die Bauteilqualität sowie die erzielbaren Werkzeugstandzeiten. Der ausschließlich eingesetzte monokristalline Diamant (MKD) hat einen entscheidenden Einfluss auf die Wahl der zerspanbaren Werkstoffe. Im folgenden Teilkapitel werden zuerst die prozesstechnologischen Grundlagen erläutert und Analogien zu verwandten Prozesstechnologien aufgebaut. Die chemischen und physikalischen Eigenschaften sowie das Einsatzverhalten des MKD in der UP-Zerspanung und Hartbearbeitung werden in den Teilkapiteln 4.3 und 4.4 beschrieben.

2.1.1 Prozesstechnologische Grundlagen

Process characteristics

Die UP-Zerspanung mit definierten Schneidteilgeometrien wird in der DIN 8580 (Fertigungsverfahren) der Untergruppe »Trennen«, Kategorie »spanende Verfahren« zugeordnet. Es handelt sich also um ein Verfahren, bei dem der Werkstoffzusammenhalt des Werkstücks in der Zerspanungszone durch das Überschreiten von Grenzspannungen aufgehoben wird [DIN8580, KLOC02a].

Für die UP-Zerspanung mit definierter Schneide werden ausschließlich monokristalline MKD eingesetzt. Im Gegensatz zu polykristallinen Werkzeugwerkstoffen kann die Schneidkante schartenfrei bei gleichzeitig geringer Schneidkantenverrundung präpariert werden [BETZ69]. Diese Vorteile in Verbindung mit einer Schneidkantenschärfe $\rho_s < 50$ nm, die nahezu drei Größenordnungen unter der konventioneller Schneidstoffe liegt, ermöglichen eine duktile Spanabnahme und somit hohe Oberflächengüten von Ra < 10 nm [SPEN91]. Die Schneidkantenwelligkeit, die bei einer Konturbearbeitung im Zusammenspiel mit der Maschinengenauigkeit die minimal erzielbare Formtreue bestimmt, liegt dabei unterhalb von PV < 0,05 µm [CONT07, ALMT07].

Zur Erschließung der prozesstechnologischen Grundlagen ist eine detaillierte Analyse der geometrischen Eingriffsbedingungen bei der konventionellen UP-Zerspanung unerlässlich. Dazu werden im Folgenden die klassischen Stellgrößen der ultrapräzisen Drehbearbeitung wie Vorschub f, Schnitttiefe a_p und Schneideckenradius r_ε in Beziehung zu den für die Spanbildung relevanten abgeleiteten Bezugsgrößen Spanungsdicke h_{cu}, Spanungsbreite b_{sp} und Spanungsquerschnitt A_{sp} gesetzt.

Einfluss der geometrischen Eingriffsverhältnisse auf die Ultrapräzisionszerspanung

Analog zur Hochpräzisions-Hartdrehbearbeitung mit polykristallinen kubischen Bornitrid (PCBN) Werkzeugen ist die Spanbildung bei der UP-Zerspanung, aufgrund der geringen Zustellungen und Vorschübe, ausschließlich im Bereich des Schneideckenradius r_ε zu finden. Neben dem verwendeten Werkzeugwerkstoff besteht der Hauptunterschied in der Verwendung der klassischen Stellgrößen, die eine Größenordnung niedriger ausfallen (s. Tabelle 2-1) [ACKE89, KOCH96, JOCH01, NEOK03, KOEN94, SPEN91, RUEB01, u.a.m.].

Stellgrößen u. Parameter / Prozess	Schnitttiefe a_p [µm]	Vorschub f [µm]	Schnitt-geschwindigkeit v_c [m/min]	Schneid-eckenradius r_ε [mm]	Mitten-rauwert Ra [nm]	Form-genauigkeit PV [µm]
Hochpräzisions-Hartdrehen	20 - 300	10 - 100	150 - 220	0,2 - 10	20 - 200	3 - 10
Ultrapräzisionbearbeitung	0,4 - 20	1 - 20	500 - 1000	0,01 - 10	1 - 5	0,1 - 1

Tabelle 2-1: Hochpräzisions-Hartdrehen und Ultrapräzisionsdrehen im Vergleich

Comparison of high-precision hard turning and ultra-precision turning

Die hierbei entstehende Spanform wird auch als Kommaspan bezeichnet, der eine veränderliche Spanungsdicke h_{cu} entlang der Kontaktlänge zwischen Werkzeug und Werkstück aufweist. In Bild 2-1 ist diese spezielle, für UP-Zerspanung übliche Spanform, schematisch dargestellt. KOCH hat in den 90er Jahren die wichtigsten Beziehungen zur

Beschreibung der Einflussfaktoren und Spanbildungsvorgänge für die Hochpräzisions-Hartdrehbearbeitung abgeleitet [KOCH96].

Aus den für die Drehbearbeitung genutzten Stellgrößen Schnitttiefe a_p, Vorschub f und Schneideckenradius r_ε lassen sich die wichtigsten Größen Spanungsbreite b_{sp}, Spanungsquerschnitt A_{sp} sowie Spanungsdicke h_{cu} zur Beurteilung des Prozesses geometrisch aus Bild 2-1 ableiten.

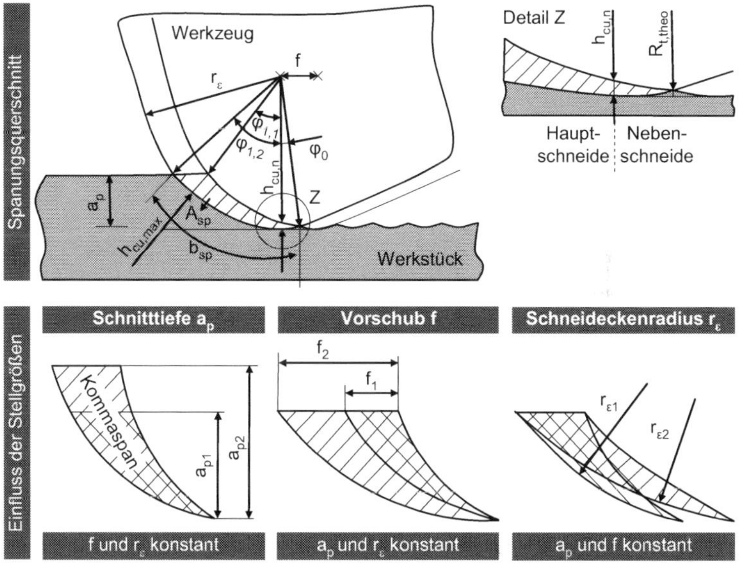

Bild 2-1: Spanquerschnitt bei der Ultrapräzisionszerspanung [Koch96]

Chip cross section for ultra-precision machining [Koch96]

Die Spanungsbreite b_{sp} beschreibt die im Eingriff befindliche Kontaktlänge des definierten Schneideckenradius r_ε und kann analytisch über folgende Gleichung beschrieben werden:

$$b_{sp} = r_\varepsilon \cdot \left[\arccos\left(\frac{r_\varepsilon - a_p}{r_\varepsilon} \right) + \arcsin\left(\frac{f}{2 \cdot r_\varepsilon} \right) \right] \quad \textbf{Gl. 2-1}$$

Nach DEGENER berechnet sich der Spanungsquerschnitt A_{sp}, der der überdeckten, unverformten und zu zerspanenden Fläche zwischen Werkzeug und Werkstück entspricht, nach folgendem formalen Zusammenhang [DEGE81]:

$$A_{sp} = f \cdot \left(a_p \cdot \frac{r_\varepsilon}{3} + \frac{1}{6} \cdot \sqrt{4 \cdot r_\varepsilon^2 - f^2} \right) \quad \textbf{Gl. 2-2}$$

In der Literatur gilt als entscheidende Größe für den Übergang von spröder zu duktiler Zerspanung die Spanungsdicke, die aufgrund der Kommaspanform variiert und in hinreichendem Maße über zwei Winkelintervalle formal beschrieben werden kann. Für die einzelnen Winkel φ_0, $\varphi_{1.1}$ und $\varphi_{1.2}$ gelten folgende Zusammenhänge:

$$\varphi_0 = -\arcsin\left(\frac{f}{2\cdot r_\varepsilon}\right), \qquad \textbf{Gl. 2-3}$$

$$\varphi_{1.1} = \arctan\left(\sqrt{\left(\frac{r_\varepsilon}{r_\varepsilon - a_p}\right)^2 - 1} - \left(\frac{f}{r_\varepsilon - a_p}\right)\right) \text{ und} \qquad \textbf{Gl. 2-4}$$

$$\varphi_{1.2} = \arccos\left(1 - \frac{a_p}{r_\varepsilon}\right) \qquad \textbf{Gl. 2-5}$$

Die oberflächennormale Spanungsdicke $h_{cu,n}$ ergibt sich aus:

$$h_{cu,n} = r_\varepsilon \cdot \left(1 - \sqrt{1 - \left(\frac{f}{2\cdot r_\varepsilon}\right)^2}\right) \approx \frac{f^2}{2\cdot r_\varepsilon} \qquad \textbf{Gl. 2-6}$$

Mit den Gleichungen 2-3, 2-4 und 2-5 kann die Spanungsdicke in den verschiedenen Winkelintervallen wie folgt beschrieben werden:

$$h_{cu}(\varphi) = r_\varepsilon\left(1 + \left(\frac{f}{r_\varepsilon}\right)\cdot\sin\varphi - \sqrt{1 - \left(\frac{f}{r_\varepsilon}\right)^2\cdot\cos^2\varphi}\right) \quad \text{für } \varphi \in [\varphi_0, \varphi_{1.1}] \qquad \textbf{Gl. 2-7}$$

$$h_{cu}(\varphi) = r_\varepsilon\left(1 - \left(1 - \frac{a_p}{r_\varepsilon}\right)\cdot\frac{1}{\cos\varphi}\right) \quad \text{für } \varphi \in [\varphi_{1.1}, \varphi_{1.2}] \qquad \textbf{Gl. 2-8}$$

Die Spanungsdicke h_{cu} ist hierbei sowohl zur Beurteilung der Parametereinflüsse auf den Übergang von der duktilen zur spröden Zerspanung als auch zur Ermittlung der Mindestspanungsdicke $h_{cu,min}$ heranzuziehen [BRAN95, KOCH96]:

$$h_{cu,\max} = r_\varepsilon \cdot \left(1 - \sqrt{1 + \left(\frac{f}{r_\varepsilon}\right)^2 - 2\cdot\left(\frac{f}{r_\varepsilon}\right)\cdot\sqrt{2\cdot\left(\frac{a_p}{r_\varepsilon}\right) - \left(\frac{a_p}{r_\varepsilon}\right)^2}}\right) \quad \text{oder} \qquad \textbf{Gl. 2-9}$$

$$h_{cu,\max} = r_\varepsilon - \sqrt{r_\varepsilon^2 - 2\cdot f\cdot(b - f)} \qquad \textbf{Gl. 2-10}$$

Wird die maximale Spanungsdicke $h_{cu,max}$ in Abhängigkeit von Vorschub f und Schnitttiefe a_p aufgetragen, zeigt sich, wie in Bild 2-2 links dargestellt, dass der Vorschub f einen signifikanten Einfluss auf die maximale Spanungsdicke $h_{cu,max}$ hat. Wird der Einfluss eines steigenden Eckenradius r_ε in den Vergleich mit einbezogen, ist der Vorschub f weiterhin die bestimmende Größe zur Einstellung spezifischer Spanungsdicken (s. Bild 2-2 rechts).

Für abnehmende Vorschubwerte ist jedoch bekannt, dass die Oberflächenrauheit stark von der theoretischen Rautiefe $R_{t,theo}$ abweichen kann. Der Einfluss geringer Spanungsdicken h_{cu} bei einer ausschließlichen Zerspanung im Bereich des Schneideckenradius r_ε ist für die Ausprägung der Oberflächenfeingestalt von Bedeutung. BRAMMERTZ et al. erkannten, dass eine Erweiterung der Gleichung notwendig ist. Aufgrund der geometrischen Randbedingungen steigt die Spanungsdicke im Bereich der Nebenschneide von h_{cu} = 0 µm über den Scheitelpunkt bis hin zur Spanschulter im Hauptschneidenbereich auf $h_{cu,max}$ an. Die Arbeiten von BRAMMERTZ zur „Spanzipfel-Theorie" zeigen, dass sich in diesem Bereich eine Spanungsdicke $h_{cu,min}$ feststellen lässt, bei der sich der Werkstückwerkstoff einer Spanbildung bzw. Scherung durch elastische Verformung entzieht [BRAM61, SCHM99, ZIMM99]. Hinter der Schneide kommt es zu einer Entlastung und damit zu einer Rückfederung des Werkstückwerkstoffs, das einen „Spanzipfel" verursacht. Dies führt zu unterschiedlich steilen Flanken im Vorschubprofil.

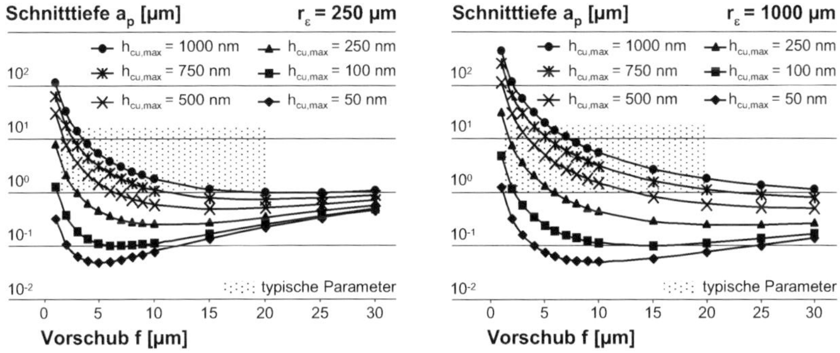

Bild 2-2: **Schnitttiefe a_p in Abhängigkeit des Vorschubs f bei diskreten maximalen Spanungsdicken $h_{cu,max}$ für zwei Eckenradien r_ε**

Depth of cut a_p against feed rate f for discrete maximum chip thicknesses $h_{cu,max}$ for two cutting edge radii r_ε

Ist die Mindestspanungsdicke $h_{cu,min}$ bekannt und klein gegenüber Schneideckenradius r_ε sowie dem Vorschub f, kann die theoretische Rauheit $R_{t,theo}$ nach BRAMMERTZ, unter Vernachlässigung einer plastischen Verformung, über die Gleichungen 2-11 bis 2-12 beschrieben werden:

$$R_{t,theo} = r_\varepsilon \cdot \left(1 - \sqrt{1 - \left(\frac{f}{2 \cdot r_\varepsilon} + \left(\frac{h_{cu,\min}}{f}\right)^2\right)}\right) \qquad \textbf{Gl. 2-11}$$

Durch eine Reihenentwicklung kann Gl. 2-11 auf folgende Beziehung zurückgeführt werden:

$$R_{t,theo} = \frac{f^2}{8 \cdot r_\varepsilon} + \frac{h_{cu,\min}}{2} \cdot \left(1 + \frac{r_\varepsilon \cdot h_{cu,\min}}{f^2}\right) \qquad \textbf{Gl. 2-12}$$

Wie aus Gl. 2-12 zu erkennen ist, ergibt sich die theoretische Rautiefe $R_{t,theo}$ aus Gl 2-12 und einem Korrekturterm, der die Effekte der minimalen Spanungsdicke $h_{cu,min}$ in die Berechnung mit einbezieht. Zur Ermittlung der Mindestspanungsdicke $h_{cu,min}$ verwendete BRAMMERTZ polykristalline Werkzeugschneiden mit einer Schneidkantenverrundung von ρ_s = 8 bis 10 µm. Die in den Versuchen identifizierte Mindestspanungsdicke betrug $h_{cu,min}$ = 4 µm. Die Abhängigkeit der Schneidkantenverrundung ρ_s von der Mindestspanungsdicke $h_{cu,min}$ wurde auch durch SCHMIDT untersucht. Er verwendete dabei Schneidkantenverrundungen von ρ_s = 35 bis 115 µm und schätzte die kritische Spanungsdicke auf ein Zehntel der Schneidkantenverrundung ab, also $h_{cu,min} = 0{,}1 \cdot \rho_s$ [SCHM99].

Die geometrische Situation im Bereich der Schneidkantenverrundung zeigt Bild 2-3. Im Staupunkt kurz vor der Schneide trennt sich der Werkstoff auf und bildet ein Werkstoffvolumen aus, das durch plastische und elastische Verformung unterhalb der Schneidkante verläuft. Der elastisch durch die Schneidkante komprimierte Anteil entspannt sich anschließend über die Strecke w im Bereich des Werkzeugfreiwinkels α [RIEM01].

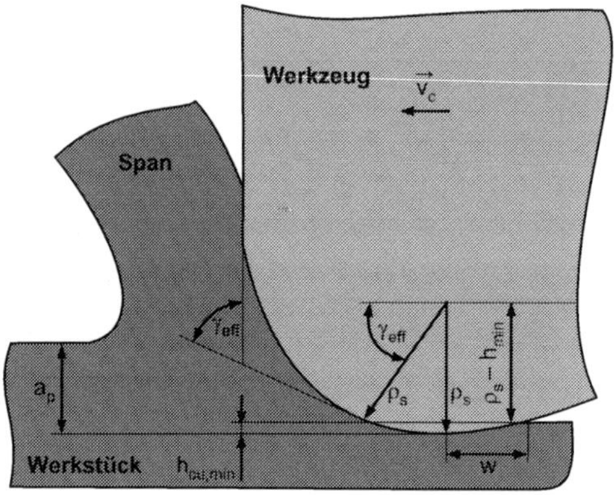

Schneidkantenverrundung für

- Chirurgische Schneidinstrumente (MKD) ρ_s = 5 - 10 nm
- Ultrapräzisionszerspanung (MKD) ρ_s = 30 - 50 nm
- Hochpräzisions-Hartbearbeitung (CBN) ρ_s = 2 - 5 µm
- konventionelle Zerspanung (HM) ρ_s = 5 - 10 µm

Effektiver Spanwinkel

$$\sin \gamma_{eff} = \frac{\rho_s - h_{min}}{\rho_s} = 1 - \frac{h_{min}}{\rho_s}$$

Bild 2-3: **Einfluss der Schneidkantenverrundung ρ_s auf den effektiven Spanwinkel γ_{eff}**

Influence of cutting edge sharpness ρ_s on effective rake angle γ_{eff}

Im Fall der UP-Zerspanung sind die verwendeten Schneidkantenverrundungen jedoch zwei bis drei Größenordnungen geringer. Durch seine monokristalline Natur ist der Diamant scharfkantig über Läpp- und Polierverfahren präparierbar. Für chirurgische Instrumente kann die Schneidkantenverrundung bei ca. 5 nm liegen [ERTL03]. Für die UP-Zerspanung liegen typische Verrundungen von ρ_s = 20...50 nm vor. Aus den Betrachtungen von SCHMIDT ergibt sich eine Mindestspanungsdicke von $h_{cu,min}$ = 5 nm. IKAWA konnte zeigen, das die hierbei erzielbare Mindestspanungsdicke bis zu $h_{cu,min}$ = 1 nm betragen kann [IKAW91].

Die geometrischen Bedingungen waren Grundlage zahlreicher Untersuchungen zur Ermittlung der kritischen Spanungsdicke $h_{cu,min}$ bei unterschiedlichen Werkstoffen. Basis der Untersuchungen waren Werkzeuge aus Schellarbeitsstahl (HSS), die RUBENSTEIN et al. bei der Aluminiumzerspanung und ABDELMONEIM et al. bei der Zink- und Messingzerspanung einsetzten [RUBE85, ABDE74]. Sie ermittelten an speziell präparierten Schneidkanten mit extremen Schneidkantengeometrien kritische Spanwinkel von γ = -65...80° bei denen die Werkstoffe nicht mehr zerspant wurden, sondern eine elastische und plastische Verformung unter der Schneidkante statt fand. Speziell die plastische Verformung sorgt hierbei für eine dauerhafte Beeinflussung der Oberflächenrandzone durch die Einbringung von Eigenspannungen. TAMINIAU und DAUTZENBERG nutzten diese Ergebnisse als Grundlage für ihre Untersuchungen bei der Hochpräzisionsbearbeitung von Messing MS58 [TAMI91]. Sie entwickelten eine theoretische Beschreibung für die Prozesskräfte bei der Zerspanung unterhalb der Schneidkantenverrundung unter Berücksichtigung des unterhalb der Schneidkante verdrängten Werkstoffs.

Weitere Untersuchungen wurden zur Präzisions- und Ultrapräzisionsbearbeitung sprödharter anorganischer Werkstoffe wie Silizium Si, Germanium Ge, Zinksulfid (ZnS) oder Calciumfluorid (CaF_2) durchgeführt. Für diese Werkstoffe ist die Zerspanung mit MKD etabliert. Im Vergleich zum duktilen Schleifen ist bei der Zerspanung mit definierten Schneidteilgeometrien aus Diamant eine duktile Spanabnahme möglich [KOCH92a, SINH96, BIFF94, KOCH92b, YOSH90, BLAC88]

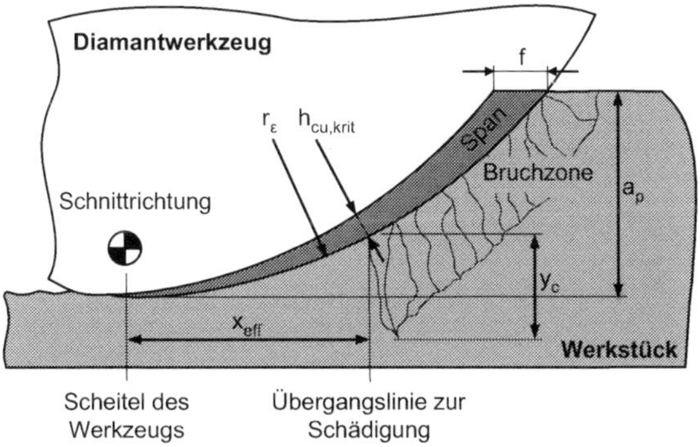

Bild 2-4: Modell zur ultrapräzisen Zerspanung sprödharter Werkstoffe [BLAK90]

Schematic model for ultra-precise machining of brittle materials [BLAK90]

Wie in Bild 2-4 zu erkennen ist, existiert nach der von BLAKE formulierten Hypothese eine kritische Spanungsdicke $h_{cu,krit}$ oberhalb derer sich im Werkstoff Risse ausbreiten, die auch in einem anschließenden Bearbeitungsschritt zu einem gewissen Anteil in die Oberfläche hineinreichen. Unterhalb der kritischen Spanungsdicke $h_{cu,krit}$ existiert ein Bereich in dem der Werkstoff schädigungsfrei und damit duktil abgetragen wird.

Formal wurden diese Zusammenhänge in der Zerspanungszone durch BLACKLEY und SCATTERGOOD beschrieben:

$$\frac{x_{eff}^2 - f^2}{r_\varepsilon^2} = \frac{d_c^2}{f^2} - 2 \cdot \left(\frac{h_{cu,krit} + y_c}{r_\varepsilon} \right) \quad \text{Gl. 2-13}$$

Der maximal zulässige Vorschub für eine duktil zerspante Oberfläche ist erreicht, wenn der Übergangsbereich zum Sprödbruch unmittelbar auf der Höhe des orthogonal auf der Werkstückoberfläche stehenden Werkzeugscheitels liegt ($x_{eff} = 0$):

$$f_{max} = h_{cu,krit} \cdot \sqrt{r_\varepsilon} \cdot \sqrt{\frac{1}{2 \cdot (h_{cu,krit} + y_c)}} \quad \text{Gl. 2-14}$$

Nach BLACKLEY und BLAKE ist ein mehrachsiger Spannungszustand unmittelbar vor der Schneide für das Fließen des Werkstoffs verantwortlich. Damit spielen sowohl die Werkzeuggeometrie wie Span- und Freiwinkel als auch der für die Reibung relevante

Kühlschmierstoff eine große Rolle für die gewünschte Spannungsverteilung [BLAC89, BLAC91, BLAC88].

Eine weitere Voraussetzung zur duktilen Spanabnahme bei homogenen Werkstoffen ist, neben dem hydrostatischen Spannungszustand, ein Abgleiten des Werkstoffs in der Scherebene bevor der kritische Wert für einen Spaltbruch erreicht ist. In homogenen Werkstoffen liegen die Gleit- oder Spaltebenen in derselben Ebene wie die auftretenden maximalen Scher- bzw. Zugspannungen.

Liegen im Werkstoff Defekte vor, so können diese Ausgangspunkte für Brüche sein (s. Bild 2-5). Jedoch ist es auch bei defektbehafteten Werkstoffen möglich, eine duktile Spanabnahme zu erzielen, solange das Spannungsfeld vor der Schneide nicht zu einem Aufreißen des Werkstoffs an der defekten Stelle führt. NAKASUJI bezeichnete diesen Effekt als „Size Effect“ [NAKS90].

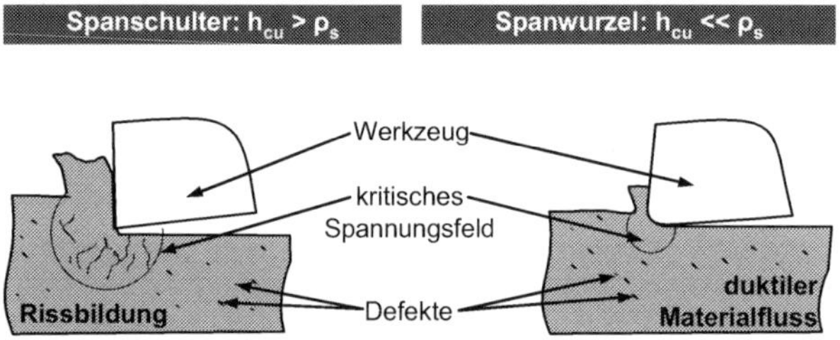

Bild 2-5: „Size Effect“ bei der Bearbeitung mit minimalen Spanungsgrößen

„Size Effect“ at minimal cutting parameters

Aufgrund der unter der Schneide wirkenden hohen Drücke ($p > 10$ GPa) wird der Werkstoff sogar in seiner kristallinen Struktur beeinflusst. MORRIS et al. konnten durch Berechnungen zeigen, dass bei der Bearbeitung von monokristallinem Silizium seine Gitterstruktur wahrscheinlich in eine Phase mit größerer plastischer Verformbarkeit umgewandelt wird. Eine ergänzende Analyse der Spanform zeigte, dass sich unterhalb des Werkzeugs durch Drück- und Quetschvorgänge eine extrudierte und plastifizierte Schicht bildet, die nicht durch die bereits beschriebenen kristallographischen Vorgänge verursacht wird [MORR95].

Ergänzend konnte FANG zeigen, dass bei Spanungsdicken $h_{cu} << 1$ µm die an der Zerspanung beteiligten Fehlstellen gegen Null gehen. Daraus resultierend müssen die hohen atomaren teilweise kovalenten Bindungskräfte überwunden werden, die z. B. bei der Bearbeitung von monokristallinen anorganischen Werkstoffen wie Silizium Si oder Germanium Ge oder auch bei hochdichten feinstkörnigen Hartmetallen (HM) zu hohen bezogenen Schnittkräften an der Spanfläche führen. Die hohen Scherkräfte führen hierbei zu einem erhöhten Werkzeugverschleiß, der wiederum die Rissbildung durch die reduzierte Phasenumwandlung fördert [NAKS90, FANG98, KURI06].

Zusammenfassend lässt sich festhalten, dass die duktile Zerspanung sprödharter poly- oder monokristalliner Werkstoffe geringste Spanungsdicken im Bereich von $70 < h_{cu} < 300$ nm erfordert. Dieser stark begrenzte Parameterbereich darf während der Zerspanung nicht verlassen werden, da ansonsten die empfindliche monokristalline Diamantschneidkante zu stark belastet wird [FANG98, KURI06]. Konventionelle Maschinensysteme sind aufgrund ihrer relativ geringen Achspräzision und Schwingungsanfälligkeit nicht geeignet. Zum Einsatz kommen hier Ultrapräzisionsmaschinen [WECK95].

Spanbildung – Analogien zum Hochpräzisions-Hartdrehen

Bei der Bearbeitung gehärteter Stahlwerkstoffe kommen polykristalline CBN Schneidstoffe zum Einsatz. In Kombination mit hochgenauen und steifen Maschinensystemen wird das Verfahren Hochpräzisions-Hartdrehen genannt. Die erzielbaren Bearbeitungsqualitäten sind mit fein geschliffenen Oberflächen vergleichbar [KOCH96].

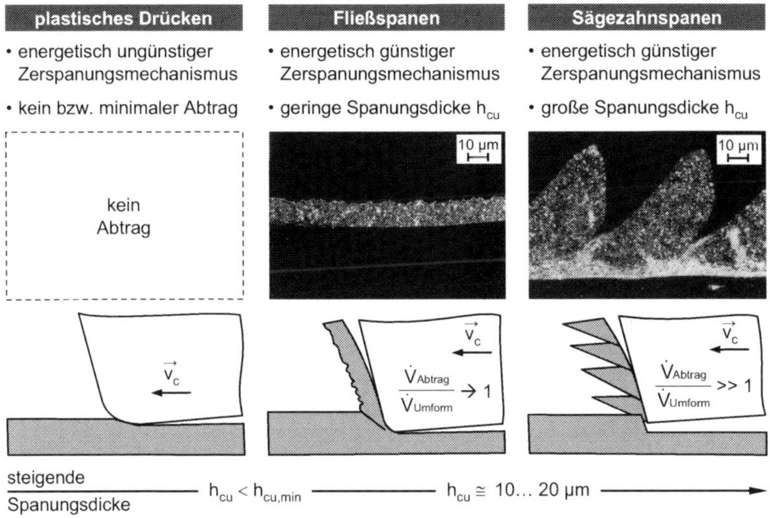

Bild 2-6: Zerspanungsmechanismen beim Hochpräzisions-Hartdrehen [Koch96]

Cutting mechanisms for high-precision hard turning [KOCH96]

Wie auch bei der UP-Zerspanung wird beim Hochpräzisions-Hartdrehen der Span ausschließlich im Bereich des Werkzeugeckenradius erzeugt. Die bereits vorhandenen Ergebnisse zur Spanbildung bei der Hartdrehbearbeitung können analog als Grundlage für die hier betrachtete schwingungsunterstützte UP-Zerspanung gehärteter Stahlwerkstoffe genutzt werden.

Der Hauptunterschied zur konventionellen Weichzerspanung liegt in der geringen Verformungsfähigkeit martensitisch gehärteter Stähle begründet. In Abhängigkeit von der gewählten Spanungsdicke h_{cu} können in der klassischen Hartzerspanung Fließspäne als auch sägezahnförmige Späne auftreten (s. Bild 2-6). Die Wahl kleinerer Spanungsdicken h_{cu} führt zu einer plastischen Verformung des Werkstoffs ohne definierte Spanabnahme.

KOCH beschrieb drei verschiedene Spanbildungsmechanismen, die er über das Schärfemaß S als Quotient aus Spanungsdicke h_{cu} und Schneidkantenverrundung ρ_s voneinander abgrenzen konnte. Bei dieser Betrachtung tritt der sägezahnförmige Span bei Schärfemaßen von S >> 1 auf.

Sägezahnspäne bilden sich bei der Hochpräzisions-Hartdrehbearbeitung ab einer Werkstoffhärte von etwa 50 HRC. Aufgrund der geringen Verformungsfähigkeit gehärteter Stahlwerkstoffe entsteht zu Beginn des Zerspanungsprozesses ein Riss beginnend an der Bauteiloberfläche, der sich unter dem Winkel Φ der größten Schubspannung fortpflanzt (s. Bild 2-7) [ACKE89]. In der Literatur wird der werkstoffabhängige Winkel zwischen

30° < Φ_0 < 45° angegeben. Eine Abhängigkeit von den Prozessparametern oder der Schneidteilgeometrie konnte nicht nachgewiesen werden [ACKE89, POUL99, NAKA88].

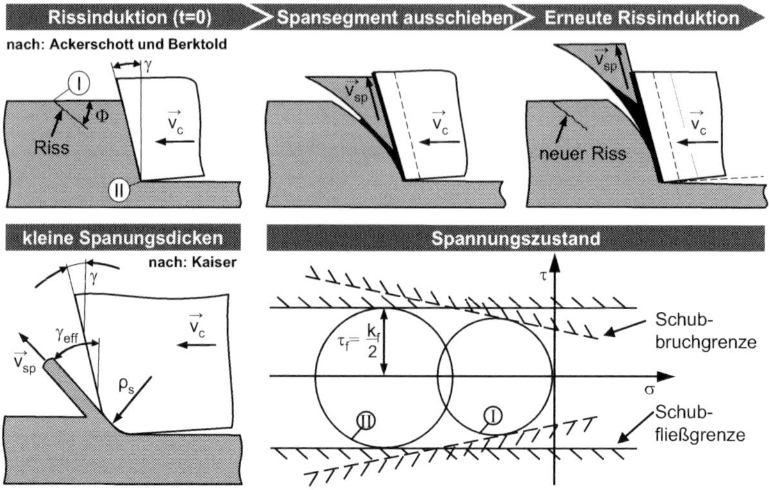

Bild 2-7: Spanbildung beim Hochpräzisions-Hartdrehen [ACKE89, BERK92, KAIS92]

Chip formation for high-precision hard turning [ACKE89, BERK92, KAIS92]

Die Rissbildung wird nach BERKTOLD und SHAW aufgrund eines Druckspannungszustands und hoher Temperaturen vor der Schneide gestoppt. Dabei geht der Riss in eine plastische Verformung über, so dass der Span als unverformtes Segment über den dazwischen liegenden plastifizierten Werkstoff ausgeschoben wird [BERK92, SHAW93].

Bei geringeren Spanungsdicken von ca. h_{cu} < 0,02 mm verschiebt sich die sägezahnförmige Spanbildung nach KAISER, KÖNIG und KOCH hin zu fließspanähnlichen Spänen [KAIS92, KOEN93, KOCH96]. Die Rissbildung wird hierbei reduziert zugunsten einer stärkeren plastischen Verformung. Kaiser begründet diesen Übergang mit der erweiterten Schubspannungshypothese nach MOHR, nach der bei hohen überlagerten Druckspannungen eine Plastifizierung des zu bearbeitenden Werkstoffs vorliegt [KAIS92, KLOO82, SIEB52]. Der vorliegende zweiachsige Druckspannungszustand konnte bei der Bearbeitung von gehärteten Stahlwerkstoffen durch einen Vergleich der Schnittkraftanteile durch KOCH untermauert werden. Er stellte fest, dass bei geringen Spanungsdicken die Beträge der auftretenden Passivkräfte teilweise über denen der Schnittkraft lagen [KOCH96].

KOCH weist neben den Spanbildungstheorien auch auf die Existenz einer Mindestspanungsdicke $h_{cu,min}$ hin, unterhalb derer keine definierte Spanbildung möglich ist. Im Gegensatz zu KAISER stellte er weiterhin fest, dass auch bei Spanungsdicken h_{cu}, die größer als die Schneidkantenverrundung ρ_s sind, eine Fließspanbildung möglich ist [KOCH96, KAIS92]. Die Reduzierung der Spanungsdicke h_{cu} unterhalb einer Mindestspanungsdicke $h_{cu,min}$ führt dazu, dass der zerspante Werkstoffanteil nur noch minimal ist und die Oberfläche des Werkstücks nur durch elastische und plastische Vorgänge beeinflusst wird [KOCH96, KAIS92].

Randzonenbeeinflussung

Eine Veränderung der Randzoneneigenschaften durch die Mikrozerspanung konnten IKAWA, EVANS und BYRNE zeigen. Die Randzonenschädigung erfolgt aufgrund der wiederholten versetzten Überläufe des Werkzeugs für jeden einzelnen Werkstückpunkt der Oberfläche. Da die Spanungsdicke h_{cu} durch die Kommaspanform sehr empfindlich auf die Variation des Vorschubs reagiert, kommt es zu einer plastischen Verformung und damit zu einer Kaltverfestigung im Werkstoff. EVANS konnte eine beeinflusste Tiefe von 1,5 µm für Kupfer und Aluminium nachweisen. IKAWA verallgemeinerte die beeinflusste Randzone zu $r = 12 \cdot \rho_s$ [IKAW82, EVAN87, BYRN92].

Der Einfluss der Zerspanparameter und der Schneidteilgeometrie auf die Oberflächenintegrität der Bauteile spiegelt sich auch in den induzierten Eigenspannungszuständen wider. Eine Betrachtung der induzierten Eigenspannungen in Stahlwerkstoffen unter Verwendung von scharfkantigen monokristallinen Diamanten ist in der Literatur bisher nicht zu finden. Die in der Literatur vorhandenen Untersuchungen beziehen sich auf die Zerspanung von Nichteisenmetallen (NE-Metalle) wie z. B. Nickel Ni [YUAN96, LINZ97, ZONG06]. Nichtsdestotrotz können auch hier die Erkenntnisse aus der Hochpräzisions-Hartdrehbearbeitung zur Analogiebildung bei der UP-Zerspanung dienen.

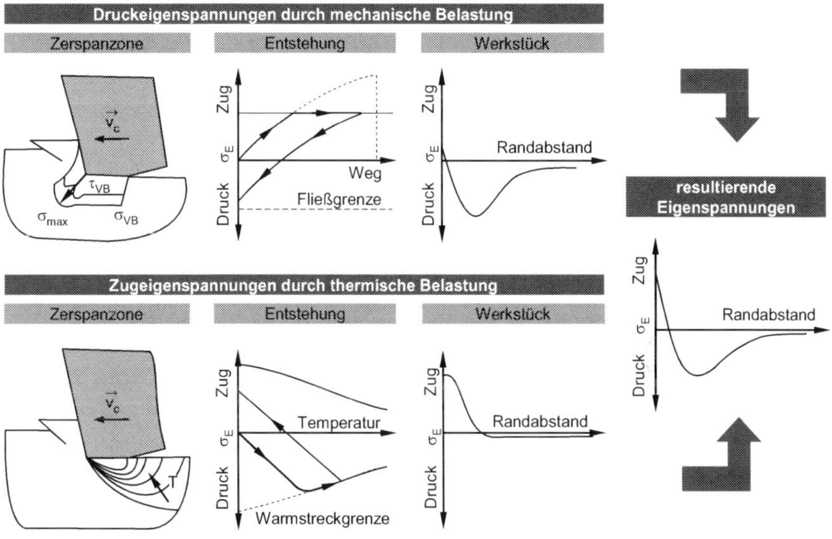

Bild 2-8: Entstehung von Eigenspannungen σ_E in der Werkstückrandzone [WOBK97]

Generation of residual stress σ_E in the surface zone of the workpiece [WOBK97]

Die üblicherweise in der Literatur genannten Haupteinflussfaktoren für die Ausprägung der Randzonencharakteristik sind zum einen die mechanische und zum anderen die thermische Belastung. Die Entstehung der Eigenspannungen während des Zerspanungsprozesses wird in Bild 2-8 erläutert. Demnach führt eine mechanische Beanspruchung während des Werkzeugüberlaufs zur Ausprägung von oberflächennahen Zugspannungen, die beim Überschreiten der werkstoffspezifischen Fließgrenze eine plastische Verformung zur Folge haben. Durch die geringe Belastung der umgebenden Bereiche führt die elastische Rückfederung – nach dem Überlauf des Werkzeugs – zu einer resultierenden Druckspannung.

Ein gegenteiliger Effekt liegt bei den thermisch bedingten Eigenspannungen vor. Während des Werkzeugüberlaufs führt eine schnelle und lokal begrenzte Temperaturerhöhung zu einer starken Ausdehnung des Werkstoffs, die durch den angrenzenden Werkstoff behindert wird. Wird die Warmfließgrenze überschritten, treten neben den elastischen auch plastische Stauchungen auf, die im abgekühlten Zustand zur Ausbildung von Zugspannungen führen.

Die Superposition der mechanisch und thermisch bedingten Eigenspannungen ergibt für die Hartdrehbearbeitung einen vergleichsweise großen Spannungsgradienten, der sich in der oberflächennahen Randzone durch ausgeprägte Druckspannungen über den Nulldurchgang in die ausgleichenden Zugeigenspannungen in tiefer liegenden Randzonenbereiche darstellt.

Untersuchungen von GOLDSTEIN, BRANDT und WOBKER zeigten, dass der Verschleiß der Schneide einen erheblichen Einfluss auf die Ausprägung des Eigenspannungszustands in der Oberflächenrandzone hat. Zunehmender Freiflächenverschleiß führt hierbei zu einer Verschiebung der Druckeigenspannungen in tiefere Randzonenbereiche bei gleichzeitigem Auftreten von Zugeigenspannungen an der Bauteiloberfläche [GOLD91, BRAN95, WOBK97]. JOCHMANN konnte zeigen, dass bei neuwertigen Werkzeugen ein gewünschter Druckspannungszustand in der Oberfläche entsteht, dieser jedoch durch den Verschleißfortschritt des Werkzeugs kontinuierlich in einen Zugeigenspannungszustand übergeht. Weiterhin konnte er zeigen, dass durch den fortschreitenden Freiflächenverschleiß nachweisbar Gefügeveränderungen auftreten. Ein direkter Einfluss der Werkzeuggeometrie oder der Prozessparameter konnte nicht nachgewiesen werden [JOCH01].

Es ist davon auszugehen, dass die Ausbildung der Eigenspannungszustände in der Randzone von Stahlbauteilen, die mit MKD bearbeitet wurden, sich analog verhalten wird. Jedoch ist eine vollständige Übertragbarkeit der Ergebnisse aus der Hochpräzisions-Hartbearbeitung nicht ohne eine differenzierte Betrachtung der werkzeug- und prozessseitigen Einflüsse zulässig. Wie bereits beschrieben, weisen monokristalline Diamantschneiden im Gegensatz zu den in der Hartdrehbearbeitung eingesetzten polykristallinen CBN-Schneiden eine um zwei bis drei Größenordnungen geringere Schneidkantenschärfe und eine wesentlich höhere Wärmeleitfähigkeit auf. Anzunehmen ist, dass durch die schärfere Diamantschneide die mechanische und durch die höhere Wärmeleitfähigkeit die thermische Beeinflussung geringer ist und damit sowohl die absolut Druck- und Zugeigenspannung als auch die Beeinflussungstiefe wesentlich niedriger ist. Zudem sind die üblicherweise für die UP-Zerspanung genutzten klassischen Bearbeitungsparameter meist eine Größenordnung geringer (s. Tabelle 2-1), so dass auch hier von einer Reduzierung der Belastung ausgegangen werden kann, die zu geringer ausgeprägten Eigenspannungszuständen führen. Eine Veränderung des Eigenspannungszustands an der Oberfläche von Druck- in Zugspannungen durch fortschreitenden Verschleißfortschritt des Diamanten kann ebenfalls auftreten. Jedoch ist bei der UP-Zerspanung bereits ein geringer Verschleiß für den Ausfall des Werkzeugs verantwortlich, da die geforderten Oberflächen- und Formgüten nicht eingehalten werden können.

2.1.2 Bearbeitung metallischer und nichtmetallischer Werkstoffe

Ultra-precision machining of metallic and non-metallic materials

Nach TANIGUCHI können Prozesse mit definierter Schneidteilgeometrie in vier Genauigkeitsklassen unterteilt werden, die sich sowohl von ihren Dimensionstoleranzen als auch von ihren erzielbaren Oberflächengüten jeweils um eine Größenordnung unterscheiden. Tabelle 2-2 zeigt die Unterschiede bei den verschiedenen Verfahren, wobei die UP-Zerspanung Oberflächengüten im Bereich kleiner Ra < 5 nm erzeugt.

Laboruntersuchungen konnten zeigen, dass es möglich ist, Oberflächengüten im Bereich Ra < 1 nm zu erzielen. Jedoch stehen den notwendigen Maßnahmen – wie hochgenau präparierte monokristalline Diamantschneiden und die Verwendung sehr homogener oder monokristalliner Werkstoffe – die hohen Kosten gegenüber, die eine Verbreitung bisher nicht zuließen.

Gruppe	Bearbeitungsverfahren	Werkzeuge	Oberflächengüte
1	konventionelle Zerspanung	HSS, HM, Keramik	1 µm
2	Präzisionszerspanung	CBN, CVD, PKD	0,1 µm
3	Hochpräzisionszerspanung	CBN, CVD, PKD	0,01 µm
4	Ultrapräzisionszerspanung	MKD	1 nm

Tabelle 2-2: Gruppierung der Bearbeitungsverfahren mit definierter Schneide [TANI96]

Classification of cutting processes with defined cutting edges [TANI96]

Im Vergleich zur konventionellen Zerspanung mit definierten Schneidteilgeometrien finden sich bei der UP-Zerspanung ähnliche kinematische Verfahrensvarianten. Neben der überwiegend eingesetzten Drehbearbeitung existiert noch die Fräsbearbeitung mit rotierenden, stiftförmigen und einschneidigen Diamantwerkzeugen. Die Fräsbearbeitung mit größeren Fräserdurchmessern ist durch das Fly-Cutting möglich, was ebenfalls einer einschneidigen Fräsbearbeitung gleich kommt, bei dem ein Werkzeug exzentrisch zur Spindelachse angeordnet wird und auf einem Flugkreis rotiert. Mehrschneidige Fräs- oder Fly-Cutting-Bearbeitung sind derzeit noch nicht möglich, da die Schneiden aufgrund der Genauigkeitsanforderungen im Submikrometerbereich zueinander ausgerichtet sein müssen, um die Toleranzanforderungen zu erfüllen. Neben den drei beschriebenen Hauptverfahren werden auch Verfahren wie das Hobeln und Stoßen zur ultrapräzisen Strukturierung großflächiger Werkstücke untersucht und eingesetzt [DAYM06].

Metalle	Organische Verbindungen	Anorganische nichtmetallische Verbindungen	Halbleiter
Kupfer	Acryl	Galliumarsenid	Silizium
Aluminium	Azetat	Zinkselenid	Germanium
e-Nickel	Nylon	Zink-, Magnesium-, Kalzium- und Strontiumflourid	
Gold	Polycarbonat		
Platin	Polypropylen	Cadmiumtellurid	
Silber	Polystyrol	Cäsiumjodid	
Messing	PMMA	Kaliumbromid	
Zinn		Natriumchlorid	
Zink		Telluriumdioxid	
Blei		Cadmiumsulfid	

Tabelle 2-3: Geeignete Werkstoffe für die Ultrapräzisionsbearbeitung [SPEN91]

Machinable materials for ultra-precision cutting processes [SPEN91]

Durch die große Bandbreite an einsetzbaren Kinematiken sowie die Fähigkeit hochgenaue Oberflächen zu erzeugen, ist die seit den siebziger Jahren kommerziell eingesetzte Ultrapräzisionsbearbeitung ein exzellentes Verfahren, um nachbearbeitungsfreie konturkomplexe Bauteile deterministisch zu zerspanen. Eine Auflistung bearbeitbarer Werkstoffe zeigt Tabelle 2-3 [SPEN91]. Das Spektrum geeigneter Werkstoffe erstreckt sich dabei über metallische, organische und anorganische Verbindungen bis hin zu Halbleiterwerkstoffen. Die gezeigte Bandbreite hat sich in den letzten Jahren nur wenig verändert. In jüngster Vergangenheit wurden erfolgreich neue Werkstoffe getestet wie feinst- und ultrafeinstkörnige

Hartmetalle oder auch quasi amorphe anorganische nichtmetallische Verbindungen wie Siliziumcarbid (SiC) [KURI06]. Jedoch muss auch hier die Wirtschaftlichkeit in Frage gestellt werden, da der Verschleiß immer noch zwei bis drei Größenordnungen höher ist als bei etablierten Werkstoffen.

2.1.3 Ansätze zur Reduzierung des Diamantverschleißes

Approaches to reduce diamond tool wear

Historisch gesehen bestand immer ein großes Interesse den Verschleiß an monokristallinen Diamanten bei der Bearbeitung eisenhaltiger Werkstoffe zu eliminieren bzw. zu reduzieren. Es existieren diverse Veröffentlichungen in denen die Ansätze untersucht wurden, die sich grob in

- Werkstoffmodifikationen (Werkstück und Werkzeug),
- Prozessmodifikationen (Umgebungsbedingungen und Kinematik) und

deren Kombination unterteilen lassen.

Unter Werkstoffmodifikationen ist die gezielte Beeinflussung grundlegender Werkstoffeigenschaften zu verstehen, die sich sowohl auf das Werkstück als auch auf das Werkzeug beziehen. Hierzu gehören beispielsweise Eigenschaftsänderungen durch Wärmebehandlung oder auch neuartige Schneidkantenpräparationen durch den Aufbau von Beschichtungen.

Prozessmodifikationen beinhalten alle wesentlichen Änderungen der Umgebungsbedingungen sowie der Prozesskinematik. Entzug der Sauerstoffatmosphäre während der Zerspanung als auch schwingungsunterstützte Werkzeuge oder Werkstücke seien hier beispielhaft genannt.

Die im Folgenden gezeigten Ergebnisse diverser Veröffentlichungen erläutern die vorgenommenen Modifikationen im Detail und sollen die gewählte Vorgehensweise in dieser Arbeit unterstützen.

Werkstoffmodifikationen

Grundsätzlich stellt sich die Frage, warum für die UP-Zerspanung harter Werkstoffe neben dem MKD nicht auch andere Werkzeugwerkstoffe mit definierter Schneidteilgeometrie existieren, die die Bearbeitung optischer Oberflächen ermöglichen. Für die präzise Bearbeitung gehärteter Stähle hat sich polykristallines Bornitrid (PCBN) etabliert, das eine hohe Standzeit aufweist. Zur Erzeugung optischer Oberflächen ist jedoch eine Überführung der polykristallinen CBN Matrix in eine monokristalline Form (MCBN) notwendig. Aufgrund des ungünstigen Bruchverhaltens von MCBN ist der Werkstoff jedoch nicht geeignet. Des Weiteren ist es nur sehr selten verfügbar. Deshalb gibt es auf diesem Gebiet eine begrenzte Anzahl an Veröffentlichungen.

NISHIGUSHI und TSUJ konnten zeigen, dass sich die Werkzeugstandzeit von MCBN Schneiden um den Faktor drei verlängert. Sie stellten einen Freiflächenverschleiß von ca. VB = 35 µm fest [NISH86, NISH88, TSUJ90]. Absolut gesehen vergrößert sich der Standweg auf ca. l = 180 - 200 m, was in Relation zu den ökonomischen Aufwendungen keinen Vorteil darstellt. TSUJ konnte außerdem zeigen, dass die Verschleißmarkenbreite VB von der Schnittgeschwindigkeit v_c unabhängig ist, jedoch stark vom zerspanten Werkstoff abhängt [TSUJ90].

Weitere monokristalline Werkstoffe, die für die Bearbeitung optischer Oberflächen aus Stahl untersucht wurden sind Saphir (Al_2O_3) und Siliziumcarbid (SiC). TAMINAU und DAUTZENBERG stellten neben dem verringerten Freiflächenverschleiß (Faktor 2,2 bis 2,5) gegenüber MKDs auch Sprödbruchanteile an der Schneide fest [TAMI91, TAMI94].

Durch die relativ hohe Bruchneigung der genannten monokristallinen Werkzeugwerkstoffe wurden in jüngster Vergangenheit Untersuchungen mit reduzierten Korngrößen (200 bis 500 nm) der polykristallinen Schneidstoffe CBN und Saphir sowie Cermets als Diamantsubstitut durchgeführt. Durch die immer noch vorhandene Schartigkeit der Schneide konnten jedoch keine optischen Oberflächengüten auf den verschiedenen Stahlwerkstoffen erzielt werden (30 nm < Ra < 1 µm). Die Standzeitgewinne lagen im Bereich von Faktor 3,5 [KREL99, KNUE00, SAKA01, GLAE03].

Eine weitere Möglichkeit die Eigenschaften des MKD Werkzeugs zu verändern, besteht durch den Aufbau einer Diffusionsbarriere mittels aufgebrachter dünner Schichten. GLÄBE hat in seinen Arbeiten unterschiedliche Beschichtungen (Titannitrid (TiN), Titancarbid (TiC), Aluminiumoxid (Al_2O_3)) untersucht. Durch die Beschichtung steigt jedoch die für einen duktilen Schnitt notwendige niedrige Schneidkantenverrundung auf bis zu ρ_s = 100 nm an. Er zeigte, dass eine mittlere Senkung der Verschleißmarkenbreite von bis zu 40 Prozent erzielbar ist. Jedoch konnte die Standzeit aufgrund von Schichtversagen nicht in wirtschaftlich interessante Regionen gebracht werden [GLAE03].

Die letzte hier vorgestellte Werkzeugmodifikation ist die Ionenimplantation, die im monokristallinen Diamantgitter zu einer Verspannung und damit zu einer Festigkeitssteigerung führt [WILK91]. In der Literatur gibt es keine oder nur unzureichende Untersuchungen über ionenimplantierte MKDs für die Stahlzerspanung. GLÄBE implantierte Chromionen in das Diamantgitter und konnte keinen signifikanten Standzeitgewinn feststellen [GLAE03].

Neben der Modifikation des Schneidenwerkstoffs sind in der Literatur nur wenige Veröffentlichungen bekannt, die mit einer gezielten Beeinflussung der Eigenschaften des Werkstückwerkstoffs arbeiten. BRINKSMEIER et al. führten Untersuchungen an randschichtmodifizierten Stahlwerkstoffen durch. Hierzu wird die Randzone des Stahlwerkstoffs einem thermochemischen Prozess unterzogen, der das Eisen durch die Bildung von Nitriden bindet. Die Affinität zwischen dem Eisen Fe im Werkstoff und dem Kohlenstoff C im Diamanten wird herabgesetzt. Als Folge konnte die Werkzeugstandzeit um nahezu drei Größenordnungen verbessert werden. Die erzielbare Oberflächengüte lag dabei unterhalb Ra < 10 nm [BRIN07, DONG05]. Die Veränderung der chemischen Zusammensetzung in der Randschicht führt zwangsläufig auch zu einer starken Änderung der Randzoneneigenschaften. Die harten nitridischen Verbindungen führen zu veränderten Verschleißmechanismen. Der vormals vorherrschende Diffusionsverschleiß ist nun getrieben durch Oberflächenzerrüttung und abrasiven Verschleiß. Ferner stellt die thermochemische Behandlung einen weiteren aufwendigen Prozessschritt zur Herstellung optischer Oberflächen aus Stahlwerkstoffen mit definierter Schneide dar.

Prozessmodifikationen

Unter der Modifikation des Prozesses wird im Folgenden die Änderung der Umgebungsbedingungen und Prozesskinematik verstanden.

Wie bereits beschrieben, besteht das Tribosystem der Zerspanung neben dem Werkstück und dem Werkzeug auch aus dem Umgebungsmedium, das bei normalen Prozessbedingungen aus den atmosphärischen Gasen Stickstoff und Sauerstoff besteht.

CASSTEVENS erprobte die Zerspanung von Stählen mit unterschiedlichen C-Gehalten unter einer mit Kohlenstoff gesättigten Atmosphäre. Dabei wurde die Umgebungsluft jeweils durch Kohlendioxid (CO_2) und Methangas (CH_4) substituiert. Während sich für die Bearbeitung unter Kohlendioxidatmosphäre keine Erhöhung der Werkzeugstandzeit feststellen ließ, stellte sich bei Verwendung einer Methanatmosphäre eine deutliche, nicht weiter quantifizierte

Standzeiterhöhung ein [CASS83]. Weitere Untersuchungen wurden in jüngerer Vergangenheit durch GLÄBE mit zwei Stahlsorten (Ck45N und Ck01N) unter Verwendung von zwei Schutzgasen (Argon und Stickstoff) durchgeführt. Er konnte keinen direkten Zusammenhang zwischen Werkzeugverschleiß und den Umgebungsbedingungen feststellen [GLAE03].

SHIMADA hingegen konnte bei seinen Untersuchungen einen Einfluss des Stickstoffs feststellen. Jedoch führte er seine Untersuchungen an OFHC-Kupferproben durch. Bei Verwendung einer inerten Atmosphäre wurde der für die Kupferzerspanung klassische Kolkverschleiß um zwei bis drei Größenordnungen reduziert [SHIM00]. Er nahm an, dass das Kupfer unter atmosphärischen Bedingungen direkt nach der spanenden Bearbeitung oxidiert, anschließend reduziert und danach mit dem Kohlenstoff im Diamanten reagiert.

Die angenommenen chemischen Reaktionen während der Zerspanung werden durch relativ hohe Temperaturen in der Zerspanungszone unterstützt. Eine Senkung der Prozesstemperatur durch die Kopplung des Werkzeugs und Werkstücks an Wärmesenken wurden durch EVANS untersucht. Er konnte einen deutlichen Standzeitgewinn nachweisen [EVAN91]. Die Untersuchungen von GLÄBE mit gekühlten Werkzeugen unterstützten diese Ergebnisse [GLAE03].

Den beschriebenen positiven Effekten durch eine Veränderung der Umgebungsbedingungen steht der hohe Aufwand für einen industriellen Einsatz entgegen. Problematisch ist die Handhabung von Methangas oder auch flüssigem Stickstoff wegen der Explosionsgefahr bzw. des thermischen Verzugs am Bauteil. Eine entsprechende gasdichte Kapselung des Arbeitsraums bzw. aufwendige Kompensationsalgorithmen zur Erzielung der geforderten Formtreue wären notwendig.

Eine gänzlich neue und patentierte Methode präsentiert ZHANG. Dabei erzeugt er über eine Spannungsquelle ein elektrisches Potenzial an der Werkstückoberfläche, das die Affinität des Kohlenstoffs zu Eisen unterdrückt und die Bildung von Oxiden vermeidet. Angaben zu erzielbaren Werkzeugstandzeiten macht er nicht. Weitere Veröffentlichungen sind bis jetzt nicht bekannt [ZHAN07].

Der bisher vielversprechendste Ansatz zur Reduzierung des Diamantverschleißes bei der Bearbeitung eisenhaltiger Werkstoffe wurde von MORIWAKI vorgestellt. Er modifizierte die Prozesskinematik durch den Einsatz von Ultraschallschwingungen, die er in das Werkzeug einleitete [MORI91]. Diesem Verfahren wird bislang das größte Potenzial zugemessen, die technologische Lücke zur ultrapräzisen Zerspanung eisenhaltiger Werkstoffe mit definierten Schneiden zu schließen. Es wird im folgenden Kapitel detailliert beschrieben und diskutiert.

2.2 Schwingungsunterstützte Zerspanung mit definierter Schneide

Vibration-assisted cutting with defined cutting edges

Die schwingungsunterstützte Bearbeitung findet überall dort Anwendung, wo konventionelle Prozesse an ihre technologischen Grenzen stoßen. Dabei werden auch Werkstoffe wie Holz oder weiche organische Stoffe mit Schwingungsunterstützung bearbeitet [SINN05]. Der industrielle und wissenschaftliche Schwerpunkt liegt aber in der Bearbeitung von hochharten und spröden Werkstoffen wie

- Keramiken [WEBE84],
- Gläsern [RUEB01, WANG02],
- gehärteten Stählen [MORI91],

- Hartmetallen [LIUK04, LIUK06],
- partikelverstärkten Metallmatrixverbünden [LIUC02, ZHAO02],
- Titanwerkstoffen [KOSH07],
- nickelbasierten Legierungen [BABI04],
- Kunststoffen [KIMJ97, KIMJ98],
- faserverstärkten Kunststoffen [TAKE88, KIMJ96] und
- Mineralen [STOE95, WIER06].

Schwingungsunterstützte Prozesse werden seit den 60er Jahren intensiv untersucht und sind immer noch Gegenstand aktueller Forschungsprojekte. Allen schwingungsunterstützten Verfahren ist gemein, dass Sie einen bekannten Fertigungsprozess nutzen, indem mindestens eine Komponente des Fertigungsprozesses (Werkzeug, Werkstück, Maschinenachse oder Spindel) mit einer nieder- bis hochfrequenten Schwingung überlagert wird. Fertigungsprozesse wie

- Fügeverfahren (Schweißen) [TRUC06],
- Umformung [MICH06],
- Zerspanung mit definierter Schneide wie Drehen [Mori91], Fräsen [SUZU01, SUZU07a], Bohren [ISHI98, ONIK06] und
- Zerspanung mit undefinierter Schneide wie Schleifen [WEBE84], Polieren [SUZU06], Läppen [ZHAN04] und Honen [WEST97],

sind klassische Fertigungsprozesse in denen mit Schwingungsüberlagerung sowohl industrialisiert als auch wissenschaftlich gearbeitet wird. Die Vorteile der Schwingungsüberlagerung für Zerspanungsprozesse sind dabei unterschiedlich ausgeprägt. Einige Aspekte und Effekte, von denen auch mehrere gleichzeitig durch die Schwingungsunterstützung angegangen bzw. auftreten können, sind

- Bearbeitung neuer oder schwer zu zerspanender Werkstoffe [WEBE84],
- verbesserter Spanbruch bzw. Spanbildung [TATR09, STOE95, RUEB01],
- Erweiterung des Schnittparameterfelds [COLW56, MORI92],
- verbesserte Oberflächenqualitäten [DOHM64],
- erhöhte Standzeiten der Werkzeuge [MORI91],
- verringerte Gratbildung am Werkstück [CHUN05] und
- verbesserte Maßhaltigkeit am Werkstück [SCHM03, CHUN04, CHUN05].

Die Ursachen für die vorteilhaften Aspekte der Schwingungsüberlagerung sind vielfältig und sollen in den nächsten Absätzen für die Verwendung schwingungsunterstützter, definierter Schneidteilgeometrien für die klassische Zerspanung und Ultrapräzisionsbearbeitung von Metallen erläutert werden.

2.2.1 Prozessspezifische Einflüsse

Process-specific influences

Erste Arbeiten zur schwingungsunterstützten Bearbeitung mit definierten Schneideckenradien wurden durch TATARINOV im Jahre 1909 vorgenommen. Später wurden gezielt HM-Werkzeuge mit niederfrequenten Schwingungen (f = 100 Hz) in Vorschub- oder

Schnittrichtung überlagert, um die Spanformung bei langspanenden Werkstoffen positiv zu beeinflussen. Weitere grundlegende Untersuchungen wurden von den Wissenschaftlern DOHMEN, TAKEYAMA und in der Folge durch MORIWAKI, SHAMOTO sowie RÜBENACH durchgeführt. Durch das gezielte Einbringen von hochfrequenten Schwingungen im Ultraschallbereich von f = 20...40 kHz konnte der Verschleiß an definierten Schneideckengeometrien deutlich reduziert werden. Demnach wird heutzutage auch von der ultraschallunterstützten oder schwingungsunterstützten Zerspanung gesprochen [TATR09, TAKE88, DOHM64, MORI91, RÜBE01].

Grundlage für die positiven Effekte der ultraschallunterstützten Werkzeuge ist ein intermittierender Schnitt, der bei allen Untersuchungen hauptsächlich in Schnittrichtung respektive senkrecht zur Rotationsachse und parallel zur Schnittrichtung des Werkstücks wirkt. Der gewünschte quasi unterbrochene Schnitt setzt voraus, dass sich das Werkzeug pro Schwingungszyklus vom Werkstück abhebt. Hierfür muss die maximale Schwinggeschwindigkeit $v_{os,max}$ größer sein als beispielsweise die Rotationsgeschwindigkeit $v_{c\text{-}rot}$ des Werkstücks im Drehprozess.

$$v_{c,rot} < v_{os,\max} \qquad \textbf{Gl. 2-15}$$

Wird diese Randbedingung nicht eingehalten, bleibt das Werkzeug im Kontakt mit dem Werkstück.

DOHMEN konnte bereits bei einem mit f = 90 Hz angeregten HM-Werkzeug eine drastische Reduzierung des Kolkverschleiß um 50 Prozent bei der Stahlbearbeitung feststellen. Anschließend erhöhte er die Werkzeugschwingfrequenz auf f = 20 kHz und identifizierte in Folge dessen eine verminderte Aufbauschneidenbildung. DOHMEN führte den Effekt auf die Erhöhung der effektiven Schnittgeschwindigkeit $v_{c,rel}$ durch die zusätzliche Schwingung zurück, die zu einer adiabatischen Erwärmung der Zerspanungszone führt. WEBER nutzte das Verfahren mit einer Frequenz von f = 20 kHz zur Bearbeitung von Glaskeramik und konnte eine 20-fache Standzeiterhöhung zeigen [DOHM64, WEBE84].

MORIWAKI und SHAMOTO zeigen durch ihre Untersuchungen eine stark reduzierte mittlere Zerspanungskraft, die durch den intermittierenden Schnitt verursacht wird. Darüber hinaus vermuten sie auch reduzierte Zerspanungskräfte während des Schneideneingriffs. Diesen führen sie auf einen aerodynamischen Schmiereffekt aufgrund des Abhebezyklus des Werkzeugs zurück, der für eine bessere Zufuhr von Kühlschmierstoff sorgt [MORI94, MORI95].

Neben einer reduzierten Prozesskraft zeigen Untersuchungen von BRINKSMEIER die Unterschiede zur konventionellen Zerspanung bei der Spanbildung mit schwingungsunterstützten Werkzeugen auf. An bearbeiteten Proben aus OFHC-Kupfer zeigt er eine Verringerung der Spanbreite sowie eine verminderte Lamellenbildung der Späne. Er führt dies auf einen stark vergrößerten Scherwinkel zurück [BRIN99]. KLOCKE und RÜBENACH zeigen detailliert die Spanbildung bei der schwingungsunterstützten Zerspanung von Glas und ziehen Parallelen zur Spanbildung bei Bearbeitung von weichen und harten Stählen. Anhand der Spangestalt schließen sie auf die vorliegenden Zerspanmechanismen. Sie gehen von einer Plastifizierung des Werkstoffs durch gleichzeitig auftretende Druck- und Scherspannungen aus. Durch die um zwei bis drei Größenordnungen geringere Schnittgeschwindigkeit im Vergleich zur duktilen Schleifbearbeitung weisen sie darauf hin, dass die Plastifizierung wahrscheinlich nahezu isotherm bzw. kalt abläuft. Der eigentliche Zerspanungsprozess beginnt mit einem Fließen des Werkstoffs im Bereich der maximalen Spanungsdicke $h_{cu,max}$ sobald die zunehmende Scherspannung ein kritisches Maß überschreitet. Hierdurch wird ein längliches Spansegment aus dem Substrat ausgeschoben. Die sich bildenden Spansegmente verschweißen anschließend. Die Ausprägung des beschriebenen Effekts verstärkt sich durch die Schwingungsunterstützung [RUEB01, KLOC00, KLOC02b, KLOC03, KLOC04]. Des Weiteren hat die Spanbildung einen starken Einfluss auf die entstehende Oberflächentopographie. Durch den impulsartigen Einschlag des Werkzeugs in den zu zerspanenden Werkstoff konnte RÜBENACH sowohl eine Versprödung als auch eine Duktilisierung des Glaswerkstoffs feststellen. Während bei einer duktilen Spanabnahme die Vorschubmarken die Oberflächentopographie bestimmen, ist bei einer spröd induzierten Spanbildung eine Überlagerung der Vorschubmarken durch orthogonal auftretende Oberflächenmarken zu identifizieren. Dabei stellte er fest, dass nicht nur die Relativgeschwindigkeit $v_{c,rel}$ zwischen Werkzeug und Werkstück im Moment des Kontakts ($v_{ein} = v_{c,rel}$) für eine Versprödung des Werkstoffs in der Zerspanungszone verantwortlich ist, sondern auch die pro Schwingungszyklus zerspante Strecke s_{zyk}. In den Untersuchungen führen hohe Spanwege s_{zyk}, die bei konstanter Werkzeugfrequenz einzig von der Rotationsgeschwindigkeit $v_{c,rot}$ abhängig sind, zu einer Versprödung der Zerspanungszone und signifikanten kinematischen Rauheitsanteilen senkrecht zur Vorschubrichtung. Er folgert, dass eine Kombination von hoher Eintrittsgeschwindigkeit v_{ein} und großen Zerspanwegen s_{zyk} zu vermeiden ist [RUEB01]. Er stellt weiterhin fest, dass die Dimension der sich bildenden Spanlamellen nicht im Zusammenhang mit der sich ausbildenden Oberflächenstruktur steht. Der Spanbildung muss folglich ein Mechanismus zugrunde liegen, der unabhängig von der Werkzeuganregung eine zyklische Zerspanung beinhaltet. Eine durch RÜBENACH aufgestellte Vermutung für diesen Effekt ist, dass vor der Schneide niedrig viskoser Werkstoff unter der Schneidkante verläuft und dies in Verbindung mit einer kraftbedingten Relativverlagerung des Werkzeugs ein wellenförmiges Oberflächenprofil erzeugt. Dabei geht er immer von einem ideal in Schnittrichtung schwingenden Werkzeug aus. Eine detaillierte Betrachtung der realen Werkzeugbewegung wurde in diese Überlegungen nicht integriert [RUEB01].

Einen weiteren positiven Effekt hat die Schwingungsunterstützung auf die Gratbildung. SCHMÜTZ nutzte zum Nachweis dieses Effekts die duktilen Werkstoffe Neusilber und Kupfer, die üblicherweise zur Gratbildung neigen. Er konnte eine stark reduzierte Gratbildung bei der Mikrostrukturierung V-förmiger Querschnitte mit elliptisch angeregten MKD ($f = 20$ kHz) zeigen. Des Weiteren beschreibt er eine verbesserte Maßhaltigkeit der bearbeiteten Proben, was er auf die geringeren mittleren Prozesskräfte zurückführt [SCHM03]. Ähnliche theoretische und praktische Untersuchungen von CHUNXIANG an duktilem Aluminium unterstützen die von SCHMÜTZ erzielten Ergebnisse. Die Höhe der aufgeworfenen Grate konnte durch eine einachsige Anregung des Diamantwerkzeugs von über $h = 100$ µm auf ca. $h = 30$ µm verringert werden. Eine elliptische Anregung konnte den Grat um weitere $h = 20$ µm verringern. Ferner konnte er zeigen, dass die Gratbildung nochmals reduziert wird, sobald das Verhältnis von Schwinggeschwindigkeit v_{os} zur Rotationsgeschwindigkeit $v_{c\text{-}rot}$ des Werkstücks steigt. CHUNXIANG führt die verringerte Gratbildung durch angeregte Werkzeuge auf verringerte Druck- und Biegespannungen in der Zerspanungszone zurück. Auch er beschreibt, dass sich die Maßhaltigkeit der Bauteile verbessert und führt dies auf eine Verringerung der mittleren Prozesskräfte zurück [CHUN04, CHUN05].

Der für die schwingungsunterstützte Ultrapräzisionsbearbeitung wohl wichtigste Effekt ist die Reduzierung des Verschleißes der monokristallinen Diamantwerkzeuge, der erstmals von MORIWAKI und SHAMOTO für die Bearbeitung von Glas- und Stahlwerkstoffen beschrieben wird [MORI91, MORI92]. Es wird vermutet, dass die wichtigste Ursache für die Minderung des Werkzeugverschleißes die stark verkürzte Kontaktzeit zwischen Werkzeug und Werkstück ist, die zu den bereits beschriebenen geringen mittleren Prozesskräften führt. Ferner führt der auftretende aerodynamische Schmiereffekt zu einer geringeren Reibung, die die Prozesskraft weiter reduziert. In Summe führt dies zu einer geringeren Belastung des Werkzeugs respektive einer Reduzierung des Verschleißes. RÜBENACH zeigt bei der Glaszerspanung, dass durch kurze Eingriffsdauern ED des Werkzeugs pro Schwingungszyklus der Verschleiß abrasiv induziert ist. Dies begründet er mit der relativ hohen Maximalgeschwindigkeit $v_{rel,max}$ zwischen Werkstück und Werkzeug im Moment des Eingriffs. Die impulsartige Belastung der Schneide führt zu einem Mikro-Spaltbruch und in der Folge werden kleine Diamantpartikel aus dem monokristallinen Diamantgitter herausgebrochen. Hierbei sind die tribochemischen Verschleißmechanismen von untergeordneter Bedeutung. Ferner zeigt er, dass mit zunehmender Kontaktzeit t_c der Verschleißmechanismus nicht mehr abrasiv bedingt ist, sondern vielmehr eine chemische Wechselwirkung zwischen Werkzeug und Werkstück an Bedeutung gewinnt. Er beschreibt jedoch auch, dass mit fortlaufender Zerspanungsdauer bei relativ hohen Eingriffsdauern ED abrasiver Verschleiß auftreten kann. Er führt dies auf den zunehmenden Freiflächenverschleiß VB und die damit verbundene Steigerung der Werkzeugbelastung zurück [RUEB01].

Zusammenfassend lassen sich folgende Ursachen für die positiven Effekte der schwingungsunterstützten Zerspanung festhalten:

- minimierte Reibung durch aerodynamischen Schmiereffekt
- geringere mittlere und absolute Zerspanungskräfte durch hochfrequent unterbrochenen Schnitt
- größere Scherwinkel bei der Spanbildung
- Mikromeißeleffekt durch hochfrequenten Einschlag des Werkzeugs
- reduzierte Randzonenschädigung durch geringere Prozesskräfte
- bessere Abbildung des Werkzeugs und Reduzierung von Gratbildung durch geringere elastische und plastische Verformung des Bearbeitungssystems
- Erhöhung der kritischen Grenzspanungstiefe durch verminderte Prozesskräfte.

2.2.2 Systeme zur schwingungsunterstützten Bearbeitung

Systems for the vibration-assisted machining

In der Literatur finden sich im Wesentlichen zwei Systeme zur schwingungsunterstützten Bearbeitung sprödharter Werkstoffe. Voraussetzung hierfür sind schlanke und stabartige Festkörpersysteme in denen sich die eingeleitete mechanische Schwingung ausbreiten kann. Zum einen wird mit einer unidirektionalen Anregung gearbeitet, die zur Ausbildung einer Längs- oder auch Longitudinalschwingung führt. Zum anderen wird mit einer bidirektionalen Anregung das System in eine Biegeschwingung versetzt, die zu einer elliptischen Werkzeugbewegung führen. Bild 2-9 zeigt beide Systeme und deren Funktionsprinzip.

Um die geforderten Amplituden zu erreichen, werden beide Systeme in Resonanz betrieben. Nachteilig ist bei beiden Systemen, dass sie aufgrund der Gesetzmäßigkeiten zur Schallausbreitung in homogenen isotropen Festkörpern nur mit einer Arbeitsfrequenz f oder deren ganzzahligen Vielfachen betrieben werden können. Für die Nutzung jeder davon abweichenden Frequenz f muss eine Neuauslegung der Systeme erfolgen (s. Kapitel 5).

In Asien forscht eine Gruppe um die Wissenschaftler MORIWAKI, SHAMOTO und SUZUKI seit den frühen neunziger Jahren an der ultraschallunterstützten Zerspanung. MORIWAKI und SHAMOTO setzten 1991 die schwingungsunterstützte Zerspanung erstmals für die UP-Zerspanung ein. Zunächst erfolgten die Untersuchungen mit einachsig angeregten monokristallinen Diamantwerkzeugen [MORI91, MORI92]. In der Folge konzentrierten sie ihre Arbeiten auf zweiachsig angeregte Werkzeuge (s. Bild 2-9), deren Schwingungsbahn eine Ellipse beschreiben [MATS00, MORI94, MORI95, MORI99, MORI00, MORI04,

SHAM97, SHAM99, SHAM02, SHAM07, SUZU03, SUZU04, SUZU07]. Vorteilhaft ist der kompakte Aufbau des Systems. Aufwendig ist jedoch die Echtzeitsynchronisation der Piezoelemente, die einer definiert synchronisierten schwingungsbezogenen Phasenverschiebung bedürfen, um die gewünschte elliptische Schwingung zu erzielen. Der damit verbundene hohe steuerungstechnische Aufwand hat bisher die industrielle Verbreitung des Systems gehemmt.

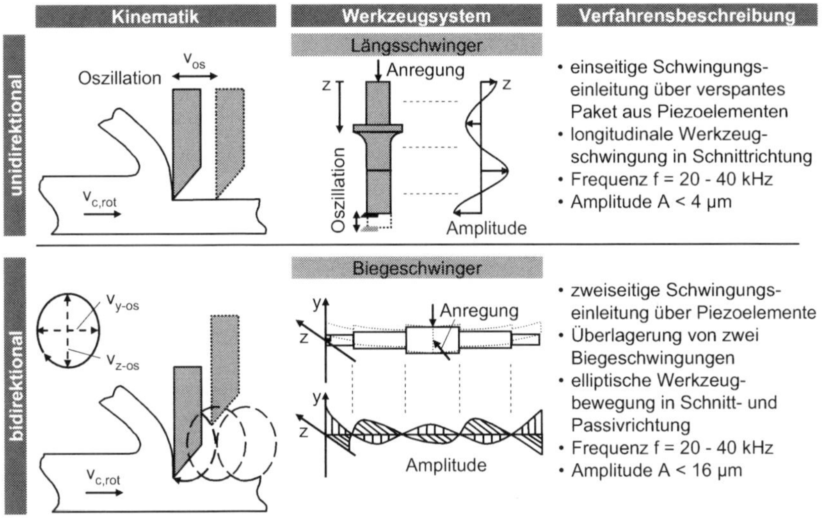

Bild 2-9: **Verfahrensvarianten und Systeme der schwingungsunterstützten Zerspanung mit definierter Schneide**

Process options and systems for vibration-assisted cutting with defined edges

RÜBENACH et al. nutzten einachsig angeregte Werkzeugsysteme (WZ-Systeme) mit einer Frequenz von f = 20...40 kHz (s. Bild 2-9), wobei der MKD in Schnittrichtung oszilliert. Vorteilhaft ist hier der vereinfachte Aufbau der Systeme, die zur Ansteuerung einen Hochfrequenzgenerator benötigen. Die meisten Systeme verfügen über eine Amplitudenregelung, die synchron zur Leistungsaufnahme des Systems nachgeführt wird. Nachteilig ist jedoch das relativ große über zwei Knotenstellen angebundene WZ-System, das eine Bauraumlänge von über l = 200 mm benötigt und damit eine Überkopfanbindung des Werkzeugs in den meisten ultrapräzisen Werkzeugmaschinen erfordert (s. Kapitel 5.1.2). Hierdurch ist sowohl die Zugänglichkeit als auch die Handhabung beim Aufbau bzw. der Einrichtung des Werkzeugs erschwert [KLOC04, LIUC02, LIUK04, RUEB01, WANG02].

Die Anregung des Werkzeugs geschieht für alle Systeme durch einen elektromechanischen Schallwandler, der mit einer hochfrequenten Wechselspannung über einen Frequenzgenerator identischer Frequenz versorgt wird. Die Wandler bestehen dabei aus einem verspannten Piezopaket, die sich aufgrund ihres guten Wirkungsgrads und des kompakten Aufbaus in vielen Bereichen durchgesetzt haben [LEHF58].

Vor dem Hintergrund der geforderten Genauigkeiten im ultrapräzisen Umfeld ist, neben dem Prozessverständnis bei der schwingungsunterstützten Bearbeitung, die Auslegung der Schwingungssysteme von größter Relevanz. Die hier vorgestellten Schwingungssysteme arbeiten mit Längs- oder Biegeschwingungen. Folgende Restriktionen und Randbedingungen fließen dabei in das Design des WZ-Systems ein (s. auch Kapitel 5) [RUEB01]:

- Betrieb des Systems in Resonanz:
    - Erzeugung stehender Wellen im WZ-System, um die geforderte Amplituden im Bereich von A = 2..20 µm zu erreichen.
    - Limitierung der geometrischen Abmessungen durch die Werkstoffeigenschaften.
    - Verwendung leichter und hochfester Werkstoffe für die Schwingungskette.
- Betrieb in spezifischem Schwingungsmode (Longitudinal- oder Biegemode):
    - Isolation des gewünschten Schwingungsmodes durch vorherige Simulation und Anpassung der Systemgeometrie.
    - Einsatz schlanker Schwinger (l/D >> 1), die die Ausprägung longitudinaler Schwingungen begünstigen. (Biegeschwingungen sind auch in schlanken Schwingungssystemen vorhanden, jedoch kann bei entsprechender Auslegung ein signifikanter Frequenzunterschied zwischen dem Longitudinal- und Biegemode erzeugt werden.)
    - Vermeiden von geometrischen Asymmetrien des Systems für eine qualitativ hochwertige Schwingungsausbreitung.
- Vermeidung von Verlusten in der Schwingungskette:
    - Adaptive Frequenz- und Amplitudennachführung des Frequenzgenerators über die Leistungs- respektive Stromaufnahme im Belastungsfall.
    - Exakte und saubere Auslegung der Schnittstellen wie z. B. plane und saubere Flansch- und Stoßflächen.
- Schnittstelle Werkzeugsystem – Werkzeugmaschine:
    - Mechanisch steife Anbindung des Systems an die Werkzeugmaschine.
    - Entkopplung der Schwingungen des WZ-Systems durch geeignete Anbindung an den Maschinensupport.

Werden die geschilderten Restriktionen und Randbedingungen nicht eingehalten, führt dies zu einer verringerten Prozess- und Werkstückqualität. Der Einfluss des WZ-Systems und der beschriebenen Randbedingungen auf das Prozessergebnis ist bisher nicht eingehend untersucht worden.

MORIWAKI konnte den positiven Einfluss der Steigerung der Arbeitsfrequenz auf das Prozessergebnis zeigen. Eine Untersuchung von Arbeitsfrequenzen über f = 40 kHz ist in der Literatur nicht bekannt.

2.2.3 Die Kinematik der unidirektionalen schwingungsunterstützten Drehbearbeitung

Kinematics of unidirectional vibration-assisted turning

Im Vergleich zur klassischen Zerspanung, bei der sich das Werkzeug dauerhaft und unter konstanter Last im Eingriff befindet, bewirkt die schwingungsunterstützte Zerspanung eine hochfrequente Schnittunterbrechung (s. Bild 2-10):

$$v_{c,rot} < v_{os,\max} \text{ ; mit } v_{os,\max} = \varpi_{os} \cdot A \qquad \text{Gl. 2-16}$$

Anhand der Grafik ist zu sehen, dass eine entscheidende Randbedingung das Ablösen des Werkzeugs vom Werkstück beeinflusst. Die Rotationsgeschwindigkeit des Werkstücks $v_{c,rot}$ darf nicht die maximale Schwinggeschwindigkeit des Werkzeugs $v_{os,max}$ überschreiten. D. h., die Relativgeschwindigkeit $v_{c,rel}$, die sich aus der vektoriellen Addition der Umfangsgeschwindigkeit des Werkstücks $v_{c,rot}$ und der Schwinggeschwindigkeit des Werkzeugs v_{os} ergibt, muss mindestens Null oder kleiner sein, um eine Aufweitung der Zerspanungszone zu realisieren (siehe Gl. 2-16).

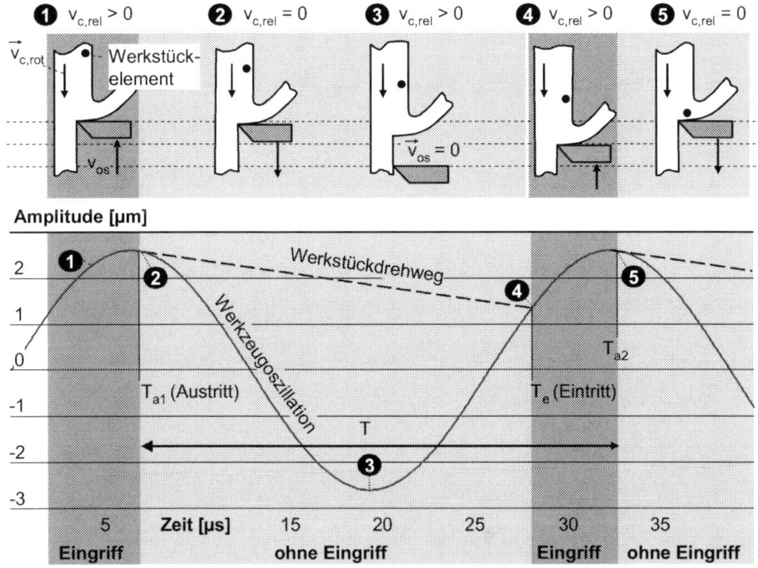

Bild 2-10: Bewegungsverhältnisse zwischen Werkzeug und Werkstück (f = 40 kHz)

Movement relation of tool and workpiece (f = 40 kHz)

Die eigentliche Spanbildung respektive Belastung des Werkzeugs erfolgt nur in einem anteiligen Zeitintervall pro Schwingungszyklus. Die Kontaktzeit t_c von Werkstück und Werkzeug ist dabei definiert durch die Differenz von Austrittszeitpunkt T_a und Eintrittszeitpunkt T_e:

$$t_c = T_a - T_e \qquad \textbf{Gl. 2-17}$$

Zum besseren Verständnis der kinematischen Eingriffsverhältnisse entwickelte RÜBENACH eine analytische Beschreibung der Prozesskinematik (Zeitpunkt, Lage, relative und absolute Geschwindigkeiten) sowie abgeleiteter zerspanungsrelevanter Bezugsgrößen. Dabei wurden die neu definierten Bezugsgrößen zur besseren Beschreibbarkeit des verschleißmindernden Effekts der einachsig schwingungsunterstützten Bearbeitung genutzt. Der Austrittszeitpunkt T_a des Werkzeugs in das Werkstück errechnet sich aus:

$$T_a = \frac{ar\cos\left(\frac{-n\cdot r}{A\cdot f}\right)}{\varpi_{os}}$$ **Gl. 2-18**

Analytische und geometrische Betrachtungen führen zur Beschreibung des Eintrittszeitpunkts T_e:

$$A\cdot\sin(\varpi_{os}\cdot T_e) = A\cdot\sin\left(ar\cos\left(\frac{-n\cdot r}{A\cdot f}\right)\right) - 2\cdot\pi\cdot n\cdot r\cdot\left(T_e - \frac{ar\cos\left(\frac{-n\cdot r}{A\cdot f}\right)}{\varpi_{os}}\right)$$ **Gl. 2-19**

Die transzendente Form der Gleichung verhindert eine geschlossene analytische Lösung für den Eintrittszeitpunkt T_e und damit auch die Ermittlung der relativen Geschwindigkeit $v_{c\text{-}rel}$ zwischen Werkstück und Werkzeug im Moment des Eingriffs (s. Gl. 2-18). Über numerische Verfahren können hier jedoch der Eintrittzeitpunkt T_e approximiert und die für die Zerspanung relevanten Größen abgeleitet werden:

$$v_{c,rel}(t = T_e) = v_{ein} = 2\cdot\pi\cdot n\cdot r + A\cdot\omega_{os}\cdot\cos(\omega_{os}\cdot T_e)$$ **Gl. 2-20**

Ferner ergibt die Quotientenbildung der Kontaktzeit t_c (s. Gl. 2-17) mit der Schwingungsperiode T die relative Eingriffsdauer ED:

$$ED = \frac{t_c}{T} = \frac{T_a - T_e}{T}$$ **Gl. 2-21**

Sie ist ein Maß für die Bewertung der Schnittunterbrechung während der schwingungsunterstützten Zerspanung und entspricht der prozentualen Gewichtung der realen Kontaktzeit zwischen Werkstück und Werkzeug pro Schwingungszyklus. Eintrittsgeschwindigkeit v_{ein} und relative Eingriffsdauer ED sind somit wichtige Eingangsgrößen zur Beurteilung der Werkzeugbeanspruchung. Wird die Eintrittsgeschwindigkeit v_{ein} als Maß für den Energieeintrag im ersten Kontakt zwischen Werkstück und Werkzeug festgelegt, so erlaubt die Darstellung in Bild 2-11 die Auswahl von Versuchspunkten mit ähnlichem Energieniveau. Die Eingriffsdauer ED ist ein direktes Maß für die zeitlich bezogene Werkzeugbeanspruchung. Hierdurch ist die Beurteilung des vorliegenden Werkzeugverschleißes, aber auch des Zeitspanvolumens möglich.

Bild 2-11 zeigt in Form eines Nomogramms die Abhängigkeiten der analytisch nicht beschreibbaren Größen. In Kombination mit der Eintrittsgeschwindigkeit v_{ein} ergibt sich ein frequenzspezifisches Parameterfeld, das beispielhaft für f = 40 kHz dargestellt ist. Einstellbar sind die abgeleiteten Bezugsgrößen über die Umfangsgeschwindigkeit des Werkstücks $v_{c,rot}$ und die Werkzeugamplitude A.

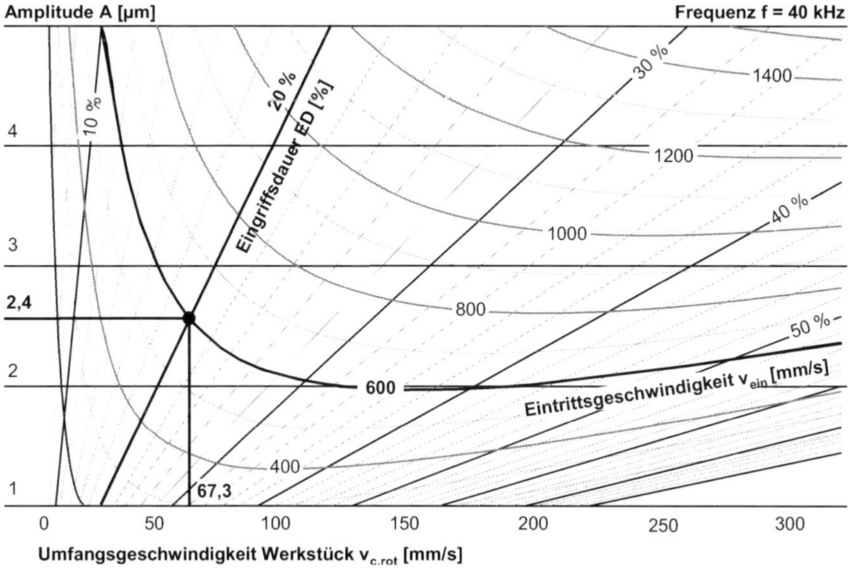

Bild 2-11: **Frequenzspezifisches Nomogramm zur Ermittlung der Amplitude A und der Umfangsgeschwindigkeit $v_{c\text{-}rot}$ in Abhängigkeit von Eintrittsgeschwindigkeit v_{ein} und relativer Eingriffsdauer ED für eine Werkzeugfrequenz f = 40 kHz [RUEB01]**

Frequence specific nomogramm for the determination of the amplitude A and circumferential speed $v_{c\text{-}rot}$ in relation to the entrance velocity v_{ein} and relative contact duration ED for a tool frequency of f = 40 kHz [RUEB01]

Weitere von RÜBENACH abgeleitete und analytisch beschreibbare Bezugsgrößen zur Charakterisierung des ultraschallunterstützten Drehprozesses sind

- die zerspante Strecke pro Schwingungszyklus

$$s_{zyk} = v_{c,rot} \cdot T \,, \qquad \text{Gl. 2-22}$$

- mehrfach überstrichene Oberflächenbereiche

$$U_{os} = \frac{\Delta s \cdot f}{2 \cdot \pi \cdot n \cdot r} \,, \qquad \text{Gl. 2-23}$$

- die Impulsfrequenz, die als überschlägige Bezugsgröße zur Beurteilung der eingebrachten Energie pro zerspanten Streckenabschnitt pro Schwingungszyklus dient

$$f_{\mathrm{Im}} = \frac{v_{ein}}{s_{zyk}} \text{ und} \qquad \text{Gl. 2-24}$$

- ein masseloses Äquivalent zur eingebrachten Energie pro Schwingungszyklus

$$K_{US} = \frac{v_{mit} \cdot s_{zyk}}{t_c} . \qquad \text{Gl. 2-25}$$

2.3 Fazit und Bewertung des Kenntnisstands

Conclusions and assessment of state-of-knowledge

Die schwingungsunterstützte UP-Zerspanung ist seit Anfang der neunziger Jahre intensiv untersucht worden. In den verschiedenen Arbeiten wurden hauptsächlich unterschiedliche Werkstoffe bzgl. ihrer Prozesseignung untersucht. Dabei konnten nennenswerte Erfolge bei schwer zerspanbaren Werkstoffen wie Glas oder Stahl mit MKD erzielt werden. Jedoch wurden hier nur Versuchsrandbedingungen und deren Ergebnisse erläutert.

MORIWAKI und SHAMOTO leisteten hierzu Anfang der neunziger Jahre auf dem Gebiet der ultrapräzisen schwingungsunterstützten Bearbeitung Pionierarbeit und konnten für Arbeitsfrequenzen von f = 20 kHz und f = 40 kHz die Vorteile der Schwingungsunterstützung für die Zerspanung von Glas und Stahl aufzeigen. Bemerkenswert war die Steigerung der Arbeitsfrequenz auf f = 40 kHz, die zu einer Verbesserung der Oberflächenqualitäten und zu einer Reduzierung des Werkzeugverschleißes führten. Eine weitere Steigerung der Arbeitsfrequenz ist in der Literatur nicht beschrieben. Des Weiteren ist der spezifische Einfluss des Schwingungssystems auf das Prozessergebnis nicht weiter untersucht worden.

RÜBENACH hat eine nahezu vollständige analytische Beschreibung der kinematischen Verhältnisse mit einachsig angeregten Werkzeugen geliefert, mit der er neue Bezugsgrößen ableitete, die neben der optimierten Prozesseinstellbarkeit auch zu einem verbesserten Prozessverständnis beitrugen. Bestätigt wurde er durch die prozesstechnologische Verifizierung des Einflusses der Bezugsgrößen bei der Zerspanung optischer Gläser mit einer Werkzeugfrequenz von f = 40 kHz. Die Anwendbarkeit seiner Erkenntnisse auf die Zerspanung von Stahlwerkstoffen wurde bisher nicht untersucht.

Insbesondere im Hinblick auf die schwingungsunterstützte Drehbearbeitung von gehärteten Stählen liegt keine umfassende Wissensbasis vor, die zur Klärung der Wirkmechanismen herangezogen werden kann. Diese Basis ist vor allem aus etablierten Technologien wie der hochpräzisen Hartbearbeitung von Stählen und der klassischen Ultrapräzisionsbearbeitung abzuleiten.

3 Aufgabenstellung und Zielsetzung

Task and Objectives

Das Ziel dieser Arbeit ist die Schaffung der notwendigen system- und prozesstechnologischen Voraussetzungen für die Entwicklung eines stabilen und gleichzeitig leistungsfähigen schwingungsunterstützten Drehprozesses für die ultrapräzise Bearbeitung eisenhaltiger Metalle.

Der dargestellte Stand der Erkenntnisse zeigt auf, dass die schwingungsunterstützte Zerspanung mit geometrisch bestimmten MKD-Schneiden zur Zeit das erfolgversprechendste Verfahren zur Realisierung komplexer optischer Konturen auf Stahl- und Glaswerkstoffen ist. Da nach aktuellem Kenntnisstand mittelfristig keine ähnlich hochwertigen Schneidstoffe zur Verfügung stehen werden, untermauert die Notwendigkeit zur grundlegenden Analyse dieser Fertigungstechnologie. Die duktile Bearbeitung von wärmebehandelten hoch legierten Stahlwerkstoffen stellt dabei aufgrund der werkstoffspezifischen Randbedingungen wie Legierungsanteile, Gefügeaufbau und Wärmebehandlungszustand ein vielschichtiges Forschungsgebiet dar, das einer systematischen Untersuchung bedarf.

Weiterhin zeigen die Erkenntnisse, dass zur Erzielung exzellenter Bearbeitungsergebnisse durch die schwingungsunterstützte Zerspanung eine getrennte Betrachtung von WZ-System und Prozess nicht möglich ist. Hier setzt diese Arbeit an und erweitert die Bilanzhülle von der Zerspanungszone auf das WZ-System. Somit kann eine ganzheitliche Betrachtung der Einflussfaktoren auf das Bearbeitungsergebnis gewährleistet werden.

Übergreifende Aufgabe ist es daher, eine umfassende Analyse der vorliegenden Wirkzusammenhänge bei der schwingungsunterstützten Bearbeitung von gehärteten Stahlwerkstoffen mit MKD-Werkzeugen durchzuführen. Dabei sollen sowohl werkstoff- als auch systemspezifische Charakteristika in die Untersuchungen einfließen. Letztlich sollen die Erkenntnisse in anwendungsorientierte Richtlinien zur Prozess- und Systemgestaltung überführt werden.

Zur Gewährleistung des übergeordneten Ziels bedarf es detaillierter Untersuchungen, die in einzelne Arbeitsschwerpunkte zu gliedern sind und sich wie folgt darstellen:

Als Eingangsgröße für die Untersuchungen dienen die prozessrelevanten Materialeigenschaften. Die Analyse der Zerspanmechanismen durch die ultraschallunterstützte Zerspanung erfordert eine Beschreibung des zu untersuchenden Werkstoffs STAVAX ESU (Mat.-Nr.: 1.2083; X38CrV14). Von besonderer Bedeutung sind hierbei die vorliegenden Werkstoffgefüge bei unterschiedlichen Werkstoffhärten und der resultierende Einfluss auf die duktile Zerspanung. Darüber hinaus wird zum besseren Verständnis des Tribosystems das Verschleißverhalten des MKD während des Kontakts mit eisenhaltigen Werkstoffen für unterschiedliche Umgebungsbedingungen beschrieben.

Wichtige Voraussetzung für eine ganzheitliche Prozessanalyse ist die genaue Kenntnis der statischen und dynamischen Eigenschaften sowie der Anbindung des schwingungsunterstützten WZ-Systems. Dazu soll ein neues Werkzeugkonzept entwickelt und aufgebaut werden, das den Ansprüchen an die ultrapräzise Zerspanung gerecht wird. Eine vorgelagerte detaillierte theoretische Analyse inklusive einer praktischen Verifikation des Systems soll als Eingangsgröße in die Systementwicklung einfließen. Die prozessrelevanten Einflüsse des

Systems dienen als Grundlage für die anschließenden prozesstechnologischen Untersuchungen.

Eine modellhafte Beschreibung der Wirkmechanismen in der Zerspanungszone bildet die Grundlage der Untersuchungen und soll durch die Bearbeitungsversuche verifiziert werden. Dazu werden an gehärteten Stahlproben die Wirkmechanismen bei der schwingungsunterstützten Zerspanung analysiert. Zur Versuchsgestaltung dient das von RÜBENACH entwickelte kinematische Modell unter Einbeziehung der abgeleiteten Bezugsgrößen. Ziel soll es sein, das Modell um entsprechende Kenngrößen zur Vorhersage des Bearbeitungsergebnisses zu erweitern.

Zur Variation kommen die abgeleiteten schwingungsspezifischen und klassischen Stellgrößen. Entscheidende Beurteilungsgröße des Arbeitsergebnisses ist die erzielte Oberflächenrauheit und -topographie. Unterstützend werden Spanproben qualitativ analysiert, die den Übergang von duktiler zu spröder Spanbildung aufzeigen und zur Verifikation der Modellvorstellungen dienen. Parallel dazu wird über diskret definierte zerspante Strecken der Einfluss des Werkzeugverschleißes auf das Prozessergebnis untersucht. Des Weiteren sind die wirkenden Verschleißmechanismen für das Tribosystem Diamant - Stahl zu beschreiben. Eine abschließende Untersuchung der Randzone hinsichtlich Eigenspannungen, Mikrohärte und Rissbildung dient zur Ermittlung der Oberflächenintegrität (siehe Bild 3-1).

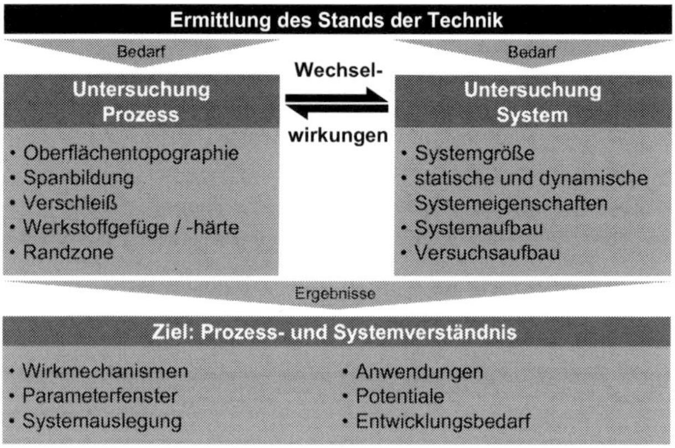

Bild 3-1: Grundlegender Ansatz der Untersuchungen und Ziele dieser Arbeit

Principle approach to the investigations and aims of this thesis

Zur Ableitung von Richtlinien für die schwingungsunterstützte Bearbeitung gehärteter Stahlwerkstoffe sollen die determinierten prozesstechnologischen Parameterfenster und Wirkzusammenhänge sowie der Einfluss des WZ-Systems auf den Zerspanungsprozess zusammenfassend bewertet werden. Hierdurch können praxisorientierte Handlungsempfehlungen zum Einsatz der schwingungsunterstützten ultrapräzisen Zerspanung von eisenhaltigen Werkstoffen gegeben werden. Anhand der Bearbeitung eines anwendungsnahen Formeinsatzes sollen die Richtlinien verifiziert werden. Vor dem Hintergrund prozess- und werkzeugspezifischer Randbedingungen werden die zukünftigen Einsatz- und Forschungspotenziale diskutiert.

4 Analyse der prozessrelevanten Werkstoffeigenschaften

Analysis of Process-Relevant Material Properties

Die Anforderungen an einen Werkzeug- und Formenstahl sind vielfältig und sollen in diesem Kapitel näher erörtert werden. Eigenschaften wie

- Druckfestigkeit bei erhöhten Temperaturen,
- Verschleißwiderstand,
- Zähigkeit,
- Korrosionsbeständigkeit,
- Temperaturleitfähigkeit,
- Zerspanbarkeit,
- Maßänderung bei der Wärmebehandlung und
- Polierfähigkeit

sind dabei von großer Bedeutung, um im Umfeld replikativer Verfahren wie dem Kunststoffspritzguss und der Glasumformung optischer Komponenten bestehen zu können.

4.1 Aufbau und physikalische Eigenschaften von Stahlwerkstoffen

Composition and physical properties of steel

Der wichtigste Bestandteil des Stahls ist neben dem Eisen der Kohlenstoff. Das Gefüge von Stahl setzt sich aus den Grundbestandteilen Ferrit, Zementit und Perlit zusammen. Je nach Kohlenstoffgehalt und Wärmebehandlungszustand des Stahls überwiegt eine dieser Gefügestrukturen.

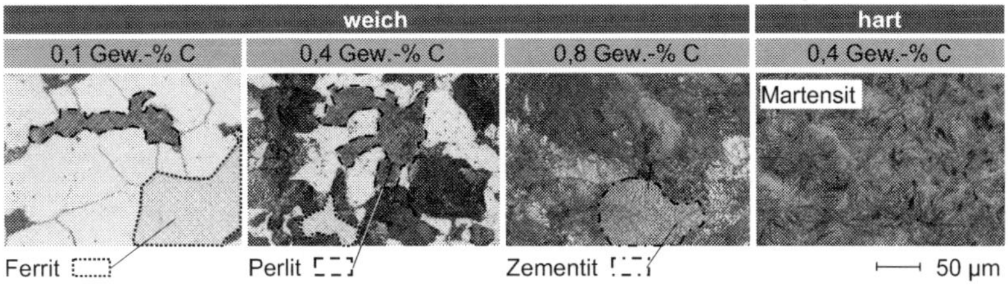

Bild 4-1: **Gefügeausbildungen bei kohlenstoffhaltigen Stählen vor und nach der Wärmebehandlung**

Microstructure of carbon steels before and after heat treatment

Stähle mit Kohlenstoffanteilen unterhalb von 0,8 Gew.-% werden als untereutektoid bezeichnet. Deren Hauptbestandteile sind das Perlit und das Ferrit. Perlit ist eine Mischung aus Ferrit (87 %) und Zementit (13 %). Es besitzt eine geringe Verformungsfähigkeit und eine hohe Härte. Das Perlit hat eine sehr geringe Klebneigung und ist infolge dieser

Eigenschaften gut zerspanbar. Ferrit ist kubisch flächenzentriertes α-Eisen. Es besitzt gegenüber dem Perlit eine gute Verformbarkeit und eine geringe Härte. Aufgrund der hohen Klebneigung und der ungünstigen Spanbildung ist es relativ schwer zerspanbar. Zementit hingegen besteht aus Eisencarbid (Fe_3C) und ist sehr hart und spröde. Je nach Kohlenstoffgehalt kann der Zementit frei oder im Perlit gelöst vorliegen. Durch Steigerung des Kohlestoffgehalts verringert sich der Ferritanteil im Gefüge zu Gunsten des Perlitanteils (Bild 4-1). Ab 0,8 Gew.-% Kohlenstoff ist ausschließlich Perlit im Gefüge vorhanden. Ferrit liegt dann nur noch gelöst im Perlit vor. Stähle mit diesen Eigenschaften werden als übereutektoid bezeichnet [BEIS97].

Weitere wichtige Gefügestrukturen des Stahls sind das Austenit und das Martensit. Als Austenit wird das kubisch flächenzentrierte γ-Mischkristall des Eisens bezeichnet. Es entsteht bei der Wärmebehandlung mit dem Ziel, durch einen anschließenden schnellen Abkühlvorgang Martensit zu bilden. Martensit ist ein tetragonal raumzentriertes Gitter, das aus einem Umklappvorgang des Austenits entsteht (Bild 4-1 rechts). Der Martensitanteil wird hauptsächlich durch die Abkühlgeschwindigkeit beim Härten festgelegt. Das Martensit ist für die Härte des Werkstoffs verantwortlich [BEIS97].

Die Eigenschaften von Stahl können durch Zulegieren bestimmter Elemente gezielt verändert und an die Anforderungen angepasst werden. Hochlegierte Stähle sind dadurch gekennzeichnet, dass sie Legierungselemente mit einer Gesamtmenge oberhalb von 5 Gew.-% beinhalten [KLOC02a]. Im Folgenden werden die üblichen Legierungselemente vorgestellt und deren Auswirkung auf die Eigenschaften des Stahls erläutert [BEIS97]:

- Mangan Mn verbessert die Härtbarkeit und erhöht die Festigkeit der Stähle (ca. 100 N/mm^2 je 1 % Mangan).
- Chrom Cr und Molybdän Mo verbessern ebenfalls die Härtbarkeit. Ab einem Chromanteil von 12 % ist ein Stahl korrosionsfrei. Das Chrom bildet auf der Oberfläche des Stahls eine dichte Oxidschicht, die als Diffusionsbarriere bei chemischen Einwirkungen fungiert.
- Nickel Ni erhöht die Festigkeit des Stahlwerkstoffs. Zusätzlich erhöht sich die Zähigkeit, insbesondere bei niedrigen Temperaturen.
- Silizium Si erhöht die Ferritfestigkeit des Stahls.
- Phosphor P wird nur bei einigen Automatenstählen zulegiert. Geringe Mengen (< 1 %) führen schon zu Seigerungen im Stahl, die bei anschließender Wärmebehandlung nur begrenzt beseitigt werden können und zu einer Versprödung der α-Mischkristalle führen.
- Titan Ti und Vanadium V haben bereits in geringen Mengen eine erhebliche Festigkeitssteigerung zur Folge. Diese wird von feinstverteilten Carbid- und Carbonitridausscheidungen verursacht.
- Schwefel S besitzt eine geringe Löslichkeit im Eisen. Es bilden sich je nach weiteren Legierungsbestandteilen des Stahls Sulfide, die die Zerspanbarkeit des Werkstoffs begünstigen. Beispielsweise seien hier Mangansulfide genannt. Eisensulfide sind hingegen unerwünscht.
- Blei Pb wird als Legierungselement hinzugezogen, um aufgrund seines niedrigen Schmelzpunkts der Zerspanung zugute zu kommen.

Die mechanischen Eigenschaften von Stahl können zusätzlich durch eine gezielte Wärmebehandlung verändert werden. Unter dem Begriff der Wärmebehandlung versteht man den Vorgang, ein Werkstück kontrollierten Temperatur-Zeit-Folgen und gegebenenfalls anderen physikalischen oder chemischen Einwirkungen auszusetzen. Die wichtigsten und gängigsten Verfahren seien hier genannt [BEIS97]:

Durch das Spannungsarmglühen werden innere Spannungen im Werkstück, die beispielsweise durch eine vorherige Bearbeitung entstanden sind, abgebaut. Der Temperaturbereich liegt zwischen T = 500°C und T = 650°C.

Eine weitere Art der Wärmebehandlung ist das Weichglühen. Es wird bei Stählen angewendet, die aus feinlamellarem perlitischem Gefüge bestehen. Angestrebt wird ein möglichst ferritreicher Perlit mit globularem Zementit. Die Härte und die geringe Verformbarkeit des ursprünglichen Gefüges werden dadurch stark reduziert.

Das Normalglühen hat ein annähernd gleichmäßiges und feinkörniges Gefüge zur Folge. Je nach Kohlenstoffgehalt setzt sich das Gefüge nach dem Normalglühen aus Ferrit und Perlit zusammen.

Ein ähnliches, aber wesentlich grobkörnigeres Gefüge stellt sich nach dem Diffusionsglühen ein. Das Verfahren wird zur Homogenisierung von Kristallseigerungen verwendet. Die Temperaturen liegen hier im Bereich kurz vor der Solidustemperatur. Die Solidustemperatur von Stahl ist abhängig von dessen Kohlenstoffgehalt und liegt zwischen 1153°C < T_s < 1536°C.

Eine Möglichkeit, die Festigkeit des Stahls zu steigern, bietet das Härten. Der Werkstoff wird auf die Austenitisierungstemperatur erhitzt und anschließend schnell abgekühlt. Das führt dazu, dass die bei normaler Abkühlgeschwindigkeit ablaufenden Kohlenstoffausscheidungen im Gefüge unterdrückt werden. Es bildet sich nach Unterschreiten der „martensit starting" Temperatur M_s Martensit. Der Werkstoff wird dadurch sehr hart und spröde. Ist eine gewisse Zähigkeit erwünscht, muss das Werkstück nach dem Härten angelassen werden. Es wird auf relativ niedrige Temperaturen erhitzt und eine bestimmte Zeit auf dieser Temperatur gehalten. Dies hat einen gezielten Martensitzerfall zur Folge, wodurch die Härte des Werkstoffs abnimmt und die Zähigkeit zunimmt. Die Kombination aus Härten und Anlassen wird Vergüten genannt [BEIS97].

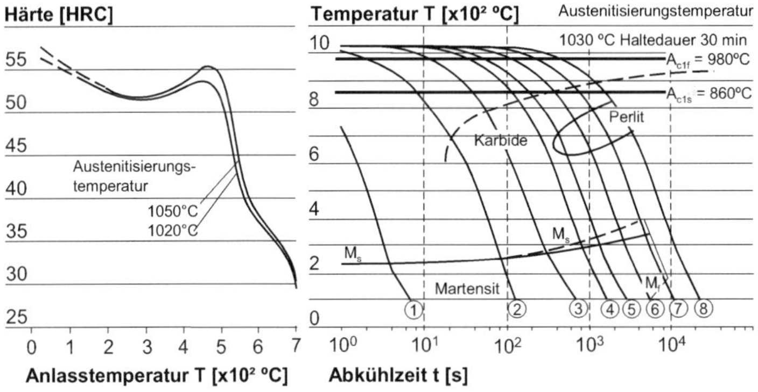

Nr.	Härte [HV]	$T_{800-500}$ [s]
1	649	1
2	634	31
3	613	105
4	592	316
5	585	526
6	421	1052
7	274	2101
8	206	4204

Bild 4-2: Zustandänderung des Werkstoffs X38CrV14 (1.2083)

Change-in-state: Material X38CrV14 (1.2083)

Das Zeit-Temperatur-Umwandlungsdiagramm (ZTU) in Bild 4-2 rechts zeigt die erzielbaren Härten durch diskrete zeitabhängige Abschreck- bzw. Abkühlkurven für den untereutektoiden Werkstoff X38CrV14 (1.2083). Während der gezielten Abkühlung durchschreitet der

Werkstoff unterschiedliche Gefügezustände. Eine schnelle Abkühlung (Härtelinie 1) führt zu einem direkten diffusionslosen Umklappen der austenitischen γ-Mischkristalle in das hochspröde Martensit. Die hohe Härte des Martensits beruht auf der gegenüber dem γ-Gitter geringeren Lösungsfähigkeit des α-Gitters des Eisens für Kohlenstoffatome. Die bei Härtetemperatur gelösten C-Atome können bei schneller Abkühlung nicht aus dem sich umwandelnden γ-Mischkristall ausdiffundieren und führen, da sie zwangsgelöst bleiben, zu einer Verspannung des entstehenden Martensitkristalls. Dabei wächst mit der Anzahl an zwangsgelösten C-Atomen die Anzahl der härtebestimmenden Verspannungen. Wird eine langsame Abkühlung (z. B. Härtelinie 7) gewählt, werden Diffusionsvorgänge aus dem γ-Mischkristall initiiert, die die Bildung der Gefüge Ferrit, Perlit, Bainit (nadelige Ferritkristalle mit Carbideinlagerungen) oder auch Carbide begünstigen. Die erzielbaren Härten sind geringer, da der Anteil des härteren Martensit geringer ist.

Um auch im inneren eines Werkstücks eine zur Martensitbildung ausreichend hohe Abkühlgeschwindigkeit zu erhalten, muss eine möglichst schnelle Wärmeabfuhr gewährleistet werden. Dies wird durch Abschreckmedien wie Öl, Wasser, Eiswasser oder Salzlösungen erreicht. Oberhalb eines bestimmten Werkstoffquerschnitts ist für legierte Stähle eine Durchhärtung nicht mehr möglich. Durch Hinzulegieren von Mangan Mn, Chrom Cr, Molybdän Mo und Nickel Ni kann die Kohlenstoffdiffusion gehemmt werden, um auch größere Werkstückquerschnitte durchzuhärten.

Das beim Härten entstehende spröde Martensitgefüge wird zur Reduzierung der Sprödigkeit in der Regel angelassen. Bild 4-2 links zeigt für den Werkstoff X38CrV14 (1.2083) bei verschiedenen Austenitisierungstemperaturen die Anlasstemperaturen, um den spröden Charakter des Werkstoffs zu vermindern. Üblicherweise werden zum Anlassen Temperaturen im Bereich bis T = 300°C angewandt. Die Kohlenstoffdiffusion, die zur Ausscheidung von Carbiden führt, wird begünstigt, ohne die Härte signifikant zu reduzieren. Der im Härtungsgefüge verbliebene Restaustenit zerfällt. Werden die Anlasstemperaturen bei Werkstoffen mit zulegierten Elementen wie Molybdän Mo, Wolfram Wo und Vanadium V im Bereich von T = 400 - 500°C erhöht, so steigt durch Sekundärhärtung die Härte an. Anlasstemperaturen oberhalb T = 500°C führen zu einem starken Abfall der Härte. Die genannten Temperaturbereiche können je nach Legierungszusammensetzung variieren. Dabei können ein- als auch mehrstufige Anlassprozesse zur Einstellung eines definierten Gefüges bzw. der gewünschten Härte zur Anwendung kommen.

Nachdem die allgemeinen Eigenschaften von Stahlwerkstoffen analysiert worden sind, soll der in dieser Arbeit verwendete Werkstoff X38CrV14 (1.2083), bzgl. seiner Eigenschaften und Anwendungsgebiete näher charakterisiert werden.

4.2 Eigenschaften von X38CrV14

Properties of X38CrV14

Der Werkstoff X38CrV14 gehört aufgrund seines hohen Anteils an Legierungselementen zur Gruppe der hochlegierten Stähle. Der Werkstoff wird zum Teil unter dem Handelsnamen STAVAX ESU geführt (Werkstoffnummer: 1.2083 / AISI 420 modified). Die genaue Zusammensetzung ist Tabelle 4-1 zu entnehmen.

Der Werkstoffs wird im Elektro-Schlacke-Umschmelzverfahren (ESU) hergestellt. In diesem Verfahren wird die Ausgangslegierung als Elektrode in ein überhitztes Schlackebad eingetaucht. Die Elektrode schmilzt infolge der hohen Wärmeentwicklung und das Schmelzgut tropft durch die Schlacke, um schließlich in einer wassergekühlten Kokille zu erstarren. In der Schlacke wird der Werkstoff durch chemische Reaktionen gereinigt. Dieses Verfahren gewährleistet einen sehr hohen oxidischen und sulfidischen Reinheitsgrad von

Stavax ESU. Das Erstarrungsgefüge ist nach diesem Prozess sehr gleichmäßig und homogen. Aufgrund dieses Verfahrens besitzt ein elektroschlacke-umgeschmolzener Stahl eine außerordentlich hohe Zugfestigkeit und eine gute Zähigkeit. Infolge des homogenen Gefüges sind mittels Feinbearbeitungsverfahren, wie beispielsweise dem Polieren, sehr hohe Oberflächengüten erzielbar [UDDE04b].

Elemente	C	Si	Mn	Cr	V
Gewichtsprozente	0,38	0,9	0,5	13,6	0,3

Tabelle 4-1: Prozentuale Zusammensetzung von Stavax ESU [UDDE04]

Percentaged composition of Stavax ESU [UDDE04]

Die physikalischen Eigenschaften von Stavax ESU mit einer Härte von 50 HRC sind in Tabelle 4-2 für unterschiedliche Temperaturen zusammengefasst.

Temperatur T [°C]	20	200	400
Dichte ρ [g/cm³]	7,8	7,75	7,7
E-Modul E [N/mm²]	$0{,}2 \cdot 10^6$	$0{,}19 \cdot 10^6$	$0{,}18 \cdot 10^6$
Wärmeausdehnungskoeffizient α [1/°C] ab 20°C	–	$11 \cdot 10^{-6}$	$11{,}4 \cdot 10^{-6}$
Wärmeleitfähigkeit λ [W/(m·°C)]	16	20	24

Tabelle 4-2: Temperaturabhängige physikalische Eigenschaften von Stavax ESU [UDDE04]

Temperature related physical properties of Stavax ESU [UDDE04]

In dieser Arbeit werden Bauteile aus Stavax ESU in verschiedenen Härten bearbeitet, nämlich 35, 40, 45 und 53 HRC. Zwischen der Härte des Werkstoffs und seiner Zugfestigkeit besteht eine lineare Abhängigkeit, die in Bild 4-3 dargestellt ist. Es sind die Bruchgrenze R_m und die Streckgrenze $R_{P\,0,2}$ über der Härte abgebildet. Die Werte sind, laut Hersteller, als Näherungswerte zu verstehen, da eine gewisse Streuung nicht vermeidbar ist.

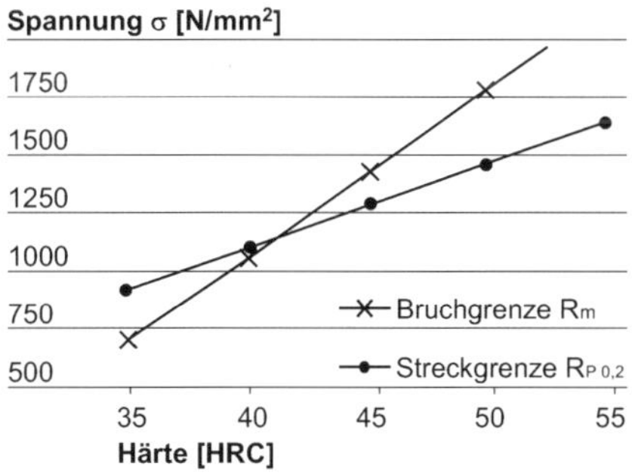

Bild 4-3: Die Bruchgrenze R_m und die Streckgrenze $R_{p0,2}$ von Stavax ESU über der Härte [UDDE04]

Hardness dependent breaking point R_m and yield stress $R_{p0,2}$ of Stavax ESU [UDDE04]

Mit steigender Härte nimmt die Bruchgrenze des Werkstoffs zu. Da während der Zerspanung zur Werkstofftrennung diese Grenze erreicht werden muss, ist mit zunehmender Härte von einem steigenden Kraftniveau an der Werkzeugschneide auszugehen.

Zum Erreichen diskreter Härten wird der Werkstoff bei einer Temperatur T = 1025 ± 10°C in Öl abgeschreckt und anschließend zweifach angelassen. Die Anlasstemperatur wird nach der zu erzielenden Härte gewählt. Je höher die Anlasstemperatur, umso mehr martensitisches Gefüge zerfällt. Dies geht mit einer Verringerung der Härte einher. Des Weiteren führt das zweimalige Anlassen zu einer Reduzierung des Restaustenits. Vor dem Hintergrund des Einsatzes bei hohen Temperaturen für den Kunststoffspritzguss oder die Glasreplikation ist dieser Aufwand sinnvoll. Durch die kubisch flächenzentrierte Ausprägung des Restaustenits kann eine Umwandlung während erhöhter Prozesstemperaturen zu einer Beeinflussung der Form- und Maßeigenschaften des Formwerkzeugs führen.

Durch den hohen Chromanteil ist Stavax ESU sehr korrosionsbeständig. Die Korrosionsbeständigkeit des Werkstoffs nimmt jedoch mit steigender Anlasstemperatur ab. Es wird von schwach korrodierenden Stoffen wie Wasser, Wasserdampf, schwachen Säuren, wässrigen Lösungen von Nitraten, Carbonaten und anderen Salzen nicht angegriffen. Ebenso besitzt der Werkstoff eine hohe Verschleißfestigkeit. Durch die Reinheit des Werkstoffs sind homogene Oberflächen mit hohen Oberflächengüten fertigbar [UDDE04].

Den aufgezählten Eigenschaften zufolge eignet sich Stavax ESU sehr gut für Formwerkzeuge mit hohen Anforderungen an die Genauigkeit, die gleichzeitig korrodierenden Stoffen und hohen Temperaturen ausgesetzt sind.

Um Bauteile mit extrem hohen Oberflächengüten zu fertigen, wird konventionell das Polieren angewandt. Aufgrund der geometrischen Einschränkungen dieses Verfahrens soll das Ultrapräzisionsdrehen zur formflexiblen Bearbeitung der Formeinsätze untersucht werden. Einzig der monokristalline Diamant kann die Forderungen nach hoher Schneidkantenschärfe bei gleichzeitig geringer Schartigkeit erfüllen.

4.3 Natürliche monokristalline Diamanten

Natural mono-crystalline diamonds

Der Diamant ist eine spezielle Kristallform des allotropen[1] Elements Kohlenstoff, von dem heute die drei Erscheinungsformen Graphit, Diamant und Fullerene sowie einige untergruppierbare Formen bekannt sind (Tabelle 4-3).

Graphit ist eine hexagonale Kristallstruktur des Kohlenstoffs, dessen technische Relevanz sich im Bereich der Schmiertechnik findet. Die gute elektrische Leitfähigkeit macht das Graphit des Weiteren zu einem hervorragenden Elektrodenwerkstoff für z. B. Motoren. In Verbindung mit seiner guten Zerspanbarkeit wird Graphit auch als Werkstoff für Senkelektroden in der Funkenerosion eingesetzt. Weitere Verwendungsgebiete finden sich in Akkumulator-, Kunststoff-, Isolations-, Halbleiter- und Gießtechnik [KOEN98].

Eine Untergruppe des Graphits sind die Glaskohlenstoffe, deren hexagonale Kristallebenen nicht wie beim Graphit parallel, sondern deformiert regellos zueinander liegen. In der Literatur wird dieser Werkstoff häufig mit dem englischen Begriff »Glassy Carbon« benannt, um seine glasartigen isotropen Eigenschaften zu verdeutlichen. Durch die hohe Temperaturbeständigkeit – im Vakuum oder unter Verwendung inerter Gase – von bis zu 3000°C und die gute Bearbeitbarkeit durch duktiles Schleifen ist dieser Werkstoff hochinteressant für die Umformung hochschmelzender Gläser wie Quarzglas (SiO_2, Umformtemperatur T > 1400°C) [GLAS07].

---

[1] Allotropie bezeichnet die Erscheinung, dass ein chemisches Element in zwei oder auch mehr Strukturformen im gleichen Aggregatzustand auftritt, die sich physikalisch und auch in ihrer chemischen Reaktionsbereitschaft voneinander unterscheiden.

Eigenschaft bei Raumtemperatur	Graphit	Diamant	Fullerene
Herstellung	Verkokung und anschließendes Erhitzen	hoher Druck hohe Temperatur	Lichtbogen
Kristallsystem	**hexagonal** 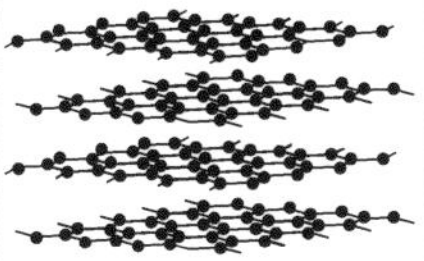	**kubisch regulär** 	**polyedrisch** 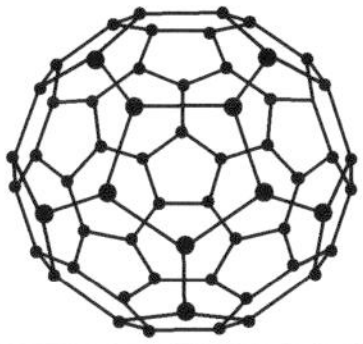
Dichte [g/cm³]	2,2	3,52	1,65-2
Härte nach Vickers [HV]	100-200	10060	200-500
Wärmeleitfähigkeit λ [W/mK]	119-165	2300	0,12-5,7
Elektrische Leitfähigkeit σ [10^6 S/m]	3	isolierend	isolierend

Tabelle 4-3: Kohlenstoffmodifikationen und ihre Eigenschaften [DEBE83, WEDE83, WEXL04]

Modifications and properties of carbon [DEBE83, WEDE83, WEXL04]

Eine weitere Modifikation des Kohlenstoffs, die erst Mitte der 80er Jahre durch KROTO et al. entdeckt wurde, sind die Fullerene, die zu Ehren des Architekten Richard Buckminster Fuller als »Bucky Balls« bekannt wurden [KROT85]. Durch die Anordnung von flächig pentagonalen und hexagonalen Kristallelementen entsteht die einem klassischen Fußball ähnliche Kugelform. Die im Moment stabilste und am besten erforschte Konfiguration sind die C_{60} Fullerene, die aus sechzig Kohlenstoffatomen bestehen [KROT85, KRAT90]. Konkrete industriell genutzte Anwendungen sind für diese Kohlenstoffmodifikation momentan noch nicht vorhanden, jedoch sind erste Ideen zur Nutzung der Fullerene für z. B. Halbleiterelemente ausgearbeitet worden [VESP03].

Der französische Chemiker LAVOIRSIER hat erstmals 1772 entdeckt, dass der monokristalline Diamant aus Kohlenstoff besteht [CHOU00]. Der Diamant ist eine spezielle metastabile kubisch reguläre Form des Kohlenstoffs, die unter hohen Drücken und Temperaturen im Erdinneren entsteht. Die natürliche Bildung erfolgt bei Temperaturen bis zu $T = 4000$ K und Drücken bis zu $p = 20$ GPa. Unter bestimmten Umständen, z. B. in Anwesenheit von Katalysatoren, kann auch bei geringeren Temperaturen und Drücken eine Umwandlung aus dem hexagonalen Kristallgitter in das kubische Gitter des Diamanten stattfinden. Den Phasenübergang der unterschiedlichen Kohlenstoffmodifikationen zeigt Bild 4-4.

Bereits im späten 18. Jahrhundert wurden erste Versuche durch HANNAY und MOISSAN unternommen, die natürlichen Bildungsvorgänge zu kopieren [HANN80, MOIS94]. Die Synthetisierung schlug jedoch fehl, da die empirische Vorgehensweise unzureichend und die wissenschaftlichen Kenntnisse zu gering waren. Erst im Jahr 1954 konnten durch BUNDY et al. die ersten synthetischen Diamanten hergestellt werden [BUND54]. Die physikalischen Eigenschaften synthetischer Diamanten sind heutzutage nahezu denen der Natürlichen gleichzusetzen. Ferner bieten Sie den Vorteil reproduzierbarer mechanischer, thermischer sowie elektrischer Eigenschaften, die bei natürlichen Diamanten durch z. B. Stickstoff- und Boreinlagerung in unterschiedlicher Intensität abweichen können [FIEL79].

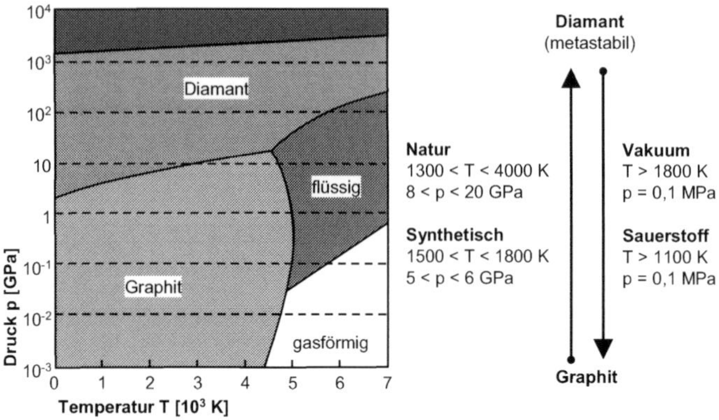

Bild 4-4: **Phasendiagramm und Umwandlungsbedingungen für Kohlenstoff [Bund80]**

Phase diagram and transition conditions for carbon [Bund80]

Sowohl natürliche als auch synthetische Diamanten werden in verschiedensten Industriezweigen eingesetzt. Dabei reichen seine Einsatzgebiete von der Schmuckindustrie, der Automobil- und Medizintechnik und der Elektroindustrie bis hin zur Fertigungstechnik [ELEM07]. Große Bedeutung haben Diamantwerkstoffe sowohl in poly- als auch monokristalliner Form für die Zerspanung mit geometrisch bestimmter und unbestimmter Schneide. Für Prozesse mit undefinierter Schneide wie dem Schleifen, Läppen und Polieren werden monokristalline Diamanten in unterschiedlichsten Körnungen von 1 bis 1100 µm eingesetzt [KLOC05]. Definierte Schneidteilgeometrien werden sowohl in kobaltgebundener polykristalliner Form beispielsweise zur Bearbeitung von Guss- und Aluminiumwerkstoffen eingesetzt als auch in monokristalliner Form für die UP-Zerspanung von z. B. NE-Metallen, Kunststoffen und kristallinen Werkstoffen [NEIS94, KLOC02a].

Unerlässlich für das Verständnis des Verschleißverhaltens monokristalliner Diamanten im Zerspanungsprozess sind seine metastabilen Eigenschaften. Vakuum und atmosphärischer Druck sowie Temperaturen um T = 1800 K lassen den Diamanten bereits ohne Einwirkung von Reibpartnern graphitisieren. Höhere Temperaturen begünstigen eine schnellere Umwandlung. Die chemische Widerstandsfähigkeit wird sogar auf ca. T = 1100 K bei einem Druck von p = 1 bar herabgesetzt, wenn der Diamant mit dem Luftsauerstoff in Kontakt kommt. Unter reiner Sauerstoffatmosphäre wird der Diamant ab T = 900 K angegriffen. Schon bei T = 700 K wird eine Zersetzung in geschmolzenem Natriumnitrat beobachtet [DEBE83].

Für die Zerspanung ist neben dem Kontakt mit den verschiedenen Arten der Atmosphäre auch der zu bearbeitende Werkstoff von großer Bedeutung. Eine starke chemische Reaktion wird bei erhöhten Temperaturen im Kontakt mit den Carbidbildnern Wolfram W, Tantal Ta, Titan Ti und Zirkonium Zr beobachtet. Eisen Fe, Kobalt Co, Mangan Mn, Nickel Ni und Chrom Cr wirken im geschmolzenen Zustand als echte Lösungsmittel für den Diamanten [DEBE83].

Nichtsdestotrotz bietet der MKD hervorragende Eigenschaften für die Zerspanung. Neben einer exzellenten Wärmeleitfähigkeit von λ = 2300 W/mK sowie einem sehr geringen vom Reibpartner abhängigen Reibungskoeffizienten von μ = 0,01 - 0,15 ist der Diamant der härteste bekannte Werkstoff [FIEL79]. Der Mineraloge MOHS (1773-1839) zeigte über Ritzversuche die einzigartige Härte des einkristallinen Diamanten, die in der Mohsskala mit der höchsten Härte von 10 eingestuft wird.

Eine weitere wichtige Eigenschaft ist die stark ausgeprägte Anisotropie des einkristallinen Diamanten, die aus dem kubischen Gitter resultiert. Über röntgenographische Verfahren werden dabei die Kristallorientierung detektiert und für die spätere Herstellung die verschleißfesten Kristallebenen (110) oder (100) als Spanfläche ausgelegt [BOWD64, SPEN91].

Industrielle Klassifizierung monokristalliner Naturdiamanten

Seit 1934 werden Diamanten in zwei unterschiedliche Typen eingeteilt. Diamanten des Typs I weisen einen hohen Stickstoffanteil auf, wobei der Stickstoff regellos oder angehäuft verteilt sein kann. Diamanten des Typs II enthalten hingegen einen sehr geringen Stickstoffanteil. Die Diamanttypen sind zur Übersicht in Tabelle 4-4 mit deren Stickstoffgehalten und ihren besonderen Eigenschaften aufgelistet.

Diamanttyp	Stickstoffgehalt	Zusätzliche Einschlüsse	Besondere Eigenschaften
Ia	1000 - 3000 ppm	-	isolierend, Stickstoff als Anhäufungen
Ib	25 bis 50 ppm (natürlich)	-	isolierend, Stickstoffatome ersetzen einzelne Kohlenstoffatome
	bis zu 500 ppm (synthetisch)	-	isolierend, Stickstoffatome ersetzen einzelne Kohlenstoffatome
IIa	< 2 ppm	-	sehr Wärmeleitfähig, isolierend, sehr selten
IIb	< 2 ppm	Bor	halbleitend, sehr selten

Tabelle 4-4: Einteilung und Spezifikation natürlicher Diamanten [STRA05b, OOME92]

Classification of natural diamonds [STRA05, OOME92]

Etwa 98 % aller in der Natur vorkommenden Diamanten gehören dem Typ I an. Der Typ I wird in Typ Ia und Typ Ib eingeteilt. Diamanten des Typs Ia kommen ausschließlich in der Natur vor und enthalten Stickstoff in Form von kleinen Anhäufungen bzw. Platlets [CHRI02]. Der Stickstoffanteil liegt beim Typ Ia zwischen 200 - 3000 parts per million (ppm). Bei dem Typ Ib ersetzen einige Stickstoffatome Kohlenstoffatome im Diamantgitter. Dieser Typ kommt in der Natur in sehr geringen Mengen vor, wohingegen die Mehrzahl der synthetischen Diamanten dem Typ Ib angehören. Der mengenmäßige Stickstoffanteil bei diesem Typ liegt bei natürlichen Diamanten zwischen 25 und 50 ppm und bei synthetischen Diamanten bei bis zu 500 ppm [STRA05a].

Diamanten des Typs II haben praktisch keine Stickstoffeinschlüsse (< 1 ppm) und sind seltener als die des Typs I. Es gibt ebenso eine Unterteilung in Typ IIa und Typ IIb. Die Diamanten des Typs IIa sind elektrisch isolierend und besitzen ein defektfreies Kristallgitter. Zudem weisen diese Diamanten gute thermische und optische Eigenschaften auf. Diamanten des Typs IIb sind extrem selten. Sie sind p- bzw. n-dotiert und verhalten sich dadurch wie Halbleiter [HALL82a].

4.4 Das Tribosystem Diamant – Werkstückwerkstoff – Umgebung

The tribological system: Diamond – workpiece – ambient environment

Dieses Teilkapitel beschreibt für einige ausgewählte Werkstoffe deren spezifischen Einfluss auf das Verschleißverhalten monokristalliner Diamanten. Eine Besonderheit ist die Bearbeitung von eisenhaltigen Werkstoffen, die Gegenstand dieser Arbeit ist. Aufgrund der hohen anwendungstechnischen Relevanz wurden in der Vergangenheit bereits viele Lösungsansätze zur Reduzierung des Diamantverschleißes untersucht. Eine kurze Beschreibung der bisherigen Untersuchungen soll den in dieser Arbeit gewählten technischen Ansatz zur Schließung der technologischen Lücke untermauern.

Typische Verschleißbilder aus der konventionellen Zerspanung wie Freiflächen- und Kolkverschleiß sowie Kamm- und Querrisse lassen sich auch bei MKD-Werkzeugen feststellen. Dabei ist die Sensitivität des Bearbeitungsergebnisses im Vergleich zur konventionellen Bearbeitung stark unterschiedlich. Beispielsweise tritt bei der Bearbeitung mit Standardwerkzeugen (z. B. HM oder CBN) oftmals ein Verschleiß an der Freifläche auf. Dieser führt zu entsprechenden Schneidkantenversätzen im ein- bis zweistelligen Mikrometerbereich, der für die meisten Anwendungsfälle toleriert werden kann. Hingegen führt geringer Freiflächenverschleiß an der Diamantschneidkante im einstelligen Mikrometerbereich zum Verlust der Schneidkantenverrundung ($\rho_s < 50$ nm). Bei gleichzeitig zunehmender Schartigkeit der Schneide kommt es unweigerlich zu einem stark negativen Einfluss auf die erzielbaren Bauteilqualitäten hinsichtlich erzielbarer Oberflächen- sowie Form- und Lagetoleranzen. Aus diesem Grund ist es von hoher Relevanz, die Verschleißmechanismen der tribologischen Paarung Diamant – Werkstückwerkstoff zu analysieren.

Die Wechselwirkung zwischen den tribologisch beanspruchten Bauteilen und den sie umgebenden Medien erzeugt letztendlich den Verschleiß. Die Art der Wechselwirkung hängt ebenfalls stark vom Beanspruchungskollektiv und den Eigenschaften der beteiligten Elemente ab. BURWELL konnte 1957 zeigen, dass vier wesentliche Mechanismen zum Verschleiß führen [BURW57, HABI80, KLOC02a]:

Mechanismus	Erläuterung	Verschleißbild
Adhäsion	Bildung und Trennung atomarer Bindungen (Mikroverschweißungen) zwischen Grund- und Gegenkörper.	a) Verschweißungen b) Aufbauschneiden c) Freiflächenverschleiß
Tribooxidation	Chemische Reaktionen von Grund- und/oder Gegenkörper mit Bestandteilen des Zwischenstoffs oder Umgebungsmediums infolge einer reibbedingten Aktivierung.	a) Anlauffarben b) Oxidfilme c) Ausbrüche (Nebenschneide)
Abrasion	Ritzung und Mikrozerspanung des Grundkörpers durch Rauheitshügel des Gegenkörpers oder Partikel des Zwischenstoffs.	a) Ritzen b) mechanischer Abrieb
Oberflächen-zerrüttung	Rissbildung und Risswachstum bis zur Abtrennung von Verschleißpartikeln infolge wechselnder thermischer und mechanischer Beanspruchungen.	a) Ausbrüche b) Querrisse c) Kammrisse d) plastische Deformation

Tabelle 4-5: Verschleißmechanismen an Werkzeugschneiden [BURW57, KLOC02a]

Wear mechanisms at cutting tools [BURW57, KLOC02a]

Neben den vier genannten Mechanismen in Tabelle 4-5 können unter bestimmten Bedingungen zwei weitere auftreten, deren Verschleißbild sich beispielsweise in einer Verrundung der Schneidkante zeigt:

- Tribosublimation — Sublimation auf atomarer Ebene von Elementen des Grund- und Gegenkörpers in das Umgebungsmedium.
- Diffusion — Diffusion auf atomarer Ebene von Elementen des Grundkörpers in den Gegenkörper.

Die genannten Mechanismen treten bei der Zerspanung oftmals nicht isoliert auf, sondern überlagern oder lösen sich gegenseitig ab. Die Verstärkung eines Verschleißmechanismus durch einen vorgelagerte anderen Verschleißart kann ebenfalls auftreten. Z. B. werden durch Adhäsion übertragene Partikel häufig tribochemisch oxidiert. Die Partikel können durch Abrasion oder Oberflächenzerrüttung abgetrennt werden. Die oftmals härteren oxidischen Partikel verstärken dabei den Verschleiß durch Abrasion [FREY76].

Allgemein hat der Diamant unter atmosphärischen Bedingungen eine sehr niedrige Reibungszahl von ca. $\mu = 0{,}03$, die im haftenden und gleitenden Zustand gilt. Zum Vergleich sei hier der Reibungskoeffizient von Polytetrafluorethylen (PTFE, bekannt als Teflon®) mit $\mu = 0{,}04$ angegeben. Damit stellt er einem potentiellen Reibpartner einen sehr geringen Reibwiderstand entgegen. Im Zusammenspiel mit der hohen Härte sollte der Diamant, aus dem allgemeinen Verständnis heraus, eine sehr geringe Verschleißanfälligkeit aufweisen [BOWD64]. Jedoch zeigen Untersuchungen mit diversen Reibpartnern, dass MKDs durchaus starken Verschleiß aufweisen können. In der Vergangenheit wurden hierzu grundlegende Arbeiten zur Entwicklung eines umfassenden Verständnisses der auftretenden Verschleißmechanismen durchgeführt.

Durch die starke Anisotropie des MKD ist die Orientierung auf dem Werkzeugträger eine wichtige Einflussgröße für den Verschleiß. Untersuchungen von WILKS und WILKS, THORTON, CASEY und HURT zeigten den starken Einfluss der Kristallorientierung. In Analogieversuchen bearbeiteten sie MKDs mit Diamantpulver. Die Zerspanung erfolgte durch Mikrospaltungen entlang der bevorzugten Kristallebene (111). Auch auf polierten Diamantflächen kam es zum abrasiven Verschleiß aufgrund geringster Oberflächenerhebungen von wenigen Nanometern. Die Mikrotopographie der polierten Diamantoberfläche hat dabei einen signifikanten Einfluss auf das Reibverhalten. Die [100] Kristallrichtung ist die verschleißanfälligste und weist den größten Reibkoeffizienten auf [WILK72, CASE73, THOR72, HURT84].

Eine weitere den Verschleiß beeinflussende Eigenschaft ist die Zusammensetzung der hauptsächlich eingesetzten monokristallinen Naturdiamanten. Stickstoffeinlagerungen, die regellos oder in Form von Agglomeraten im Diamantgitter eingebunden sind, beschleunigen den Verschleiß [OOME92, WONG81]. Einlagerungen von Bor führen neben der Auflösung der elektrischen Isolationsfähigkeit zu einer Standzeiterhöhung des Diamanten [OOME92]. Aufgrund des geringen Vorkommens und der noch nicht industriell realisierten Synthese werden diese Diamanttypen, die auch mit IIa und IIb bezeichnet werden, nicht eingesetzt.

PAUL und EVANS identifizierten, dass fast alle Metalle und Halbmetalle der Hauptgruppenelemente (Alkali- und Erdalkalimetalle, Erdmetalle und Kohlenstoff-Silizium-Gruppe) des Periodensystems sowie die Nebengruppen zehn bis zwölf (Nickel-, Kupfer- und Zinkgruppe) mit MKD bearbeitet werden können. Im Gegensatz dazu konnten sie zeigen, dass Elemente der vierten bis achten Nebengruppe (Titan-, Vanadium-, Chrom-, Mangan- und Eisengruppe) nicht mit MKD bearbeitbar sind. Diese erzeugen im Tribosystem Diamant – Werkstückwerkstoff unter Umgebungsbedingungen einen starken Verschleiß an der Span- und Freifläche. Aktiviert werden die dafür verantwortlichen Verschleißmechanismen vorwiegend durch hohe mechanische Spannungen, thermische Belastung und Reibung. Hieraus entwickelten sie ein Modell zur Beschreibung des Diamantverschleißes. Das Modell geht davon aus, dass die Elektronenkonfiguration mit dem Diamantverschleiß korreliert. Sie vermuten, dass ungepaarte d-Elektronen im Substrat für das Aufbrechen des Kohlenstoffgitters im Diamanten und einen chemisch aktivierten Verschleiß verantwortlich sind [PAUL96].

Der Einfluss der Elementeigenschaften auf den Verschleiß von MKDs wird noch verstärkt durch das Werkstoffgefüge. Bei der Bearbeitung eines feinkörnigen Gefüges zeigen die Werkzeuge einen geringeren Verschleiß als bei einem Grobkörnigen. Zurückzuführen ist dies auf die gleichmäßigere Belastung der Schneidkante bei feinkörnigen Werkstoffen [AMMI93, FIEL91].

Bearbeitung von Metallen und Halbmetallen der Hauptgruppe I-IV und Nebengr. X-XII

NE-Metalle, wie Kupfer, Messing, Neusilber, Edel- und Schwermetalle oder auch Aluminium, sind für die Zerspanung mit MKD-Werkzeugen etabliert. Üblicherweise stellt sich bei der Zerspanung ein gleichmäßiger Verschleiß ein. Nach dem vorgestellten Modell von PAUL und EVANS zum Verschleißverhalten in Abhängigkeit von der Elektronenkonfiguration ist der Verschleiß zurückzuführen auf die Elektronenbesetzung der d-Schale. Ein Metall mit voll besetzter d-Schale wie Kupfer (10d Elektronen) oder ein Metall ohne ungepaarte d-Elektronen wie Aluminium (0d Elektronen) erzeugen demnach geringen Verschleiß. Die aus der Bindung gelösten Kohlenstoffatome sollen aufgrund einer katalytischen Reaktion einen Metall-Kohlenstoff-Komplex bilden, dessen Aktivierungsenergie unterhalb einer reinen Kohlenstoffverbindung liegt. Die Anwesenheit von Sauerstoff senkt die Aktivierungsenergie nochmals deutlich. Zerspanungsuntersuchungen an verschiedenen Metallen scheinen das aufgestellte Modell zu unterstützen. Exemplarisch werden im Folgenden die Ergebnisse für industriell relevante Metalle erörtert.

In der Ultrapräzisionsbearbeitung kommt es oftmals gewollt zu einem Einglättungseffekt auf der Werkstückoberfläche. Untersuchungen zum Verschleißverhalten von MKD bei der Bearbeitung von hochreinem OFHC-Kupfer wurden durch OOMEN und SPENRATH durchgeführt. Sie stellten fest, dass bis zu einem Zerspanweg von s = 250 km ein Kolkverschleiß mit einer maximalen Kolktiefe von KT = 0,75 µm auftritt, der keinen signifikanten Einfluss auf die Rauheitskennwerte nach sich zieht. Für Drehwege von 250 km < s < 1400 km kann die Kolktiefe als stationär betrachtet werden. Oberhalb dieses Bereichs nimmt die Rauheit bei gleichbleibender Kolktiefe stark zu. SPENRATH führte diesen Effekt auf die Zunahme der Schneidkantenverrundung und Mikroschartigkeit der Schneide zurück [OOME92, SPEN91].

Das Verschleißverhalten ändert sich signifikant, wenn Metallen wie z. B. Aluminium abrasive Elemente wie Silizium zulegiert sind. WADA und CASEY konnten zeigen, dass die hochharten Siliziumpartikel zu Mikrofurchungen und -ausbrüchen in der (111) Spaltebene führen. In Kombination mit einem nahezu linearen Verschleißfortschritt sinkt die Standzeit der Diamantwerkzeuge drastisch. Der Einfluss der Werkstoffhärte und der Schnittgeschwindigkeit v_c auf das Verschleißverhalten spielt hierbei eine untergeordnete Rolle [WADA80, CASE76].

Entscheidend für die Bearbeitung von Nickel ist der zulegierte Anteil von Phosphor, der bei 9 – 11 % liegt. Die Herstellung der Legierung wird durch eine stromlose bzw. chemische Abscheidung realisiert. Aufgrund der amorphen Struktur und der Bindung zwischen Nickel und Phosphor tritt bei der Bearbeitung von chemisch abgeschiedenem Nickel kein nennenswerter Verschleiß auf. Die Limitierung bei Nickelwerkstoffen auf stromlos (chemisch) abgeschiedene Schichten (e-Nickel) kann nach neuesten Untersuchungen auch auf galvanisch abgeschiedene Schichten erweitert werden [KOHL01, PGE07, RIEM01].

Bearbeitung eisenhaltiger Metalle

Bislang hat die Bearbeitung von eisenhaltigen Metallen keine technische Relevanz für die Ultrapräzisionsbearbeitung. Realisierbare Standwege der Diamantschneide liegen unterhalb von s < 50 m (vgl. OFHC-Kupfer s > 1000 km) und sind somit wirtschaftlich nicht interessant.

WILKS und UEMURA geben die hohe chemische Affinität des Kohlenstoffs im Diamanten zum Eisen im Werkstoff als Ursache für den starken Verschleiß an. Bei hohen Schnittgeschwindigkeiten $v_c > 10$ m/s kommt es zu einer katalytisch unterstützten Graphitisierung des Diamanten. Bei niedrigen Schnittgeschwindigkeiten, die keine hohen Kontakt- bzw. Blitztemperaturen erwarten lassen, tritt eine Wechselwirkung mit der neu erzeugten, chemisch reaktionsfreudigeren Oberfläche auf [WILK80, IKAW91].

FIELD stellte in seinen Untersuchungen fest, dass sich bei der Zerspanung von eisenhaltigen Werkstoffen ein stark ausgeprägter Freiflächenverschleiß einstellt, der sich makroskopisch glatt und mikroskopisch furchig und rau darstellt. Er vergleicht die Topographie mit einer geätzten Fläche und schließt daraus auf einen chemisch aktivierten Verschleiß [FIEL79].

Untersuchungen von TAMINAU lassen vermuten, dass durch Diffusion der chemische Werkzeugverschleiß angetrieben wird. Ursächlich nimmt er an, dass die Diffusion immer dann einsetzt, wenn die freie Bindungsenthalpie eines Reaktionsprodukts negativ ist [TAMI00].

Aktuelle Untersuchungen von SHIMADA et al. basieren auf molekularen Simulationstechniken, die zeigen, dass ab Temperaturen oberhalb von $T = 1000$ K die Kohlenstoffatome des Diamanten in Interaktion mit der Werkstückoberfläche dissoziieren. Unterhalb $T < 900$ K kommt es zu einer Oxidation der Kohlenstoffatome des Diamantgitters begleitet von einer Desoxidierung von Eisenoxid [UEMU04, SHIM04].

5 Charakterisierung schwingungsunterstützter Werkzeugsysteme

Characterisation of the Vibration-Assisted Tool Systems

Die Bearbeitung eisenhaltiger Stähle mit Hilfe schwingungsunterstützter MKD-Werkzeuge unterliegt, neben den prozesstechnologischen Einflüssen, auch systemtechnischen Einflussfaktoren. Bevor die Wirkmechanismen in der Zerspanungszone eingehend in Kapitel 6 und 7 untersucht werden, muss das verwendete WZ-System und dessen Einfluss auf den Zerspanungsprozess detailliert analysiert werden. Das untersuchte WZ-System basiert auf den Arbeiten RÜBENACHS [RUEB01]. D. h., das hier betrachtete WZ-System erzeugt longitudinale Schwingungen, die während der Zerspanung in Schnittrichtung wirken. Eingehende Untersuchungen zum statischen Verhalten (Kapitel 5.1) des WZ-Systems werden gezeigt und analysiert. Auf Basis dieser Daten werden die geometrischen Eigenschaften des Schwingungssystems für die nachfolgenden Untersuchungen determiniert (Kapitel 5.5). Eine abschließende Charakterisierung der dynamischen Systemeigenschaften in Kapitel 5.3 schließt die ganzheitliche Analyse ab. Die Erkenntnisse dienen als Basis für die später folgenden prozesstechnologischen Untersuchungen in Kapitel 6 und 7 und ermöglichen eine klare Trennung der werkzeugseitigen und prozesstechnologischen Einflüsse.

5.1 Integration schlanker Schwinger in Maschinensysteme

Integration of slim oscillators in machine systems

Die Integration eines hochdynamischen, oszillierenden WZ-Systems stellt hohe Anforderungen an steife Auslegung und schwingungsfreie Anbindung des Systems. Eine inadäquate Anbindung führt unweigerlich zur Einleitung von Schwingungen in die Maschine und damit zu einer Beeinflussung der erzielbaren Oberflächenqualität am Werkstück. Zudem fördern statische Instabilitäten des Systems ebenfalls reduzierte Oberflächenqualitäten am Bauteil. In diesem Teilkapitel sollen die genannten Einflüsse eingehend untersucht und ausgehend von den physikalischen Grundlagen Handlungsempfehlungen für die Auslegung eines Schwingungssystems gegeben werden.

5.1.1 Harmonische Wellen in isotropen und schlanken Festkörpern

Harmonic waves in isotropic and slim solid bodies

Zur Auslegung von Schwingungssystemen für die ultraschallunterstützte Zerspanung gelten die Gesetzmäßigkeiten der Schallausbreitung in mechanisch isotropen und geometrisch homogenen Festkörpern. Im Gegensatz zur Ausbreitung des Schalls in Fluiden ist der Körperschall gekennzeichnet durch eine große Vielfalt auftretender Schwingungsformen. Neben dem Auftreten longitudinaler Wellen sind auch transversale Ausbreitungsformen in quasi unendlichen Festkörpern zu beobachten. An Grenzflächen von festen Stoffen kann es zudem zur Ausbreitung von Wellen kommen, die nur im oberflächennahen Bereich merkliche Amplituden aufweisen. Bei freien Oberflächen, die an ein Medium wie Luft angrenzen, treten Rayleighwellen auf [KUTT88].

Im Gegensatz zur Schallausbreitung in quasi unendlichen Medien stehen bei technischen Systemen endliche Festkörper zu Verfügung, in denen sich der Schall in einem komplexen

Zusammenspiel der Ausbreitungsarten fortpflanzt. Vereinfachungen der Verhältnisse treten auf, wenn eine bzw. zwei Abmessungsrichtungen weit unterhalb der Schallwellenlänge liegen. Stabförmige Schwingungssysteme, die als Untersuchungsgrundlage in dieser Arbeit vorliegen, erfüllen diese Randbedingung. Hier treten Dehnwellen (Quasilongitudinalwellen) und Biegewellen auf. Sobald runde stabförmige Schwinger zum Einsatz kommen, können auch Torsionswellen auftreten. Die genannten Ausprägungen entstehen aus der Überlagerung gleich- und gegenphasiger Rayleighwellen.

Zur exakten Beschreibung der kinematischen Verhältnisse und deren Einflüsse auf das Prozessergebnis werden in dieser Arbeit Dehnwellen in reiner Longitudinalrichtung, also in Richtung der Stabachse des Systems, betrachtet. Die Überlagerung der bevorzugten Schwingungsform mit Biege- oder Torsionswellen ist zu vermeiden.

Um eine möglichst effiziente Umwandlung der eingebrachten elektrischen Energie in mechanische zu gewährleisten, werden die Schwingungssysteme in Resonanz betrieben. Dies bedeutet, dass die geometrischen Abmessungen eines Schwingungssystems von der gewünschten Frequenz abhängen. Entscheidende Randbedingung ist hierbei, dass die Systemlänge mindestens einem ganzzahligen Vielfachen der halben Schallwellenlänge λ entspricht. Diese ist wiederum abhängig bzw. einstellbar über die physikalischen Eigenschaften, die quantitativ über die Gleichungen Gl. 5-1 und Gl. 5-2 durch das Elastizitätsmodul E und die Dichte ρ für z. B. Titan beschrieben werden können.

Schallgeschwindigkeit c_D: $c_D = \sqrt{\frac{E}{\rho}}$ mit $E = 108 \cdot 10^3 \frac{N}{mm^2}$ **Gl. 5-1**

und $\rho = 4{,}43 \cdot 10^3 \frac{kg}{m^3}$

$$\Rightarrow c_D = 4937{,}53 \frac{m}{s}$$

Daraus folgt für eine gewünschte Frequenz von z. B. f = 40 kHz eine Wellenlänge λ_D für Titan von

Wellenlänge λ: $\lambda = \frac{c_D}{f}$ **Gl. 5-2**

$$\Rightarrow \lambda_D = 123 \text{ mm.}$$

Zur resonanten Anregung ist damit eine Mindestsystemlänge von l = 61,5 mm erforderlich.

Für eine Variation der Frequenz ergibt sich aus den oben geschilderten Randbedingungen ein nicht linearer Zusammenhang für die erforderliche Sonotrodenlänge wie sie in Bild 5-1 für den Werkstoff Titan dargestellt ist. D. h., die Nutzung höherer Frequenzen führt zu einer Verkürzung der sogenannten schwingungsübertragenden Sonotrode respektive des Gesamtsystems. Beispielhaft ist die Steigerung der Frequenz um 50 % und deren Einfluss auf die Sonotrodenlänge dargestellt. Konkret führt eine Steigerung der Frequenz von f_1 = 40 kHz auf f_2 = 60 kHz zu einer um 30 % verkürzten Sonotrodenlänge l.

Nach KUTTRUFF sollte zur Erfüllung der Forderung nach einem schlanken Schwinger der Durchmesser D der Sonotrodenelemente kleiner D = 1/8λ sein [KUTT88]. Für den Werkstoff Titan bedeutet dies einen maximalen Durchmesser D = 15,4 mm. Der Einfluss des

Durchmessers auf die Schwingungsqualität wird für das untersuchte System in Kapitel 5.3.2 gezeigt.

Die Verwendung des Werkstoffs Titan als Konstruktionswerkstoff ist eine Konsequenz aus der hochdynamischen Anregung des Systems im Kilohertzbereich. Um Verlustleistungen im System möglichst zu minimieren, sind Werkstoffe geringer Dichte ρ erforderlich, die die hohen wechselnden Schallschnellen (Auslenkungsgeschwindigkeit eines Werkstoffteilchens) ohne dämpfende Wirkung und massebedingte Trägheiten übertragen. Ferner verlangt die stark wechselnde Beanspruchung der Sonotrode nach einem hochfesten Werkstoff. Beide Forderungen werden durch den Werkstoff Titan erfüllt.

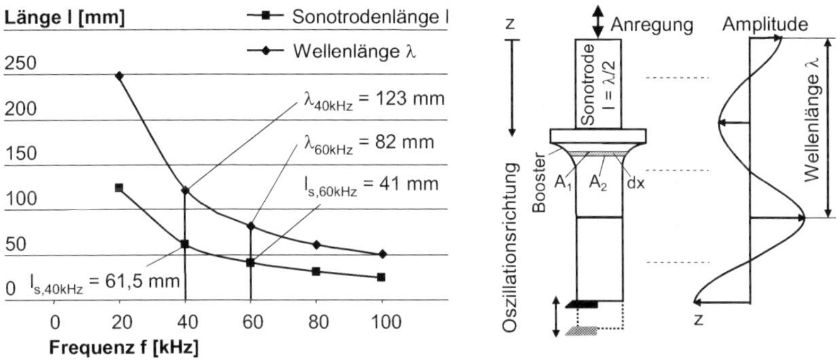

Bild 5-1: Auslegung von Sonotroden bei verschiedenen Frequenzen f (Werkstoff Titan)

Design of sonotrodes for different frequencies f for titanium materials

Eine weitere Möglichkeit der Amplitudenverstärkung ist neben dem Resonanzbetrieb die Verwendung einer geometrisch angepassten Sonotrode oder auch Booster wie sie in Bild 5-1 dargestellt ist. Während bei geometrisch gleichmäßigen (z. B. über eine Zylinderform) Sonotrodenaufbauten, unter Vernachlässigung der inneren Reibung, ein Transformationsgrad von T = 1 erzielt wird, kann durch die Verwendung von im Querschnitt veränderlichen Sonotroden eine Amplitudenerhöhung realisiert werden (T > 1). Zurückzuführen ist dies auf das ortsabhängige Verhältnis von Kraft F zur Schallschnelle. Dabei führt, ausgehend vom Schallwandler, eine Verjüngung der Sonotrode zu einer Amplitudenverstärkung und eine Durchmesservergrößerung zu einer Reduzierung der Amplitude (s. Bild 5-1).

Der Effekt lässt sich unter Verwendung des Hookeschen Gesetzes formal herleiten. Demnach muss an jeder Stelle der Sonotrode ein Kräftegleichgewicht herrschen. Aus der Betrachtung einer infinetisimalen Scheibe der Sonotrode mit einer Dicke dx, müssen auf der Seite der kleineren Querschnittsfläche A_1 entsprechend größere Spannungen anliegen als auf der Seite der größeren Fläche A_2. Dies führt auf der Seite der kleineren Fläche zu einer Vergrößerung der Dehnung Δdx_i und somit zu einer Verstärkung der Amplitude:

$$F_1 = F_2 \qquad \text{mit} \qquad \sigma = \frac{F}{A} \qquad \textbf{Gl. 5-3}$$

$$\Leftrightarrow \quad \sigma_1 \cdot A_1 = \sigma_2 \cdot A_2 \qquad \text{und} \qquad A_1 < A_2$$

$\Rightarrow \quad \sigma_1 > \sigma_2$ und $\sigma = \varepsilon \cdot E = \frac{\Delta dx_i}{dx} \cdot E$

$\Leftrightarrow \quad \Delta dx_1 > \Delta dx_2$ **Gl. 5-4**

Der Verstärkungsfaktor ist dabei stark abhängig von der Art der Durchmesserverjüngung. Einfach herzustellende Stufensonotroden, die eine sprunghafte Verjüngung des Querschnitts aufweisen, erzeugen die größte Verstärkung. Jedoch führen die hohen auftretenden Spannungen im Kerbgrund des Übergangs oftmals zum Versagen des Werkstoffs. Für technische Anwendungen werden relativ gleichmäßig verlaufende Übergänge wie Rundungen und Konizitäten angewandt, um die auftretenden Spannungen zu reduzieren. Die Verstärkung ist im Vergleich zu Stufensonotroden kleiner.

RÜBENACH nutzte für seine Untersuchungen Sonotroden mit Transformationengraden T > 1, um die erforderlichen Amplituden zu erzielen [RUEB01]. In dieser Arbeit kann auf die Verwendung von Boostern verzichtet werden, da die Schallköpfe mit höheren Ausgangsamplituden arbeiten. Gleichzeitig sind Verlustleistungen des Systems, die hauptsächlich durch innere Reibung generiert werden, durch konstruktive Maßnahmen minimiert.

5.1.2 Art der Anbindung des Schwingers an die Maschinenperipherie

Type of oscillator connection to the machine tool periphery

In diesem Teilkapitel steht die Art der schwingungsfreien Anbindung des WZ-Systems im Vordergrund. Dabei soll das bisher durch RÜBENACH eingesetzte Schwingungssystem näher analysiert werden. Dieses System besteht aus einem Schwingungswandler und einer Sonotrode mit einer Länge von $l = 1{,}5\ \lambda$, die in Resonanz betrieben werden [RUEB01].

Dabei muss die Systemlänge L_{ges} immer ein ganzes Vielfaches der halben Systemwellenlänge λ aufweisen. Hiermit kann das System in Resonanz betrieben und die geforderten hochfrequenten Systemamplituden A von mehreren Mikrometern erzielt werden. Der Sonotrodenwerkstoff ist Titan, der sich durch seine geringe Dichte ρ und hohe Festigkeit auszeichnet (s. Kapitel 5.1.1). Die Länge l der Sonotrodenelemente ist dabei auf die Wellenlänge λ des sich in Titan ausbreitenden Schalls (Kapitel 5.1.1) ausgelegt und entspricht einer Länge von ca. $l = 61{,}5$ mm. Inklusive des Schallwandlers entstand am Fraunhofer-Institut für Produktionstechnologie IPT ein System, das eine Gesamtlänge von über $L_{ges} = 240$ mm aufweist (s. Bild 5-2). Durch diese relativ große Systemlänge L_{ges} und dem begrenzten Arbeitsraum in Ultrapräzisionsmaschinen muss das System mit dem Werkzeug nach unten zeigend in die Maschine integriert werden. Damit ist die Einrichtung des Diamantwerkzeugs, das auf der freien Stirnfläche der dritten Sonotrode montiert ist, erschwert. Zusätzlich entstehen durch die große Systemlänge L_{ges} Verluste, die auf die innere Reibung zurückzuführen sind und sich durch eine Erwärmung des Systems ausdrücken. Diese Wärme führt zu einer Längenänderung Δl des Systems und zu einer für die Ultrapräzisionsbearbeitung nicht zu tolerierenden Höhenänderung Δh der Werkzeuglage relativ zum Werkstück.

Die Analyse des bisher genutzten Systems zeigt, dass durch die Verkürzung des WZ-Systems sowohl die Systemmasse m reduziert als auch die Zugänglichkeit des Werkzeugs verbessert wird. Hierdurch ist auch eine Minimierung der inneren Reibungsverluste möglich.

Begründet liegen die hohen Systemlängen L_{ges} in der Art der Anbindung des WZ-Systems an die Zustellachse der Maschine. Zur Klemmung des Schwingungsaufbaus wird eine Eigenschaft der sich ausbreitenden stehenden Welle genutzt. Es lassen sich entlang der Sonotrode Positionen ohne Verlagerung feststellen (s. Bild 5-2 links). Diese Knotenstellen werden üblicherweise genutzt, um das System zu klemmen, ohne die Schwingungen über die Klemmung in die Peripherie zu übertragen. Das bisher genutzte System weist drei Knotenstellen auf, die ca. in der Mitte eines Sonotrodenelements liegen. In diesem System werden von den drei möglichen Knotenstellen jedoch nur zwei genutzt. Diese Zweipunktanbindung reicht aus, um die nicht erwünschten Freiheitsgrade zu beschränken. D. h., in diesem System ist es ohne Weiteres möglich, die Gesamtlänge um mindestens ein Sonotrodenelement und damit um ca. 25 % auf L_{ges} = 180 mm zu reduzieren.

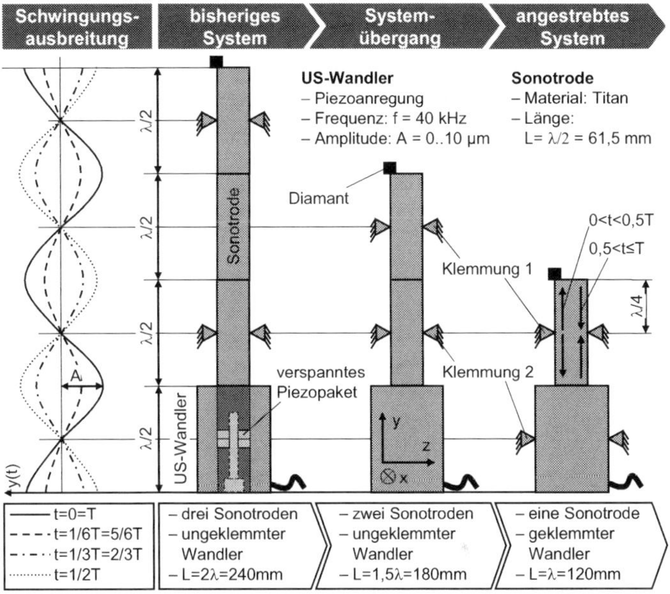

Bild 5-2: **Evolution des schwingungsunterstützten Werkzeugsystems**

Evolution of the vibration-assisted tool system

Eine weitere 25 prozentige Reduzierung der Gesamtlänge auf L_{ges} = 120 mm ist durch eine genauere Betrachtung der Zweipunktanbindung möglich. Unter Einbeziehung der Schallwandlereinheit kann ein System mit einer stark verkürzten Sonotrode aufgebaut werden. Dabei dient die Klemmung im Knoten der Sonotrode den Freiheitsgraden in x- und z-Richtung (y-Achse: Richtung der Schwingung). Die rotatorischen Freiheitsgrade werden durch die Einbeziehung des Schwingungswandlers kompensiert. Dabei fungiert das Schallwandlergehäuse als Momentenstütze. Die Schnittkraft F_c wird während der Bearbeitung durch die Klemmung 1 aufgenommen. Eine flächige Klemmung über dem Umfang der Sonotrode ist aufgrund der Schwingungsentkopplung nicht möglich (Kapitel 5.2). Bei zylindrischen Sonotroden wird ein linien- oder punktförmiger Kontakt zur Klemmung realisiert. Vorschubkraft F_f und Passivkraft F_p, die ein Moment mit der Hebellänge $l = \lambda/4$ erzeugen, werden somit nicht über die Klemmung 1 abgefangen. Durch die Einbindung des Gehäuses in das statische System kann das auftretende Moment abgestützt werden. Die Anbindung des Gehäuses an die Zustellachse der Maschine kann flächig erfolgen, da im Gehäuse der eigentliche Schallwandler nochmals schwingungsfrei gelagert ist. Die entstehenden Kräfte am Gehäuse, hervorgerufen durch das am Werkzeug eingeleitete

Moment, werden durch eine ausreichend steife radiale Lagerung im Inneren des Gehäuses aufgenommen.

Die Betrachtungen zeigen, dass eine Verkürzung des Systems um 50 % möglich ist. Die Vorteile dieses Systems liegen in einer reduzierten Größe und Masse, die die Handhabung und Einrichtung signifikant erleichtern. Ferner sind hierdurch die innere Reibung respektive der Wärmeeintrag und die damit verbundene Lageänderung des Werkzeugs reduziert.

Die Untersuchung der statischen und dynamischen Eigenschaften des neuen WZ-Systems werden in Kapitel 5.2 und 5.3 gezeigt. Das neu aufgebaute System inkl. der prozesstechnologischen Randbedingungen zur Versuchsdurchführung werden in Kapitel 5.5 erläutert.

5.2 Einflüsse auf das statische Werkzeugverhalten

Influences on static tool behaviour

Die statische Steifigkeit eines ultrapräzisen Bearbeitungssystems ist neben den dynamischen Eigenschaften eine entscheidende Einflussgröße. Die sich summierenden Nachgiebigkeiten der sich im Kraftfluss befindlichen Maschinenelemente bestimmen die Lage von Werkstück und Werkzeug in der Zerspanungszone und damit beispielsweise die Spanungsdicke h_{cu}. Ein Schwanken der relativen Lage von Werkzeug und Werkstück um die kritische Spanungsdicke $h_{cu,krit}$ hätte negative Folgen auf die Prozessstabilität. In der Praxis würden sowohl spröd als auch duktil zerspante Oberflächenbereiche auftreten. Durch die Integration eines relativ komplex aufgebauten WZ-Systems in den Kraftfluss ist eine Untersuchung der Nachgiebigkeiten zwingend erforderlich.

Unter der Annahme einer ideal steifen Werkzeugmaschine zur Ultrapräzisionsbearbeitung fokussieren die folgenden Untersuchungen auf das neu entwickelte WZ-System. Eine Analyse der Anbindung (Bild 5-2) zeigt, dass die Knotenanbindung und der Sonotrodendurchmesser die kritischen Elemente für die Nachgiebigkeit des Systems darstellen. Die restlichen Elemente wie Gehäuseklemmung und Adapterplatten können im Vergleich relativ frei und damit ausreichend steif ausgelegt werden.

Die identifizierten kritischen Sonotroden werden für ein System mit f = 40 kHz untersucht. Eine Identifizierung der statischen Eigenschaften von Systemen mit höheren Frequenzen, wie sie in dieser Arbeit auch verwendet werden, wurde nicht durchgeführt, da diese durch die verkürzte Sonotrodenlänge (doppelte Frequenz bedeutet eine um 50 % verkürzte Sonotrode, s. Bild 5-1) steifer sind. Begründet liegt dies in einem verringerten Moment, das von einer verkürzten Auskraglänge der Sonotrode von der Knotenstelle herrührt.

Die Steifigkeiten werden sowohl durch die Finite Elemente Methode (FEM) simuliert, als auch durch reale Messungen am System ermittelt. Untersuchungsgrößen sind der Sonotrodendurchmesser D sowie die Dimensionierung der Ringklemmung an der Knotenstelle. Da sich die Knotenstelle während des Betriebs des WZ-Systems innerhalb der stehenden Welle befindet, ist diese physikalisch gesehen infinitesimal klein. D. h., die ideale Breite der Klemmung sollte ebenfalls hinreichend klein sein, um eine Einleitung von Schwingungen in den Maschinensupport zu vermeiden. Die Ermittlung eines relativen Optimums hinsichtlich möglichst kleiner Klemmbreiten und maximaler Steifigkeit ist erforderlich.

Die Messungen am aufgebauten System wurden durch eine Zugbelastung senkrecht zur Sonotrodenachse an deren Stirnseite realisiert. Die Kräfte wurden in diskreten Schritten von F = 5 ... 100 N variiert. Diese sind zwar höher als die realen Prozesskräfte, die im Bereich von F = 1 ... 5 N liegen, dienten aber zur Verdeutlichung der Einflüsse und Kompensation von Messunsicherheiten. Die Verlagerung des Systems ist mit einem kapazitiven Sensor der

Fa. ADE (Mod. 5603) aufgenommen worden. Über ein Oszilloskop und einen zwischengeschalteten Ladungsverstärker wird die Verlagerung gemessen. Die Modelle zur FEM Analyse wurden mit der Software SolidWorks© aufgebaut und mit einem Programmmodul zur statischen Berechnung vernetzt und simuliert.

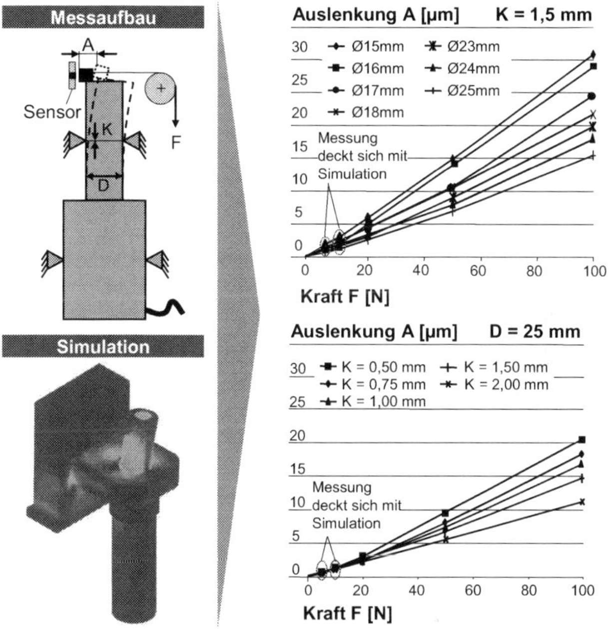

Bild 5-3: **Einfluss des Sonotrodendurchmessers D und der Klemmbreite K auf die Nachgiebigkeit des Werkzeugsystems**

Influence of the sonotrode diameter D and width of clamping K on the deviation of the tool system

In Bild 5-3 sind die Einflüsse auf die Steifigkeit des Systems sowohl für den Sonotrodendurchmesser als auch die Klemmbreite illustriert. Dabei wurde der Durchmesser (Bild 5-3, links) von D = 15 ... 25 mm variiert und unter diskret ansteigender Last die Verlagerung gemessen. Die Durchmesser D = 19 ... 22 mm wurden nicht betrachtet, da spezielle dynamische Einflüsse (s. Kapitel 5.3.1) einer näheren Analyse nicht bedürfen. Erwartungsgemäß ist die geringste Verlagerung für einen Durchmesser von D = 25 mm zu erkennen. Die Nachgiebigkeit des Systems liegt dabei für große Durchmesser bei ca. 0,15 µm/N und für kleine Durchmesser bei ca. 0,3 µm/N. Die Simulationsergebnisse decken sich mit den realen Messungen. Der Einfluss der Klemmbreite (Bild 5-3 rechts), der über einen Bereich von K = 0,5 – 2 mm analysiert wurde, zeigt ebenfalls eine nahezu proportionale Abhängigkeit von Kraft zu Verlagerung. Dabei führen kleinere Klemmbreiten K erwartungsgemäß zu größeren Verlagerungen. Die Messergebnisse decken sich auch hier mit denen der Simulation. Für die folgenden dynamischen Untersuchungen wurde eine Klemmbreite von K = 1 mm gewählt, die vor dem Hintergrund der relativ kleinen realen

Zerspanungskräfte (F < 5 N) während der UP-Zerspanung als hinreichend steif angesehen werden kann.

Zusammenfassend lässt sich als Handlungsempfehlung für ein hinreichend statisch steifes WZ-System die Verwendung großer Durchmesser D und großer Klemmbreiten K festhalten. Der Einfluss dieser Empfehlung auf das dynamische Verhalten wird im nächsten Kapitel erläutert.

5.3 Dynamisches Verhalten schlanker Schwinger

Dynamic behaviour of slim oscillators

Neben dem statischen Verhalten des WZ-Systems ist das grundsätzliche dynamische Verhalten des Systems eine weitere Eigenschaft, die zu einem ganzheitlichen Verständnis der schwingungsunterstützten Ultrapräzisionsbearbeitung beiträgt. Eine entscheidende Voraussetzung für die prozesstechnologischen Untersuchungen ist die Induzierung einer reinen longitudinalen Schwingungsform in der Sonotrode. Störgrößen wie überlagernde, parallel auftretende Eigenschwingungsformen in der Sonotrode können zu einem gänzlich anderen Bearbeitungsergebnis führen. In diesem Kapitel werden die Eigenschwingungsmodi (Kapitel 5.3.1) und die unerwünscht orthogonal zu longitudinal auftretenden Schwingungen (Kapitel 5.3.2) detailliert analysiert und diskutiert. Dazu werden sowohl theoretische Betrachtungen als auch reale Messungen und Bearbeitungsversuche vorgestellt, die als Eingangsinformationen für die prozesstechnologischen Untersuchungen in Kapitel 6 dienen. Die hier vorgestellten theoretischen Untersuchungen werden für verschiedene Frequenzen mit einem Fokus auf die später in Anwendung kommenden Frequenzen f_1 = 40 kHz und f_2 = 60 kHz durchgeführt.

5.3.1 Geometrische Abhängigkeit von der Schwingungsform

Geometrical dependence of vibration mode

Voraussetzung für die Erzeugung einer longitudinalen Schwingung ist die Verwendung schlanker stabförmiger Schwinger. D. h., das Verhältnis von Sonotrodenlänge l zum Durchmesser D muss weit größer als l/D >> 1 sein. Für das System bedeutet dies, dass die Verwendung großer Durchmesser D, wie sie in Kapitel 5.2 gefordert wurde, nur eingeschränkt möglich ist. Größere Durchmesser D führen zu einer Überlagerung der longitudinalen Welle mit Biege- und Torsionswellen, die in einer radialen Schwingung der Sonotrode und damit des Werkzeugs resultieren. Diese zusätzlichen Bewegungsanteile würden während der Zerspanung in die Werkstückoberflächen hineinwirken und zu Welligkeiten bis hin zu Rissinduzierungen an der Werkstückoberfläche führen. Die hierdurch auftretende variierende Spanungsdicke h_{cu} kann zu einer spröden Zerspanung sowie zu einer zusätzlichen wechselnden Werkzeugbelastung führen und damit die Gefahr eines stärkeren Werkzeugverschleißes fördern.

Zur genauen Analyse der Einflüsse kommt die FE Methode (Programm COMSOL Multiphysics©) zum Einsatz, bei der die Eigenschwingungen des Systems für verschiedene Durchmesser untersucht werden. Die Untersuchungen zeigen, dass die gewählten Sonotrodendurchmesser D einen erheblichen Einfluss auf die Ausbildung der Schwingungsform haben.

Zu erkennen ist in Bild 5-4 der Einfluss des Durchmessers auf die Ausprägung der Sonotrodenschwingung bei einer Sonotrodenlänge von l = 61,5 mm (Werkstoff: Titan; longitudinale Eigenfrequenz f = 40 kHz). Ausgehend von einem Durchmesser D = 15 mm

(Punkt a) zeigt sich bei einer Vergrößerung des Durchmessers auf ca. D = 19 mm (Punkt b) eine Überlagerung der über dem Durchmesser konstant bleibenden Längsschwingung (Longitudinal 1) mit einer Biegeschwingung (Biegung 2). Dies würde zu einem unerwünschten Schwingungsanteil orthogonal zur longitudinalen Schwingung führen (Punkt b). Je nach Phasenverschiebung von Biege- und Längsschwingung würde sich die Werkzeugbewegung linear oder kreisförmig ausbilden.

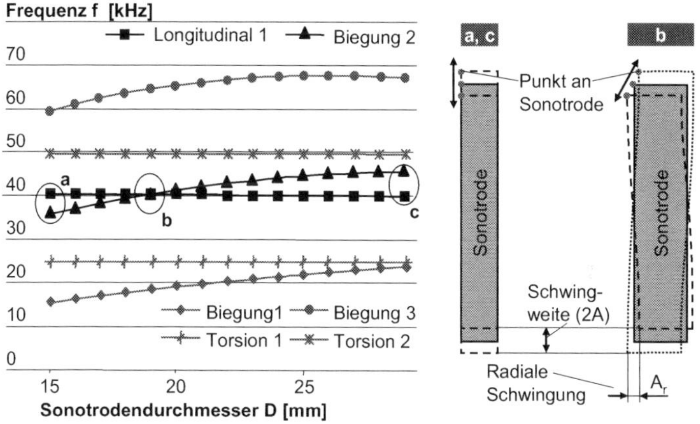

Bild 5-4: **Einfluss des Sonotrodendurchmessers D auf die Ausprägung verschiedener Schwingungsmodi**

Influence of discrete sonotrode diameters D on the mode of vibration

Resultierend aus dieser theoretischen Betrachtung und der Forderung nach schlanken Schwingungselementen (l >> D) ist somit eine beliebige Steigerung des Durchmessers nicht möglich. Vor diesem Hintergrund relativiert sich die Aussage aus Kapitel 5.2 möglichst große Durchmesser zu wählen. In diesem Beispiel ist ab einem Durchmesser von D = 23 mm eine nicht überlagerte longitudinale Schwingung zu erwarten (Punkt c). Der Einfluss weiterer Schwingungsmodi (Torsion 1 und 2, Biegung 1 und 3) auf den longitudinalen Schwingungsmode kann aufgrund des genügend großen Frequenzunterschieds vernachlässigt werden.

Die Forderung nach einer nicht überlagerten longitudinalen Schwingung in der Sonotrode ist eine bindende Randbedingung, die bei näherer Betrachtung als einziges dynamisches Kriterium nicht ausreicht. Im folgenden Teilkapitel wird durch eine weitere theoretische Betrachtung einer longitudinal schwingenden Sonotrode gezeigt, dass die angestrebte ideale Schwingungsform nicht erreicht werden kann.

5.3.2 Einfluss radialer Sonotrodenschwingungen

Influence of radial sonotrode vibrations

Die Erzeugung einer longitudinalen Schwingung ist, wie bereits im vorhergehenden Teilkapitel beschrieben, nur mit schlanken stabförmigen Schwingern möglich. Jedoch kann auch während der Ausdehnung oder Kontraktion eines quasi longitudinal schwingenden Systems respektive einer zylindrischen Sonotrode aufgrund der Volumenkonstanz ($V_R = V_K = V_E$) eine orthogonal zur Sonotrodenachse auftretende Schwingung nicht vermieden werden (s. Bild 5-5).

Während einer Schwingungsperiode T durchläuft die Sonotrode sowohl die Zustände der maximalen positiven (t = 0,25 T) als auch der maximalen negativen Auslenkung (t = 0,75 T). Ausgehend von der Ruhelage zum Zeitpunkt t = 0 s führt die größte elastische Ausdehnung (Kapitel 5.1.1) an der Knotenstelle der Sonotrode zu einer Einschnürung des Durchmessers D im expandierten Zustand, die eine Durchmesseränderung $\Delta D = D_R - D_E$ zur Folge hat. Die genaue Form der Sonotrode, hier als sanduhrförmig angenommen, ist nicht ohne größeren Aufwand determinierbar. Nach Durchlaufen der Ruhelage tritt die Sonotrode in die Kontraktionsphase ein. Im Zustand maximaler Kontraktion tritt abermals eine Durchmesseränderung $\Delta D = D_R - D_E$ auf, die sich ohne Klemmung tonnenförmig ausprägen würde. Durch die ringförmige Klemmung der Sonotrode im Knotenpunkt ist jedoch mit der maximalen Durchmesseränderung jeweils bei $l = 0{,}5\ l_K$ und $l = 1{,}5\ l_K$ der Sonotrodenlänge zu rechnen. Der Zustand maximaler Ausdehnung der Sonotrode führt zu einer maximalen Einschnürung des Durchmessers D und umgekehrt.

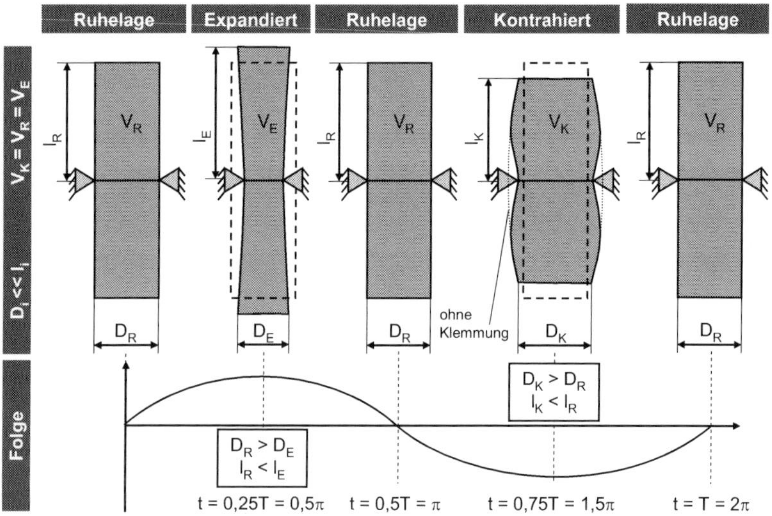

Bild 5-5: Deformation der Sonotrode für ein konstantes Volumen (V_i = konst.)

Deformation of sonotrode for an constant volume (V_i = const.)

Der Einfluss der theoretischen Überlegungen im Anwendungsfall spielt eine große Rolle für die erzielbaren Genauigkeiten am Werkstück. Die radiale Abweichung der Sonotrode durch die hochfrequente Expansion und Kontraktion im Vergleich zur Ruhelage muss quantifizierbar sein, um die prozesstechnologischen Einflüsse von den systemtechnischen differenzieren zu können. Ferner ist eine experimentelle Bestimmung der auftretenden Phasenverschiebung φ für eine Vorhersage der Bewegungsbahn der Werkzeugspitze erforderlich. Die Bewegungslinie der Werkzeugspitze kann sich je nach Phase linear (s. Bild 5-4) oder auch kreisförmig ausbilden. Der Wert der Phaseverschiebung hätte damit einen großen Einfluss auf die entstehende Oberflächentopographie am Werkstück.

Eine weitere theoretische Betrachtung lässt eine analytische Lösung der geschilderten Vorgänge zu. Wenn neben der angenommenen Volumenkonstanz die geometrisch vereinfachte Randbedingung gilt, dass sowohl die Einschnürung als auch die Ausdehnung der Sonotrode über deren Länge konstant ist, kann über die Äquivalenz der Volumina im kontrahierten V_K bzw. expandierten V_E Zustand zum Ruhevolumen V_R folgende Beziehung zur Beschreibung der theoretischen Radiusänderung Δr_{theo} gewonnen werden:

$$r_R^2 \cdot L_R = r_{E,K}^2 \cdot L_{E,K} \qquad \text{für } V_K = V_R = V_E \qquad \text{Gl. 5-5}$$

Daraus lässt sich die maximale theoretische Radiusänderung Δr_{theo} in Abhängigkeit von der Amplitude A mit der Beziehung $L_{E,K} = L_R + A$ aus Gl. 5-6 ermitteln:

$$\Delta r_{theo} = \left| r_R \cdot \left(1 - \sqrt{\frac{L_R}{(L_R + A)}} \right) \right| \qquad \text{Gl. 5-6}$$

Die resultierende Gleichung 5-6 zeigt einen nichtlinearen Zusammenhang zwischen der maximalen Radiusänderung Δr_{theo}, der halben Sonotrodenlänge in Ruhelage L_R, der longitudinalen Amplitude A sowie dem Ausgangsradius r_R. Sind die Amplituden wie im vorliegenden Fall sehr klein gegenüber dem Sonotrodendurchmesser ($A << D_R$), so kann von einem nahezu linearen Zusammenhang ausgegangen werden. D. h., die Radiusänderung Δr_{theo} verhält sich proportional zur Amplitude A (s. Bild 5-6, links).

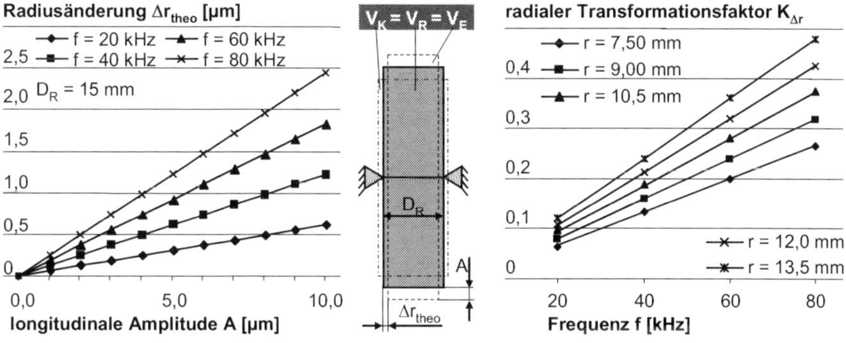

Bild 5-6: Theoretische Radiusänderung Δr_{theo} der Sonotrode bei verschiedenen Frequenzen f und Sonotrodenradien r

Theoretical radial change Δr_{theo} of the sonotrode for different frequencies f and sonotrode radii r

Eine weitere Abhängigkeit entsteht durch die gewählte Frequenz f. Grundsätzlich lässt sich hier festhalten, dass bei steigenden Frequenzen f auch die Radiusänderung Δr_{theo} größer wird. Begründet liegt dies in der umgekehrt proportionalen Abhängigkeit der notwendigen Sonotrodenlänge l von der Frequenz f (s. auch Gl. 5-2). Je höher die gewählte Frequenz f, desto kürzer die Sonotrode. Hierdurch mussen, bildlich betrachtet, während der Schwingung für gleiche Amplituden die gleiche Anzahl von Volumenelementen auf eine kürzere Sonotrodenlänge l verteilt werden. Dies führt zu größeren Radiusänderungen.

Eine Abhängigkeit ist bei der radialen Änderung der Sonotrode auch vom gewählten Durchmesser D gegeben (Bild 5-6, rechts). Hier ist für verschiedene Frequenzen der Einfluss des Durchmessers auf die theoretische radiale Änderung Δr_{theo} der Sonotrode durch einen Transformationsfaktor $K_{\Delta r} = \Delta r_{theo} / A$ gezeigt. Da das Verhältnis von longitudinaler

Amplitude A und theoretischer radialer Amplitude $A_{r,theo}$ bei konstantem Durchmesser D und konstanter Frequenz f gleich ist (A << D, A << l), erlaubt diese Darstellungsweise eine von der longitudinalen Amplitude A unabhängige Betrachtung. Deutlich zu erkennen ist, dass bei ansteigenden Sonotrodenradien auch der Transformationsfaktor $K_{\Delta r}$ respektive die Radienänderung Δr_{theo} ansteigt. Begründet liegt dies in der von der Radiusänderung quadratisch abhängigen Volumenänderung. Bildlich beschrieben müssen sich überproportional mehr Volumenelemente auf einem nur proportional gestiegenen Radius verteilen. Da die Veränderungen bezogen auf den Ausgangsradius minimal sind, kann hier von einer linearen Abhängigkeit ausgegangen werden.
Somit ist eine dreifach lineare Abhängigkeit der theoretischen radialen Auslenkung Δr_{theo} von der longitudinalen Amplitude A, dem Sonotrodendurchmesser D_R und der Frequenz f gegeben. Formal lassen sich die Zusammenhänge für zylindrische Sonotroden aus Titan in Abhängigkeit von den identifizierten Einflussgrößen über die Gleichung

$$A_{r,theo} = \Delta r_{theo} = K_A A \cdot K_D D_R \cdot K_F f \quad \textbf{Gl. 5-7}$$

ausdrücken, wobei die amplituden-, durchmesser- und frequenzabhängigen Proportionalitätsfaktoren $K_A = 1$, $K_D = 3{,}0486 \cdot 10^{-3}$ mm bzw. $K_F = 0{,}05 \cdot 10^{-3}$ s die Umrechnung in die theoretische radiale Änderung Δr_{theo} und damit in die theoretische radiale Amplitude $A_{r,theo}$ ermöglichen.

Zur vollständigen theoretischen Beschreibung ist die Betrachtung der möglichen Bewegungsbahnen des Werkzeugs notwendig. Haupteinflussfaktor ist die Phasenverschiebung φ zwischen der longitudinalen und der durch sie verursachten radialen Schwingung.

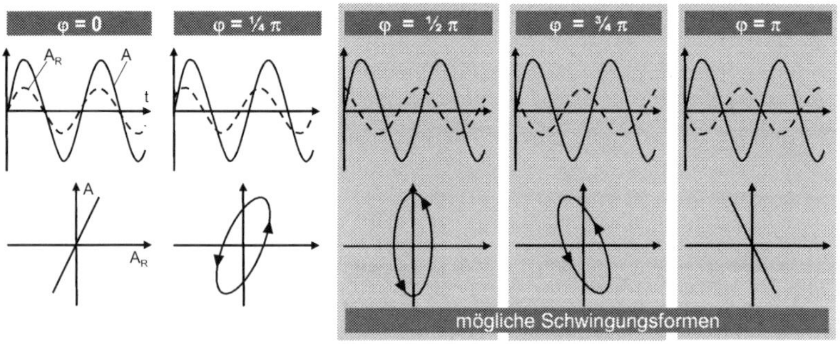

Bild 5-7: Einfluss der Phasenverschiebung φ auf die Werkzeugbewegung

Influence of phase shift φ on the tool movement

Bild 5-7 zeigt die unterschiedlichen Werkzeugbahnen, die sich linear oder elliptisch ausbilden. Zu erkennen ist, dass bei einer Phasenverschiebung von $\varphi = 0 = 2\pi$ oder $\varphi = \pi$ eine lineare Bewegung auftritt. Es zeigen sich zwei lineare Bewegungsrichtungen. Der Fall $\varphi = 0 = 2\pi$ ist eher unwahrscheinlich, da hier die maximale seitliche Auslenkung bei maximaler positiver Amplitude auftreten würde. Dies widerspricht der vorher getroffenen Annahme der Volumenkonstanz. Eine Phasenverschiebung von $\varphi = \pi$ bestätigt diese Annahme. Für eine Phasenverschiebung $\varphi \neq 0 \neq 2\pi$ oder $\varphi \neq \pi$ bildet sich eine elliptische gegen den Uhrzeigersinn drehende Bewegungsbahn aus. Dabei ist die Neigung der Ellipse von der Phasenverschiebung abhängig. Bei $\varphi = \frac{1}{2}\pi$ liegt die lange Ellipsenachse auf der Ordinate. Unter der Annahme der Volumenkonstanz sind theoretisch nur noch Phasenverschiebungen für $\varphi > \frac{1}{2}\pi$ denkbar. Für eine Phasenverschiebung von $0 < \varphi < \frac{1}{2}\pi$

ist die angenommene Randbedingung einer volumenkonstanten Formänderung nicht gegeben.

Zur Validierung und Vertiefung der theoretischen Betrachtung sind an einem WZ-System mit einer Systemfrequenz von f = 40 kHz kapazitive Sensoren mit einer Auflösung von RMS = 50 nm angebracht (s. Bild 5-8 rechts). Ein Sensor nimmt dabei die longitudinal Amplitude A und der zweite Sensor die radiale Amplitude A_r auf. Beide Sensoren werden an der Stirnfläche bzw. Mantelfläche möglichst eng zueinander positioniert, um die Bewegung eines Sonotrodenbereichs aufzunehmen. Beide Sensoren sind über einen Messverstärker (Auflösung ±10 V) an ein digitales Oszilloskop zur Visualisierung der Messwerte angeschlossen.

Die Ergebnisse zeigen die Abhängigkeit der seitlichen Amplitude A_r vom Sonotrodendurchmesser D und bestätigen die grundsätzliche Annahme, dass mit steigendem Durchmesser D auch die seitliche Auslenkung Δr bzw. die radiale Amplitude A_r steigen. Tendenziell bestätigen die steigenden radialen Amplituden A_r bei steigenden longitudinalen Amplituden A auch die analytisch hergeleiteten Ergebnisse. Auffällig ist der Durchmesserbereich D= 20...22 mm, der eine deutliche Erhöhung der seitlichen Amplituden A_r aufweist. Diese Überhöhung des nahezu linear verlaufenden Anstiegs ist vermutlich auf die überlagernde Biegeschwingung zurückzuführen (s. Bild 5-4).

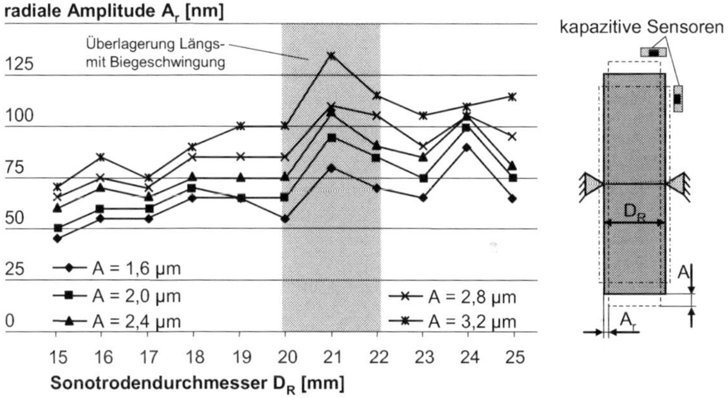

Bild 5-8: Einfluss des Sonotrodendurchmessers D auf die radiale Amplitude A_r

Influence of the sonotrode diameter D on the radial amplitude A_r

Ein abschließender Vergleich der absoluten Werte von Experiment und theoretischer Betrachtung zeigt, dass die analytisch ermittelten Ergebnisse drei- bis fünffach über denen der experimentellen Werte liegen. Vermutlich ist die getroffene Annahme eines sich während der Schwingung gleichmäßig verformenden Zylinders Grund für die starke Abweichung. Wie bereits in Bild 5-5 gezeigt, kann die Deformation durchaus auch tonnen- oder sanduhrförmig verlaufen. Dies hätte einen starken Einfluss der seitlichen Auslenkung an der Stirnseite zur Folge.

D. h., für eine erste konservative Abschätzung der seitlich auftretenden Amplituden kann die ermittelte Gleichung 5-7, unter Berücksichtigung eines weiteren Korrekturfaktors, angewendet werden:

$$A_{r,theo} = \Delta r = \frac{1}{3} K_A A \cdot K_D D_R \cdot K_f f \qquad \text{Gl. 5-8}$$

Durch den gewählten Messaufbau ist neben der Bestimmung der Amplituden auch eine Betrachtung der auftretenden Werkzeugbewegung möglich. Im linken Teil von Bild 5-9 sind sowohl die longitudinale (A = 2,4 µm) als auch die radiale (A_r = 0,045 µm) Schwingung dargestellt. Deutlich ist eine Phasenverschiebung von $\varphi = \pi°$ zwischen den beiden Schwingungen zu erkennen, die auch für alle weiteren Versuchspunkte identifiziert wurde. Werden nun die longitudinale Amplitude A auf der Abszisse und die radiale Schwingung A_r auf der Ordinate abgetragen (Bild 5-9, rechts), so kann die Bewegungsform der Sonotrodenspitze und damit die des Werkzeugs ermittelt werden, die für alle Versuchspunkte linear ist. Über die Beziehung

$$\alpha_R = \arctan\left(\frac{A_R}{A}\right) \qquad \text{Gl. 5-9}$$

lässt sich der Winkel α_r ableiten, der den Winkel zwischen der Werkstückoberfläche und der linearen Bewegungsbahn des Werkzeugs beschreibt. Aus Bild 5-9 ist zu entnehmen, dass für steigende longitudinale Amplituden (Sonotrodendurchmesser D = konst) der Winkel α_r kleiner wird. Weiterhin folgt der Winkel α_r proportional der Durchmessersteigerung.

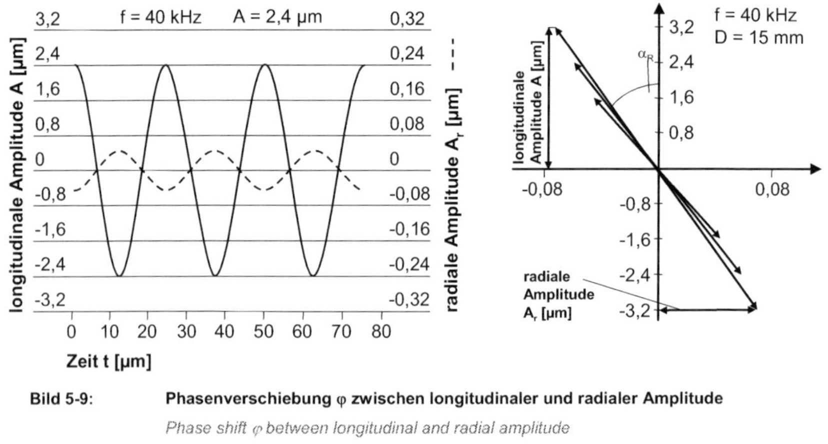

Bild 5-9: **Phasenverschiebung φ zwischen longitudinaler und radialer Amplitude**

Phase shift φ between longitudinal and radial amplitude

Anders verhält sich die Bewegungsform im kritischen Durchmesserbereich D = 19...22 mm. Die zusätzlich auftretende Biegeschwingung hebt die Linearität auf. Die Bewegungsbahn verläuft nun wellig. Eine Nutzung der auftretenden Bewegungsform ist durchaus denkbar. D. h., eine überlagerte Biegeschwingung kann zu gänzlich anderen wie z. B. wellen- oder kreisförmigen Bewegungen führen, die im Folgenden aber nicht weiter erörtert werden sollen. Es sei jedoch darauf hingewiesen, dass eine Überlagerung der Wellenformen durchaus nutzbringende Potenziale aufweist. MORIWAKI hat dies durch die Überlagerung von Biegeschwingungen zu elliptischen Bewegungsbahnen zeigen können (s. Kapitel 2.2.2).

Die theoretischen Betrachtungen zeigen, gestützt durch die experimentellen Ergebnisse, den Einfluss der dynamischen Eigenschaften des WZ-Systems auf die Werkzeugbewegung. Für die Ausbildung von longitudinalen Schwingungen sind demnach geringe Frequenzen f bei gleichzeitig geringen Sonotrodendurchmessern D empfehlenswert. Folglich wären höhere Frequenzen f schädlich für die Ausprägung ultrapräziser Werkstückoberflächen, da mit dem verbundenen höheren orthogonalen Amplitudenanteil A_r eine massive Beeinflussung der Werkstückoberflächen zu erwarten ist.

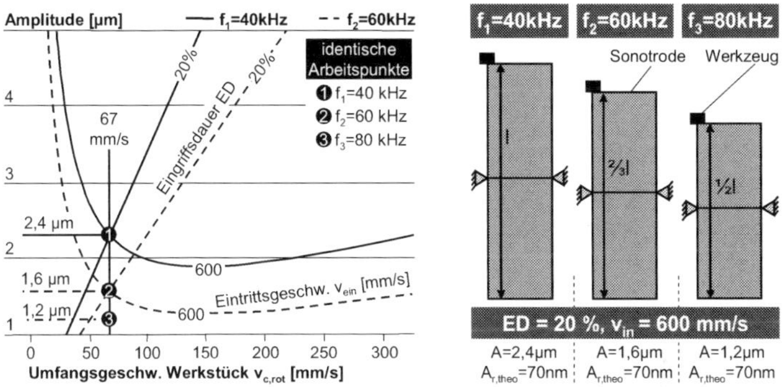

Bild 5-10: Darstellung gleicher Arbeitspunkte für unterschiedliche Frequenzen f

Illustration of similar working point at different frequencies f

Unter Einbeziehung der prozesstechnologischen Randbedingungen relativieren sich die zuvor getroffenen systemtechnischen Empfehlungen. Bild 5-10 zeigt für die Frequenzen f_1 = 40 kHz und f_2 = 60 kHz das nach RÜBENACH entwickelte Parameterfeld mit seinen schwingungsspezifischen Einflussgrößen (s. Kapitel 2.2.3, das Parameterfeld für f =80 kHz wurde aus Gründen der Übersichtlichkeit ausgespart). Alle Parameterfelder sind jeweils numerisch über das Programm Maple™ berechnet und anschließend superpositioniert worden.

Für identische Arbeitspunkte (ED = konst., v_{ein} = konst.) ist bei steigender Frequenz f eine sinkende longitudinale Amplitude zu erkennen. Zusätzlich ergibt sich aus den zuvor gewonnenen theoretischen Erkenntnissen, dass die seitliche Amplitude A_r für identische Arbeitspunkte konstant ist. D. h., die Verwendung höherer Frequenzen ist zwar aus systemtechnischer Sicht nicht zu empfehlen, jedoch sprechen die prozesstechnologischen Randbedingungen nicht gegen den Einsatz höherer Frequenzen. Auch die separate Variation der schwingungsspezifischen Bezugsgrößen Eingriffsdauer ED (v_{ein} = konst., s. Bild 5-11 links) und Eintrittsgeschwindigkeit v_{ein} (ED = konst., s. Bild 5-11 rechts) zeigen eine identische Abhängigkeit.

Für die prozesstechnologischen Untersuchungen (s. Kapitel 6) ist demnach nur eine Anpassung der longitudinalen Amplitude A erforderlich, um unterschiedliche Systemfrequenzen f für identische Versuchspunkte zu untersuchen. Eine Anpassung der Umfangsgeschwindigkeit $v_{c,rot}$ des Werkstücks ist nur für variierende Versuchspunkte erforderlich.

Ein weiterer Einfluss auf das Prozessergebnis ist die Entstehung von Wärme respektive Verlustleistungen im Schwingungssystem. Anzunehmen ist, dass höhere Verlustleistungen zu einer Ausdehnung des Schwingungssystems führen. Damit wird die Nulllage – bezogen auf die Werkstückdrehachse, um die das Werkzeug im Idealzustand schwingt – nach oben um den Betrag ΔL verschoben (s. Bild 5-12 rechts). Eine Größe, die Verluste im System erzeugt, ist die in Kapitel 5.2 hinsichtlich ihrer statischen Steifigkeit untersuchte Klemmbreite im Knotenpunkt der Sonotrode.

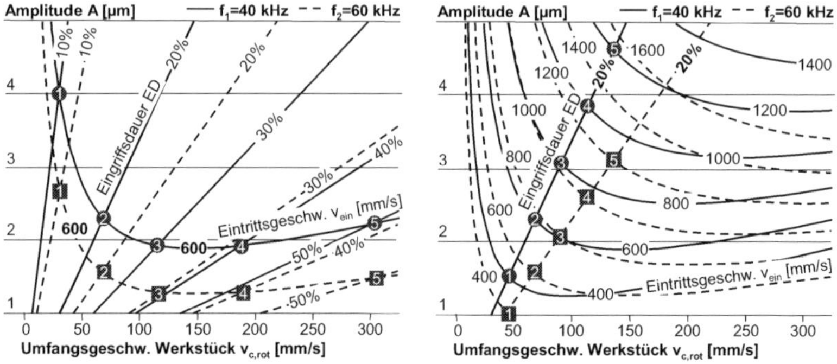

Bild 5-11: **Einfluss unterschiedlicher Frequenzen f auf identische Arbeitspunkte**

Influence of different frequencies f on identical working points

Der Knotenpunkt bzw. Nulldurchgang der Schwingung in der Sonotrode ist rein physikalisch betrachtet infinitesimal klein. Hieraus ergibt sich die Forderung einer möglichst kleinen Klemmbreite, um zum einen keine Schwingungen in die Peripherie des WZ-Systems einzuleiten und zum anderen die Verluste durch Flächenreibung zu vermeiden. Alle Sonotrodenpunkte, die ober- und unterhalb des idealen Nulldurchgangs der Schwingung liegen, sind während der Schwingung in Bewegung. Werden diese Punkte über die Mantelfläche des Klemmrings überdeckt, so entsteht an diesen Stellen Reibung zwischen dem Sonotrodenmantel und der inneren Mantelfläche des Klemmrings. Bild 5-12 zeigt, dass bei steigender Klemmbreite das WZ-System eine Längenänderung ΔL erfährt, die im Bereich klassischer Zustellungen a_p und Vorschübe f der UP-Zerspanung liegt. Steigende Amplituden verstärken den nichtlinearen Effekt. Die Ergebnisse stehen im Widerspruch zu denen der statischen Untersuchungen aus Kapitel 5.2, die eine möglichst große Klemmbreite nahelegen.

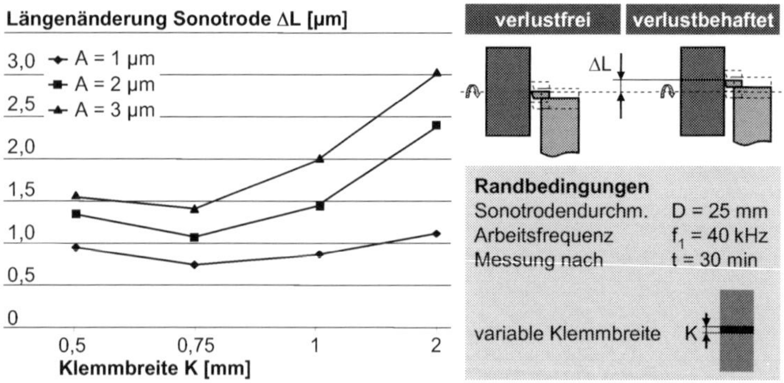

Bild 5-12: **Einfluss der Klemmbreite K auf die Längenänderung ΔL der Sonotrode durch Wärme**

Influence of clamping width K on the length deviation ΔL of the sonotrode induced by heat

Durch die nicht vermeidbaren inneren Verluste im Sonotrodenwerkstoff und die Reibung zwischen den Spannflächen ist vorm Ausrichten und Einsatz des Werkzeugs eine gewisse Einlaufzeit des Schwingungssystems notwendig. Hier haben sich Zeiten von ca. t = 30 min für das Einstellen eines thermisch konstanten Zustands bewährt.

5.4 Zusammenfassung der Erkenntnisse

Summary of results

Die vorliegenden theoretischen Betrachtungen zeigen, untermauert durch die experimentellen Ergebnisse, deutlich die Abhängigkeiten und auch Gegensätzlichkeiten der statischen und dynamischen Forderungen an ein ideales WZ-System für die schwingungsunterstützte Zerspanung. Des Weiteren sind die systemspezifischen Einflüsse im Vergleich zu den prozesstechnologischen nicht zu vernachlässigen.

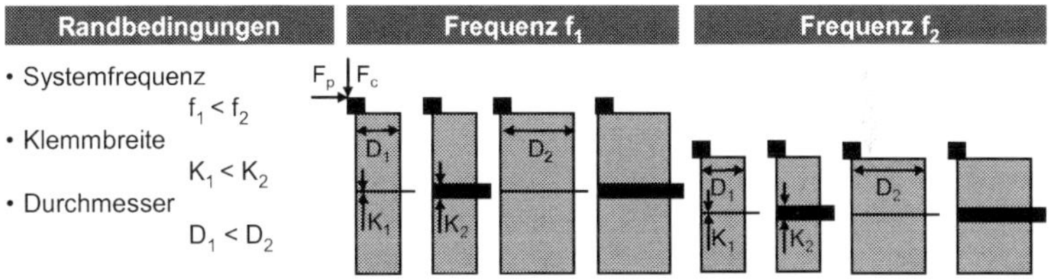

statische Steifigkeit	--	-	-	o	o	+	+	++
Schwingungsentkopplung	++	-	+	-	o	-	o	--
seitliche Schwingungen für gleiche Amplitude	++	++	+	+	-	-	--	--
seitliche Schwingungen für gleiche Arbeitspunkte	++	+	+	o	++	+	+	o
Wärmeentwicklung für gleiche Amplitude	++	+	++	o	o	--	-	--
Wärmeentwicklung für gleiche Arbeitspunkte	++	-	+	--	++	-	+	--

++ ideal geeignet + gut geeignet o geeignet - weniger geeignet -- nicht geeignet

Bild 5-13: Übersicht der Einflussfaktoren auf das Arbeitsergebnis bei verschiedenen Arbeitsfrequenzen

Overview: Influencing factors for the working result – at different frequencies

Die Untersuchungen konnten zeigen, dass der Sonotrodendurchmesser D, die Art der Klemmung der Sonotrode und die Systemfrequenz f einen Einfluss auf die statische Steifigkeit, orthogonal auftretende Schwingungsanteile, die Bewegungsbahn des Werkzeugs sowie die Längenänderung durch Wärmeeintrag haben.

Qualitativ sind die Ergebnisse vergleichend in Bild 5-13 zusammengefasst. Eine ungewichtete Beurteilung der einzelnen Kriterien spricht für den Einsatz eines Schwingungssystems mit niedriger Frequenz, geringem Systemdurchmesser und möglichst kleiner Klemmbreite. Für den Einsatz höherer Frequenzen empfiehlt sich der Einsatz schlanker und schmal geklemmter Systeme.

5.5 Versuchsaufbau für die schwingungsunterstützte Bearbeitung

Test set-up for vibration-assisted machining

Die Auswahl der Maschinentechnologie als Versuchsträger für die prozesstechnologischen Untersuchungen ist von entscheidender Bedeutung. Neben der geforderten mechanischen Präzision muss sie auch den wirtschaftlichen Anforderungen genügen.

Wie in Kapitel 2 beschrieben wurde, zielt die Überlagerung des konventionellen Drehprozesses mit einer hochfrequenten Schwingungsbewegung grundsätzlich auf die Verbesserung der Standzeiten der Diamantwerkzeuge ab. Dabei soll die Oberflächenqualität des schwingungsunterstützten Prozesses an die des konventionellen heranreichen. Gleichzeitig soll der Prozess das Einsatzspektrum der zu bearbeitenden Werkstoffe respektive die Bearbeitung mit MKD-Werkzeugen in ökonomisch sinnvolle Bereiche erweitern. Von vorrangigem Interesse ist in dieser Arbeit die Zerspanung gehärteter Formwerkstoffe für die Replikation optischer Komponenten. Hierzu ist eine duktile Zerspanung notwendig, die nur in Bereichen geringster Spanungsdicken h_{cu} möglich ist und den Einsatz hochpräziser Werkzeuge und Maschinensysteme erfordert.

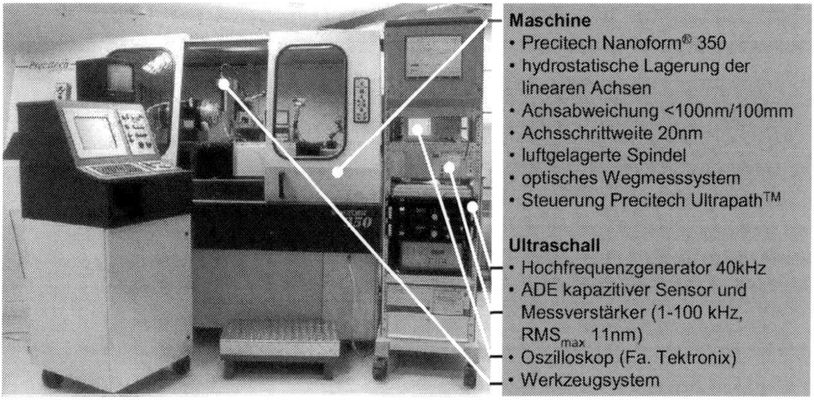

Bild 5-14: Precitech Nanoform® 350 mit Steuerung, Werkzeugsystem und Messsystem

Precitech Nanoform® 350 including controls, tool system, and measurement unit

Im Rahmen der beschriebenen Untersuchungen wurde deshalb das Umfeld der Ultrapräzisionstechnologie für die Implementierung der schwingungsunterstützten Zerspanung genutzt. Dazu wurden zwei Ultrapräzisionsmaschinen des Fraunhofer-Instituts für Produktionstechnologie IPT mit dem schwingungsunterstützten System ausgestattet.

Die Maschinen besitzen jeweils ein Granitbett, wodurch eine sehr hohe Steifigkeit der Maschine und den darauf montierten Baugruppen gewährleistet ist. Die Maschine des Typs MSG-325 ist von der Firma Rank Pneumo Inc. Beide Linearachsen dieser Maschine sind hydrostatisch und die Spindel aerostatisch gelagert. Die linearen Positionen der Achsen werden mittels Laserinterferometer gemessen. Die zweite Maschine des Typs Nanoform 350 ist von der Firma Precitech (s. Bild 5-14). Ihre Achsen sind hydrostatisch und die Spindel aerostatisch gelagert. Die hydrostatische Lagerung bietet neben einer hinreichend hohen Steifigkeit sehr gute Dämpfungseigenschaften, die mechanische Prozessstörungen wie selbst- und fremderregte Schwingungen minimieren. Angetrieben werden die Achsen von Linearmotoren. Die lineare Position dieser Achsen wird mittels hochauflösender

Glasmaßstäbe bestimmt. Diese erlauben geringste Schrittweiten von bis zu 20 nm. Die Eigenfrequenz der Maschine liegt bei etwa f = 1 kHz und somit nicht im Resonanzbereich der verwendeten WZ-Systeme. Durch die praktisch reibungsfreie Lagerung und die hohe Positioniergenauigkeit der beiden Maschinen sind extrem hohe Genauigkeiten bei der Bauteilfertigung erzielbar. Diese Gegebenheiten sind grundlegende Voraussetzungen für die Fertigung von Komponenten mit optischer Oberflächenqualität.

Zur Durchführung der prozesstechnologischen Untersuchungen wird im Arbeitsraum das ultraschallunterstützte WZ-System integriert. Die Schwingungsamplitude wird mit Hilfe eines Hochfrequenzgenerators generiert und über ein kapazitives Messsystem der Firma ADE direkt am metallischen Träger des Diamantwerkzeugs aufgenommen. Das Signal wird in einen zwischengeschalteten Messverstärker geleitet und anschließend über ein digitales Oszilloskop der Fa. Tektronix visualisiert.

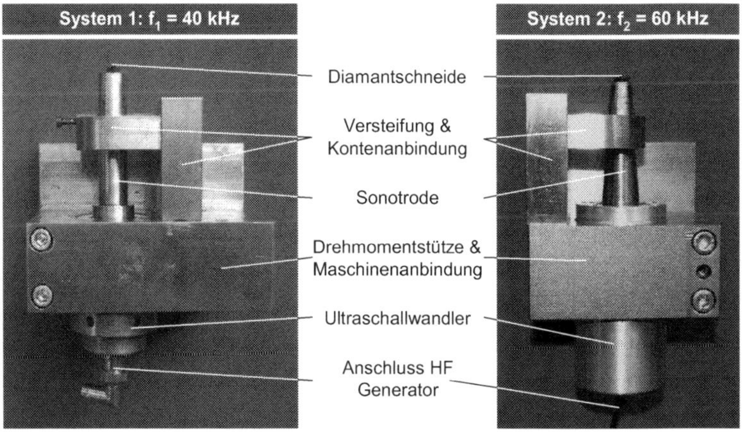

Bild 5-15: Werkzeugsysteme zur schwingungsunterstützten Zerspanung

Tool system for vibration-assisted machining

Für die in dieser Arbeit untersuchten Frequenzen von f_1 = 40 kHz (System 1, s. Bild 5-15 links) und f_2 = 60 kHz (System 2, s. Bild 5-15 rechts) wird jeweils ein separates WZ-System verwendet. Beide Systeme sind über eine Knotenstelle geklemmt und über ihre Gehäuse gegenüber Drehmomenten durch Passiv- und Vorschubkräfte abgestützt. Diese Bauweise gewährleistet eine gute Steifigkeit bei gleichzeitiger Kompaktheit des Systems (s. Kapitel 5.1.2).

System 1 ist eine Weiterentwicklung des von RÜBENACH eingesetzten Systems. Es ist in seinem Aufbau wesentlich kompakter und konnte in seiner Systemlänge um 50 % auf ca. L_{ges} = 120 mm verkürzt werden. Hierdurch konnte die Einbaulage um 180° gedreht werden, was die Zugänglichkeit in der Maschine stark verbessert. System 2 ist eine konsequente Weiterentwicklung des Fraunhofer-Instituts für Produktionstechnologie IPT und assoziierter Partner, das erstmals erlaubt, verschiedene diskrete Frequenzen in einem System zu nutzen. Es können Frequenzen in diskreten Schritten von f = 20 kHz in einem Bereich von f = 60...100 kHz genutzt werden. Die gezielte Nutzung der natürlich auftretenden Nebenresonanzen eines schlanken Schwingungssystems erlaubt die Ansteuerung mehrerer Frequenzen in einem WZ-System mit konstanten geometrischen Randbedingungen. Die vollständig digitale Ansteuerung erfolgt über eine Hochfrequenzeinheit, die auch bei

Belastung durch Zerspanungskräfte die Frequenz und Amplitude durch eine entsprechende Regeleinheit konstant hält. Da bei höheren Frequenzen die Resonanzstellen schwächer ausgeprägt sind, ist die Sonotrode konisch ausgelegt, um die geforderten Amplituden über eine mechanische Schwingungsverstärkung (s. Kapitel 5.1.1) zu erzielen. Des Weiteren werden die in Kapitel 5.3.2 diskutierten seitlichen Schwingungen über die konische Sonotrodenform stark reduziert. Wie aus Bild 5-16 ersichtlich ist, können die seitlichen Schwingungen für gleiche longitudinale Amplituden um ca. 75 % reduziert werden. Eine weitere Reduzierung ergibt sich für die Nutzung gleicher Arbeitspunkte. Hier ist eine zusätzliche Reduzierung der seitlichen Schwingweite ΔA_{r2} zu erzielen. Der Effekt dieser seitlichen Schwingungen wurde in Kapitel 5.3.2 diskutiert und wird in Kapitel 7 hinsichtlich seines Einflusses auf das Prozessergebnis durch entsprechende Versuchsreihen untersucht.

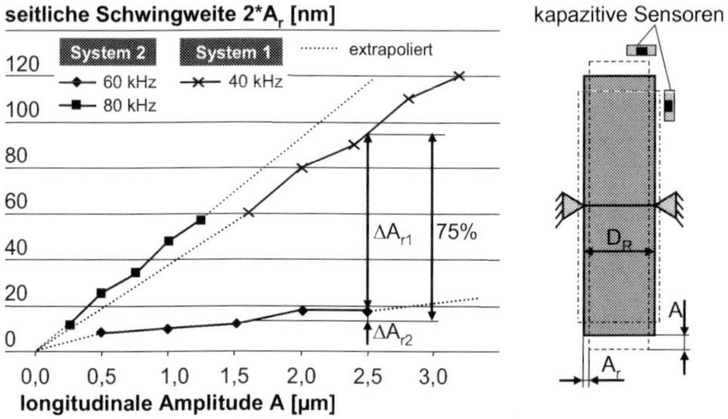

Bild 5-16: **Vergleich der seitlichen Amplituden für System 1 und System 2**

Comparison of orthogonal amplitudes for system 1 and system 2

6 Wirkmechanismen und Einflussfaktoren

Mechanisms and Influencing Factors

Neben den erarbeiteten Grundlagen zur Auslegung von schwingungsunterstützten WZ-Systemen sind die prozesstechnologischen Einflüsse und Wirkmechanismen essenzieller Bestandteil einer ganzheitlichen Beschreibung der Technologie. Dieses Kapitel erläutert die grundlegenden technologischen Zusammenhänge. Ausgehend von einer modellhaften Beschreibung der Spanbildungsmechanismen werden die Einflüsse für verschiedene Werkzeugfrequenzen auf das Arbeitsergebnis dargestellt.

6.1 Zielsetzung und Gestaltung der Bearbeitungsversuche

Objectives and design of machining tests

Zu den bereits aufgezeigten system-, prozess- und werkstoffseitigen Randbedingungen zur schwingungsunterstützten Bearbeitung sollen im folgendem Kapitel die Wirkmechanismen während der Zerspanung untersucht werden. Aufbauend auf einer Abgrenzung zwischen der konventionellen und der schwingungsunterstützten Zerspanung gehärteter Stahlwerkstoffe dienen die grundlegenden Bearbeitungsversuche dazu, die Einflussfaktoren, Wirkmechanismen und Grenzen der Technologie zu erarbeiten.

Im Rahmen dieser Arbeit müssen Randbedingungen geschaffen werden, die dem Umfeld der ultrapräzisen Zerspanung gerecht werden. Neben dem bereits beschriebenen Versuchsaufbau ist auch bei den direkt in der Zerspanungszone befindlichen Wirkpartnern (Werkzeug und Werkstück) für definierte Rahmenbedingungen zu sorgen, die eine spätere belastbare Analyse der Zerspanungsversuche zulassen.

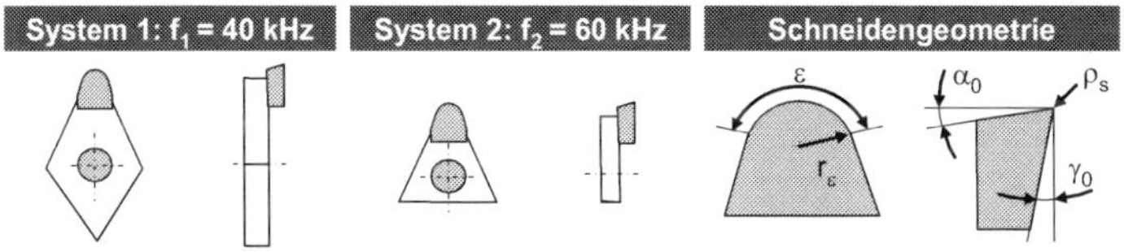

	System 1	System 2	Schneidengeometrie
Geometrie	viereckig	dreieckig	Schneideckenradius $r_\varepsilon = 1$ mm
Masse	ca. 1 g	ca. 0,6 g	Freiwinkel $\alpha_0 = 5°$
Montage	mittig auf Sonotrodenachse	außermittig zur Sonotrodenachse	Spanwinkel $\gamma_0 = 0°$ Öffnungswinkel $\varepsilon = 120°$
Hersteller	Contour Fine Tooling	Mößner GmbH	Kantenverrundung $\rho_s = 20$ nm

Bild 6-1: Versuchswerkzeuge und Schneidteilgeometrie für System 1 und System 2

Test tools und cutting edge geometry for system 1 and system 2

Dazu werden bei den unterschiedlichen Systemen zur Schwingungserzeugung speziell abgestimmte Werkzeughaltergeometrien auf die Sonotrodenstirnflächen montiert. Bei den Werkzeugen für eine Systemfrequenz von $f_2 = 60$ kHz wird die Masse der Trägerplatte kleiner gewählt, um den massebedingten Einfluss auf die Schwingungseigenschaften zu minimieren. Beide Werkzeuge sind in Bild 6-1 verhältnismäßig dargestellt.

Die Schneidteilgeometrie der monokristallinen Diamanten wird während der gesamten Untersuchungen nicht verändert. Die Werkzeugplatte für die Versuche mit f_1 = 40 kHz besitzt eine viereckige Form. Die Masse des Werkzeugs liegt symmetrisch zur Schwingungsachse der Sonotrode. Das Werkzeug für die Versuche mit f_2 = 60 kHz ist um ca. 40 % leichter und hat dadurch einen geringeren Einfluss auf die Schwingungseigenschaften. Ferner wird mit der damit einhergehenden geringeren Massenträgheit der höheren Dynamik Rechnung getragen. Die hier asymmetrische Anordnung zur Sonotrodenachse des Werkzeugs und deren Einfluss auf die Schwingung kann aufgrund der geringen Masse vernachlässigt werden.

Dem Versuchsträger, dargestellt in Bild 6-2, kommt in dieser Arbeit besondere Bedeutung zu. Gewählt wurden Proben mit einem Durchmesser von D = 25 mm und einer Dicke t = 15 mm. Aufgrund der einfacheren Probenpräparation und anschließenden -analyse wurde eine Planbearbeitungsoperation gewählt. Wie bereits beschrieben, sollen unterschiedliche vergütete Stahlproben aus dem Werkstoff STAVAX ESU (X38CrV14) der Firma Uddeholm zum Einsatz kommen (s. Kapitel 4). Die Proben sind zweifach vergütet, wobei der Härtevorgang durch ein Bad mit einer Temperatur von T < 0°(sub zero treatment) realisiert wird. Der anschließende Anlassprozess wird zweifach durchgeführt, um einen möglichst geringen Restaustenitgehalt zu erhalten. Dies gewährleistet ein nahezu homogenes Gefüge bis zum Kern der Probe und verhindert Verzüge durch freiwerdende Eigenspannungen bei einer anschließenden Bearbeitung. Vier abgestufte Härtegrade 35 HRC, 40 HRC, 45 HRC und 53 HRC werden für die prozesstechnologischen Untersuchungen vorbereitet.

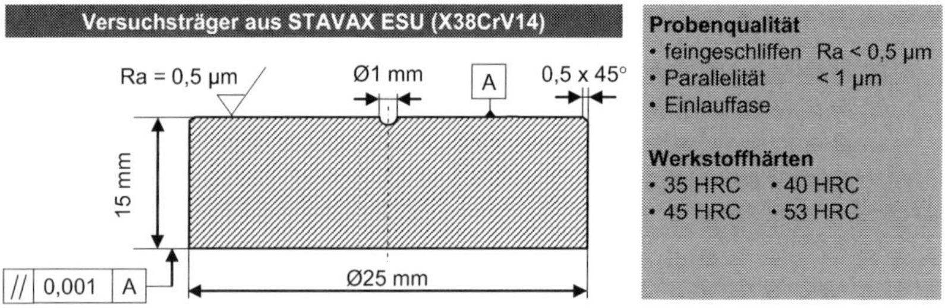

Bild 6-2: Geometrie der Versuchsträger zur ultraschallunterstützten Zerspanung

Geometry of test specimens for ultrasonic machining trials

Nach dem Vergüten werden die Stirnseiten der Proben parallel geschliffen. Einflüsse durch eine Legierungsverarmung in der Randzone werden somit minimiert. Ferner kann die Aufspannfläche der Versuchskörper direkt auf das Spannmedium, das üblicherweise eine ultrapräzise und plangedrehte Vakuumspannfläche ist, appliziert werden. Eine weitere Vorbearbeitung ist hierdurch nicht erforderlich. Der maximal zulässige Planschlag der Proben im aufgespannten Zustand wurde mit 1,5 µm festgelegt. Die feingeschliffenen Flächen haben eine Ausgangsrauheit von Ra = 0,5 µm. Des Weiteren sind die Proben mit einer Einlauffase versehen, um ein möglichst sanftes Eingreifen des Werkzeugs im Moment des Kontakts zu realisieren.

Um während einer von außen nach innen verlaufenden Plandrehoperation konstante Schnittgeschwindigkeiten zu gewährleisten, wird die Drehzahl kontinuierlich angepasst. Eine Aussparung in der Mitte der Probe verhindert, dass die exponentiell steigende Drehzahl die maximal mögliche Drehzahl der Spindel überschreitet.

Die Zerspanungszone wird bei allen Bearbeitungsversuchen mit einem Nebel des Schmierstoffs Dovent IP 175 geschmiert. Dadurch werden eine günstigere Zerspanung und eine konstante Kühlung der Zerspanungszone gewährleistet.

Die zerspanten Werkstückoberflächen werden anschließend hinsichtlich

- Oberflächenrauheit: Weißlichtinterferometer (Wyko NT1100, Fa. Veeco),
- Mikrohärte: Mikrohärtemessgerät (M-400-H, Fa. Leco),
- Eigenspannungen: (XSTRESS 3000, Fa. Stresstech) und
- Werkzeugverschleiß sowie
- Änderung der Gefügerandzone: Rasterelektronenmikroskop (Fa. Zeiss)

untersucht.

6.2 Konventionelle Zerspanung von gehärtetem Stahl mit MKD

Conventional machining of hardened steel with mono-crystalline diamond tools

Als vergleichende Basis für die in Kapitel 7 beschriebenen Ergebnisse der schwingungsunterstützten Zerspanung werden in diesem Teilkapitel Bearbeitungsversuche ohne Oszillation der Werkzeuge durchgeführt. Die konventionelle Bearbeitung von eisenhaltigen Werkstoffen mit MKD ist in der Vergangenheit bereits durch verschiedene Autoren beschrieben worden (s. Kapitel 2.1). Jedoch sind für die Vergleichbarkeit der Ergebnisse der konventionellen und ultraschallunterstützten Versuche unbedingt konstante Randbedingungen zu schaffen. Aus diesem Grund werden auch in diesem Teilkapitel die Versuchsträger und Werkzeuge (s. Kapitel 6.1) herangezogen, die auch für die schwingungsunterstützten Versuchsreihen benutzt werden. Die gewählten Prozessparameter entsprechen dabei dem Zentralpunkt (Kapitel 7) der ultraschallunterstützten Bearbeitung. Somit sind sowohl prozess- als auch werkstoffseitig einheitliche Randbedingungen geschaffen.

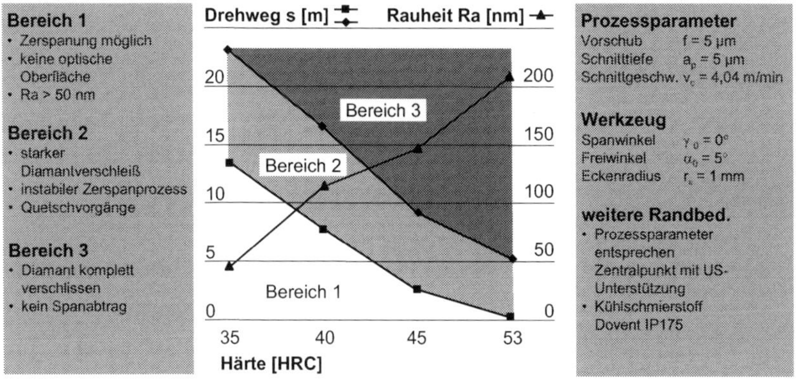

Bild 6-3: Maximale Drehwege s ohne US-Unterstützung in Abhängigkeit von der Härte

Turning lengths s without vibration-assistance in relation to workpiece hardness

Bild 6-3 zeigt für eine Schnittgeschwindigkeit von v_c = 4,04 m/min sowohl den Verschleißfortschritt als auch die erzielbaren Oberflächengüten in Abhängigkeit von der Werkstoffhärte.

Der Verschleiß wurde nach definierten Drehwegen am Werkzeug aufgenommen. Grundsätzlich lässt sich annehmen, dass mit zunehmender Werkstoffhärte der Verschleiß zunimmt. Dabei ist davon auszugehen, dass der durch Diffusion bzw. Graphitisierung induzierte Verschleiß mit zunehmender Werkstoffhärte verstärkt und von weiteren Verschleißmechanismen überlagert wird. Die Darstellung des Diagramms erlaubt die Einteilung in drei Bereiche. Im Bereich 1 ist in Analogie zur Hochpräzisions-Hartdrehbearbeitung von einer klassischen Spanbildung mit Lamellenspänen auszugehen (s. Kapitel 2.1.1). Durch den sehr starken Schneidenverschleiß verschiebt sich die Spanbildung in den als instabil zu bezeichnenden Bereich 2. Es ist zwar eine Zerspanung zu verzeichnen, die jedoch durch zunehmende Quetsch- und Schmiervorgänge überlagert und schließlich dominiert wird. In der Folge kommt die Zerspanung gänzlich zum Erliegen (Bereich 3). Unterstützt werden die Betrachtungen durch die erzielbaren Oberflächenrauheiten, die sich mit steigender Werkstoffhärte und dem daraus folgenden höheren Verschleiß nach identischen Drehwegen erhöhen. Dabei ist festzuhalten, dass sich die erzielbare Oberflächengüte in keinem der betrachteten Fälle im optischen Bereich von Ra < 10 nm befindet, sondern um mehr als das Fünffache überschritten wird.

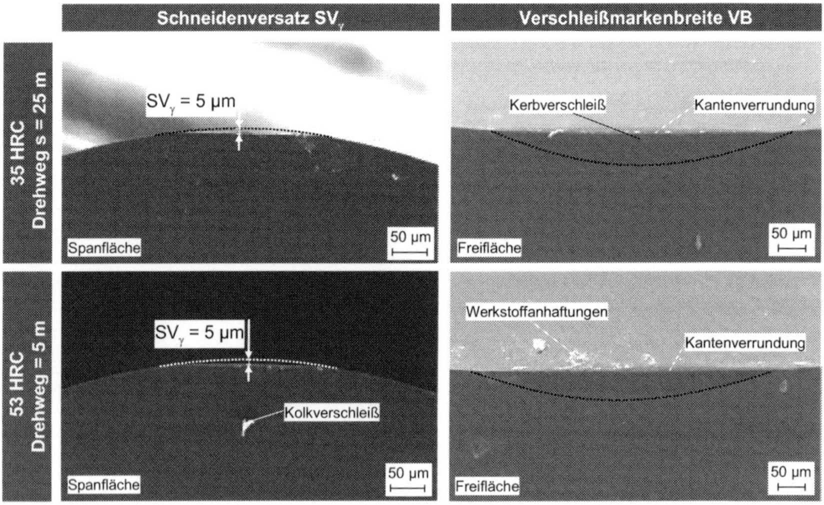

Bild 6-4: Werkzeugverschleiß des Diamanten bei der Bearbeitung ohne US-Unterstützung

Diamond tool wear during machining without vibration-assistance

Bild 6-4 zeigt exemplarisch den Verschleiß der Schneidkante für die Werkstoffhärten 35 und 53 HRC, aufgenommen nach s = 25 m bzw. s = 5 m Drehweg. Die gleichmäßigen Verschleißerscheinungen direkt an der Schneidkante deuten auf einen starken durch Diffusion induzierten Verschleiß hin. Der im Bild unten links auffällige Kolkverschleiß unterstützt diese Annahme. Des Weiteren ist für beide Werkstoffhärten eine starke Schneidkantenverrundung zu erkennen, die eine definierte Zerspanung mit zunehmendem Verschleißfortschritt unterbindet. Werkstoffanhaftungen auf der Spanfläche (Bild 6-4 unten rechts) fördern den instabilen Zerspanungsprozess, da die Späne nicht mehr gleichmäßig über die polierte Spanfläche abgleiten können. Der Schneidkantenversatz von über $SV_y > 5$ µm erzeugt bei einem Werkzeugfreiwinkel von $\alpha = 5°$ eine rechnerische Verschleißmarkenbreite von über VB > 50 µm. Dieser ist geprägt durch v-förmige Einschnitte und wird auch als Kerbverschleiß bezeichnet. Er wird hervorgerufen durch die am Ende des Kontaktbereichs Werkzeug-Span vorherrschenden schroffen Übergänge mechanischer und thermischer Belastungen, dem abrasiven Charakter der Spanunterseite sowie dem direkten Kontakt mit der Atmosphäre und dem Kühlschmierstoff [KLOC02a].

Die vorliegenden ersten Ergebnisse, als vergleichende Basis zur schwingungsunterstützten Bearbeitung, zeigen, dass die konventionelle UP-Zerspanung von eisenhaltigen Werkstoffen nicht möglich ist. Der starke Schneidenverschleiß, der schon nach wenigen zerspanten Metern in überkritische Bereiche vordringt, spricht gegen den Einsatz der klassischen Technologie.

6.3 Wirkmechanismen und Modellbildung

Mechanisms and modelling

Essenziell für ein umfassendes Prozessverständnis ist die genaue Analyse der Wirkzusammenhänge in der Zerspanungszone. Mittels konventioneller Zerspanung von Stahlwerkstoffen sind die Randbedingungen für eine duktile Bearbeitung nur über wenige Meter Drehweg zu erfüllen ($s < 50$ m). Grund hierfür ist der hohe Werkzeugverschleiß, der zu einem Abstumpfen der Schneidkante führt. Ein stabiler Zerspanungsprozess im Bereich unterkritischer Spanungsdicken ist somit nicht zu realisieren. Eine deutliche Änderung des Prozessverhaltens ist für die Überlagerung des Werkzeugs mit einer Ultraschallschwingung festzustellen. Wie in der Literatur beschrieben, führt die Schwingungsanregung des Werkzeugs zu einer deutlichen Senkung des Werkzeugverschleißes bei gleichzeitig erhöhten kritischen Spanungsdicken für eine duktile Zerspanung [RUEB01, MORI92].

RÜBENACH stellte fest, dass die mittleren Zerspanungskräfte um fast eine halbe Größenordnung niedriger sind als im konventionellen Fall. Ebenfalls zeigten seine Untersuchungen, dass die Kräfte im schwingungsunterstützten Fall über einen wesentlich längeren Drehweg s konstant sind. Hingegen steigen die Kräfte für die konventionelle Bearbeitung kontinuierlich über einen kurzen Drehweg s an [RUEB01].

Bei genauerer Betrachtung des schwingungsunterstützten Prozesses unterliegt das Werkzeug durch das intermittierende Öffnen und Schließen der Zerspanungszone einer hohen wechselnden Beanspruchung. Die höchste Belastung entsteht im Moment des Werkzeugeingriffs und hat eine impulsartige Charakteristik. Dem üblichen Verständnis folgend sollte das Diamantwerkzeug durch die impulsartige Belastung des quasi unterbrochenen Schnitts eher zu Ausbrüchen an der Schneidkante neigen. Die bisherigen Veröffentlichungen zeigen aber, dass dies nicht der Fall ist. Erklärungen für diesen Effekt wurden von RÜBENACH geliefert, der in Anlehnung an die gängigen Zerspanungsmodelle für Stahl Hypothesen für die schwingungsunterstützte Zerspanung von Glas liefert. Er erklärt den Effekt über die Ausbildung eines mehrachsigen Spannungszustands, der durch das Überschreiten der Schubfließgrenze gekennzeichnet ist. Wichtiges Kriterium für die duktile Spanabnahme ist dabei, dass die Schubfließgrenze τ_F unterhalb der Schubbruchgrenze τ_B liegt. Der dafür charakteristische mehrachsige Spannungszustand ist eine Kombination aus einer Druck- und Scherbeanspruchung, die zu einer Plastifizierung des Werkstückwerkstoffs bei gleichzeitiger Ausbildung von Lamellenspänen führt.

Um die aufgestellten Vermutungen direkt anhand der auftretenden Spannungen zu verifizieren, ist die zeitlich hochaufgelöste Messung der Zerspanungskräfte im Moment des Eingriffsstoßes zwischen Werkzeug und Werkstück erforderlich. Damit wäre über das Zusammenspiel mit dem Spanquerschnitt A_{sp} die direkte Bestimmung der vorliegenden Spannungen möglich. Jedoch sind klassische Dynamometer (Abtastrate bis ca. $f = 2000$ Hz) nicht in der Lage, diesen nahezu infinitesimalen Moment aufzulösen. Auch Versuche mit optischen Messmitteln wie dem Laservibrometer (Abtastrate bis zu f = 1 MHz) zeigen, dass der Moment des Eingriffs nur ungenau zu determinieren ist [GELL07].

Die Entwicklung einer modellhaften Beschreibung der Wirkzusammenhänge in der Zerspanungszone kann momentan nur indirekt erfolgen. Dazu sollen die auftretenden Spanformen genauer analysiert und in Bezug zu den prozesstechnologischen Größen der schwingungsunterstützten Bearbeitung gesetzt werden. Zur Analyse der Spanbildungsvorgänge ist es sinnvoll, zunächst die grundsätzlichen Wirkmechanismen für die Zerspanung martensitischer Stahlwerkstoffe mit definierter Schneide zu erarbeiten. Wie in Kapitel 2.1.1 erläutert, ist auch bei der klassischen Hartbearbeitung ohne Schwingungsunterstützung ein zyklischer Vorgang bei der Spanbildung zu beobachten.

In der klassischen Hochpräzisionsbearbeitung martensitischer Stähle mit CBN Werkzeugen finden sich aufgrund der prozessspezifischen Belastungszustände oftmals Sägezahnspäne (Kapitel 2.1.1). Die hierfür bereits beschriebenen Modelle zur Entstehung dieser Spanform sind durch die Arbeiten von ACKERSCHOTT und BERKTOLD etabliert [ACKE89, BERK92]. Dabei sind das Schärfemaß $S = h_{cu}/\rho_S$, das oberhalb von S > 1 liegen sollte, und eine Werkstoffhärte von größer 50 HRC maßgeblich für die Ausbildung dieser Spanform verantwortlich.

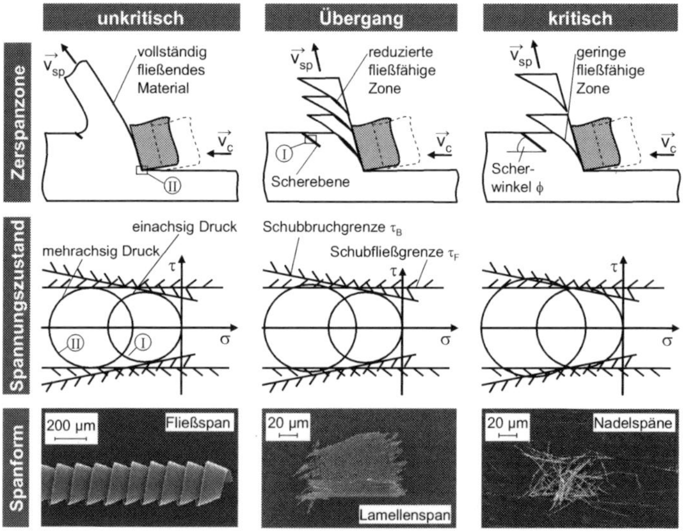

Bild 6-5: **Schubspannungszustand entlang der Scherebene und der Spanwurzel**

Shear stress along the shear plane and the chip root

Bild 6-5 beschreibt das Modell zur ultrapräzisen Zerspanung sprödharter Werkstoffe mit monokristallinen Diamanten, das in dieser Arbeit über theoretische und praktische Untersuchungen verifiziert werden soll. Dargestellt sind für die Diamantzerspanung von Stahlwerkstoffen die auftretenden Spanformen und die entsprechenden Spannungszustände vor und direkt an der Schneidkante. Zu erkennen sind sowohl die aus der Hochpräzisionsbearbeitung bekannten, für die Zerspanung unkritischen Wendelspäne und Sägezahnspäne als auch die für eine duktile Spanabnahme eher kritisch einzustufenden Nadelspäne.

Der Übergang zum kritischen Bereich ist ebenfalls im Bild dargestellt. Im unkritischen Bereich werden Fließspäne gebildet (s. Bild 6-5, links), die sich als Wendelspäne oder auch Spanlocken ausbilden. Im Übergangsbereich werden lammellenartige Späne über die Scherebene ausgeschoben. Der noch fließfähige Werkstoff in der Scherebene verbindet sich dabei mit dem nächsten Spansegment. Im kritischen Bereich treten ausschließlich segmentierte und agglomerierte Nadelspäne auf.

Im Zuge der Betrachtung der Wirkmechanismen gilt die Aufmerksamkeit zunächst dem Bereich der maximalen Spanungsdicke h_{cu} (Schärfemaß >> 1), in dem der Einfluss der Schneidkantenverrundung ρ_S unter makroskopischen Gesichtspunkten von geringer Bedeutung ist. Die Eingriffsverhältnisse und der hieraus resultierende einachsige Druckspannungszustand vor der Schneide sind in Bild 6-5 mit I gekennzeichnet und können für den Prozess als unkritisch bezeichnet werden (Bild 6-5 links). Der Fließvorgang wird induziert, wenn die maximale Schubspannung, die sich unter dem Scherwinkel ϕ in Richtung der Werkstückoberfläche ausbildet, die Schubfließgrenze als kritische Größe überschreitet und zu einem Ausschieben des Spansegments führt. Direkt vor der Werkzeugschneide, also im Bereich der Schneidkantenverrundung ρ_S, liegt ein mehrachsiger Druckspannungszustand an, der von einer Scherbelastung überlagert wird (Bild 6-5 mit II gekennzeichnet). Aufgrund des höheren Lastniveaus direkt vor der Schneide bildet sich eine plastifizierte Werkstoffzone aus. Deutlich wird dies an der Gestalt der Spanunterseiten, die neben der erkennbaren Segmentierung auch mechanische Glättungsspuren aufweisen, die auf eine plastische Verformung hinweisen (Bereich II). Die Verbindung der Spansegmente, die für einen kontinuierlichen Span notwendig ist, wird hierdurch begünstigt. Die Spankrümmung wird durch die Spannungsunterschiede über den Spanquerschnitt erzeugt. Demnach kommt es im Grenzbereich der Spanlamellen nahe der Werkstückoberfläche und dem Bereich nahe der Werkzeugschneide zu einem Spannungsgradienten. So sind die auftretenden Zugspannungen aufgrund der Plastifizierung im oberflächennahen Bereich größer und führen an der Spanoberseite (konkave Spanseite) zur Krümmung des Spans.

Im Übergangsbereich kommt es zur Ausbildung von Spanlocken, die ihrerseits aus relativ lose zusammenhängenden, einzelnen Spanlamellen bestehen (s. Bild 6-5, Mitte). Dies deutet darauf hin, dass die entstehenden Spannungen nicht mehr vollständig durch die Späne aufgenommen werden und in der Folge an einzelnen Stellen ein Aufreißen respektive einen Zerfall der Spanverbünde verursachen. Das heißt, es treten teilweise Schubspannungszustände auf, die oberhalb der Schubbruchgrenze τ_B liegen.

Im kritischen Bereich, also im Bereich der überschrittenen Schubfließgrenze, werden ebenfalls Spansegmente gebildet und über die Scherebene ausgeschoben. Der plastifizierte Werkstoff reicht jedoch nicht, um zusammenhängende Spanverbünde zu bilden (s. Bild 6-5, rechts). Hierdurch treten ausschließlich einzelne oder agglomerierte Nadelspäne auf. Es ist anzunehmen, dass dies zu einem relativ instabilen Zerspanungsprozess führt und sich damit negativ in der erzielbaren Oberflächenqualität niederschlägt.

Tatsächlich finden sich die beschriebenen Spanformen auch bei der schwingungsunterstützten Bearbeitung martensitischer Stähle (s. Kapitel 7). Im Bereich der Spanwurzel, im Bild 6-5 mit II gekennzeichnet, ist der Spannungszustand unterschiedlich zu dem in der Scherebene. In diesem Gebiet, in dem die Spanungsdicke h_{cu} gegen Null geht, findet die eigentliche Oberflächenerzeugung statt. Die Betrachtung der Zerspanungsbedingungen in diesem Bereich ist von besonderem Interesse, da die hier vorherrschenden Gesetzmäßigkeiten grundsätzlich über die gesamte Spanungsbreite b_{sp} der Schneide Gültigkeit besitzen. Im Bereich größerer Spanungsdicken gelten sie jedoch zunehmend nur mikroskopisch, d. h. allein zur Beschreibung der Spannungszustände unmittelbar im Bereich des Schneidkantenradius ρ_S.

Wie die Betrachtungen zeigen, gewinnt die Druckbelastung aufgrund der Schneidkantenverrundung ρ_s zur Spanwurzel hin weiter an Einfluss. Gleichermaßen überlagern sich auch hier Schub- und Druckspannungen. Die Scherbelastung des Werkstoffs wird unter den gegebenen Randbedingungen immer dominanter und ein Überschreiten der Schubbruchgrenze, die das Werkstoffversagen beschreibt, wahrscheinlicher.

Die Schneidkantenverrundung des Diamanten ist um nahezu drei Größenordnungen geringer als die von PCBN, das üblicherweise für die Hartzerspanung angewendet wird. Es ist davon auszugehen, dass hierdurch eine wesentlich kleinere Spanungsdicke h_{cu} für die Erzeugung von Fließ- oder Sägezahnspänen genutzt werden kann. Neben diesen geometrischen Einflüssen der Diamantschneide führt auch ihre zeitliche Veränderung während der Zerspanung durch Verschleiß zu einem nicht zu vernachlässigenden Einflussfaktor.

Die Auslegung des Zerspanungsprozesses sollte im unkritischen oder Übergangsbereich liegen. Die Ausbildung von Fließ- oder Lamellenspänen ist für einen stabilen Zerspanungsprozess vorteilhaft. Der Einfluss der dynamisch wirkenden ultraschallspezifischen Bezugsgrößen auf die auftretende Spanform soll im Folgenden analysiert und im Folgekapitel durch prozesstechnologische Untersuchungen verifiziert werden.

Energetische Betrachtung für unterschiedliche Frequenzen

Die Erhöhung der Frequenz von f_1 = 40 kHz auf f_2 = 60 kHz ermöglicht es, Arbeitspunkte mit gleichen Eingriffsverhältnissen unter Verwendung von kleineren Schwingungsamplituden zu realisieren (s. Kapitel 5.3.2). Sowohl die schwingungsspezifischen als auch die klassischen Prozessgrößen sind für beide Arbeitspunkte konstant. Ebenso bleibt die Umfangsgeschwindigkeit des Werkstücks $v_{c\text{-}rot}$ unverändert. Neben der Frequenz f ist die einzige zu variierende Größe die Amplitude A. Im vorliegenden Fall wird die Schwingungsamplitude A durch die Frequenzerhöhung um 50 % für identische Arbeitspunkte um 33 % reduziert (s. Kapitel 5.3.2). Ferner führen kleinere Amplituden zu einer geringeren seitlichen Auslenkung des Werkzeugs (s. Kapitel 5.5). Dadurch dringt die Werkzeugschneide in einem geringeren Maße in die Bauteiloberfläche ein.

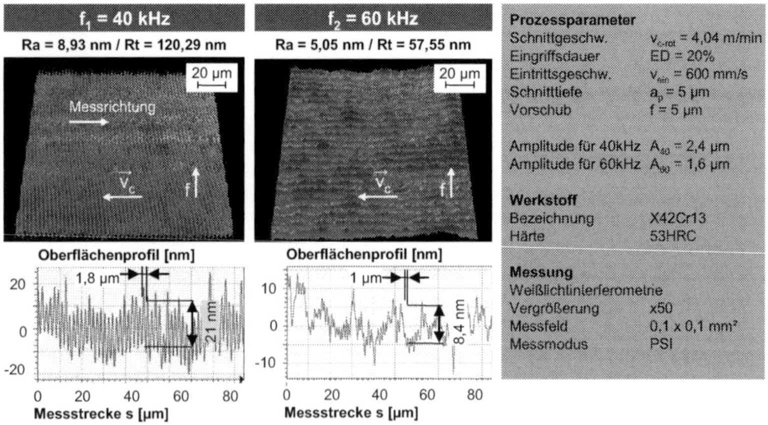

Bild 6-6: **Vergleich der Oberflächenbeschaffenheit mit gleichen Eingriffsbedingungen bei unterschiedlichen Frequenzen**

Comparison of surface topography for similar contact conditions at different frequencies

Der Einfluss der nicht erwünschten seitlichen Schwingungen auf die Oberflächenqualität wird demnach vermindert. Bild 6-6 zeigt beispielhaft die Oberflächen von zwei Werkstücken, die mit gleichen Eingriffsverhältnissen und unterschiedlichen Frequenzen f_1 und f_2 bearbeitet wurden. Die verminderten seitlichen Schwingungen des Werkzeugs bei der Bearbeitung mit einer Frequenz von f_2 = 60 kHz sind an der geringeren Profiltiefe der schwingungsbedingten Rauheit zu erkennen. Ebenso ist die pro Schwingungszyklus zerspante Strecke kleiner. Dies zeigt der geringere Abstand zwischen den Rauheitsspitzen. Ein weiteres Indiz für den Einfluss der in die Oberfläche wirkenden Störschwingungen ist der zunehmende Einfluss durch den Vorschub f. Vorschubmarken sind für eine Frequenz von f_1 = 40 kHz nicht zu erkennen, was darauf hindeutet, dass die durch Störschwingungen verursachte Rauheit dominiert. Hingegen ist für f_2 = 60 kHz ein signifikanter Einfluss des Vorschubs f offensichtlich. Der Einfluss der Störschwingungen ist demnach reduziert.

Die Änderung der Arbeitsfrequenz bei identischen Arbeitspunkten für f_1 = 40 kHz und f_2 = 60 kHz geht mit einer veränderten Energieeinbringung pro Schwingungszyklus einher. Gleichzeitig wird angenommen, dass die gesamte zur Zerspanung in den Werkstoff eingebrachte Energie $E_{kin,ges}$ für identische Zerspanwege konstant. Durch die größere Anzahl von Eingriffszyklen bei höheren Frequenzen wird über die zerspante Gesamtstrecke die Energie in kleinere diskrete Energiepakete $E_{kin,zyk}$ aufgeteilt. Der zerspante Werkstoff erfährt demnach eine gleichmäßigere Belastung. Neben den kinematischen Vorteilen wie einer reduzierten seitlichen Schwingung scheint die Ausbildung der Oberflächentopographie auch durch die Verteilung der eingebrachten Energie in kleinere Energiepakete begünstigt zu werden.

Die gesamte zur Zerspanung benötigte Energie wird infolge der bisherigen Betrachtungen für die Bearbeitung mit einer Frequenz von f_2 = 60 kHz, im Gegensatz zu einer Bearbeitung mit einer Frequenz von f_1 = 40 kHz, über eine 50 % höhere Anzahl von Eingriffen verteilt. Die pro Eingriffszyklus in den Werkstoff eingebrachte Energie ist um 33 % kleiner.

Formal kann die gesamte eingebrachte Energie für zwei Frequenzen f_1 und f_2 für eine identisch zerspante Strecke beschrieben werden über:

$$E_{kin,ges} = \sum_{i=1}^{i=nf1} E_{f1,kin-zyk,i} = \sum_{i=1}^{i=nf2} E_{f2,kin-zyk,i} \quad \text{(nf1, nf2 = Anzahl der Eingriffe)} \qquad \text{Gl. 6-1}$$

Mit dem Ansatz nach Newton ergibt sich bei konstanter Masse m über den Eintrittszeitpunkt T_e und den Austrittszeitpunkt T_a des Werkzeugs für die pro Schwingungszyklus in den Werkstoff eingebrachte Energie $E_{kin,zyk}$:

$$E_{f1,kin-zyk} = m \int_{T_{e,f1}}^{T_{a,f1}} v(t) \cdot dt \quad \text{und} \quad E_{f2,kin-zyk} = m \int_{T_{e,f2}}^{T_{a,f2}} v(t) \cdot dt \qquad \text{Gl. 6-2 / Gl. 6-3}$$

Somit lässt sich die gesamte eingebrachte Energie $E_{kin,ges}$ für zwei Frequenzen für eine identisch zerspante Strecke als masseloses Äquivalent beschreiben:

$$E_{kin,ges} = \sum_{i=1}^{i=nf1} \int_{T_{e,f1,i}}^{T_{a,f1,i}} v(t) \cdot dt = \sum_{i=1}^{i=nf2} \int_{T_{e,f2,i}}^{T_{a,f2,i}} v(t) \cdot dt \qquad \text{Gl. 6-4}$$

damit gilt

$$E_{kin,ges} = \sum_{i=1}^{i=nf1}\left(v^2\left(T_{a,f1,i}\right)-v^2\left(T_{e,f1,i}\right)\right) = \sum_{i=1}^{i=nf2}\left(v^2\left(T_{a,f2,i}\right)-v^2\left(T_{e,f2,i}\right)\right) \quad \text{Gl. 6-5}$$

Bild 6-7 vergleicht die Eingriffszyklen beider Frequenzen über die Zeit. Es sind sowohl die zurückgelegten Wege des Werkzeugs s_{os}, des Werkstücks s_{rot} sowie die Relativgeschwindigkeit $v_{c,rel}$ aufgetragen. Die einhüllenden Flächen der Relativgeschwindigkeit werden begrenzt durch den Eintrittszeitpunkt T_e und dem Austrittszeitpunkt T_a und stellen ein Äquivalent für die zur Zerspanung intermittierend eingebrachte Energie dar. Bei einer Frequenz von f_2 = 60 kHz ist der zeitliche Abstand zwischen den einzelnen Eingriffszyklen kürzer. Folglich ist die pro Schwingungszyklus eingebrachte Energie für die zerspante Strecke geringer. Die maximalen Relativgeschwindigkeiten sind für beide Frequenzen gleich. Begründet liegt dies in den unterschiedlichen Amplituden, die für die Betrachtung gleicher Arbeitspunkte notwendig sind.

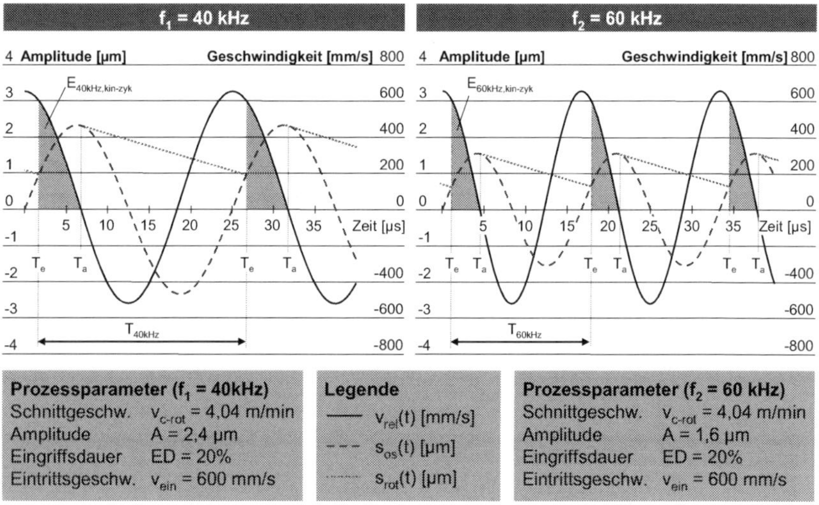

Bild 6-7: Vergleich der Eingriffszyklen für verschiedene Arbeitsfrequenzen

Comparison of contact cycles for different working frequencies

Die relative Geschwindigkeit im Moment des Austritts T_a ist zwangsläufig $v_{c,rel}(T_a)$ = 0 mm/s. Die analytische Bestimmung des Eintrittszeitpunkts T_e ist aufgrund der transzendenten Form der zugehörigen Gleichung 2-19 nicht möglich. Zur überschlägigen Berechnung der eingebrachten Energie kann die mittlere Geschwindigkeit v_{mit} des relativen Geschwindigkeitsprofils herangezogen werden. Da die Eintrittsgeschwindigkeit v_{ein} nahezu der maximalen Geschwindigkeit im Moment des Eintritts $v_{c,rel}(T_e) = v_{ein}$ entspricht, kann die Hälfte der Eintrittsgeschwindigkeit v_{ein} zur Berechnung der mittleren Geschwindigkeit v_{mit} über der Kontaktzeit t_c genutzt werden.

Die mittlere Geschwindigkeit v_{mit} während der Kontaktzeit t_c ergibt sich damit zu

$$v_{mit} = \frac{v_{rel}(T_e) + v_{rel}(T_a)}{2} \quad \text{mit } v_{c,rel}(T_a) = 0 \text{ mm/s}, \; v_{c,rel}(T_e) = v_{ein}. \qquad \text{Gl. 6-6}$$

Mit

$$v_{mit} = \frac{v_{ein}}{2} \qquad \text{Gl. 6-7}$$

ist der Gesamtenergieeintrag für den Vergleich von zwei Frequenzen für identisch zerspante Strecken über Gleichung 6-5 beschreibbar über:

$$E_{kin,ges} = \sum_{i=1}^{i=nf1} v_{f1,mit,i}^2 = \sum_{i=1}^{i=nf2} v_{f2,mit,i}^2 \qquad \text{Gl. 6-8}$$

Für einen Frequenzvergleich gilt bei den vorliegenden Randbedingungen, dass pro zerspanter Strecke die Anzahl der Schwingungszyklen und auch die Änderung der Amplitude A formal über die Beziehung

$$\frac{f_1}{f_2} = \frac{nf1}{nf2} = \frac{A_2}{A_1} \qquad \text{Gl. 6-9}$$

beschrieben werden können. In dieser Arbeit nimmt der Quotient für einen Vergleich der Frequenzen f_1 = 40 kHz und f_2 = 60 kHz den Wert zwei Drittel an.

Dynamische Kenngröße K_f zur prädiktiven Beurteilung der Spanbildung

Der Einfluss der für die Spanbildung wirksamen quasistatischen Größen Vorschub f, Schnitttiefe a_p und Werkzeugeckenradius r_ε und die daraus resultierenden maximalen Spanungsdicken $h_{cu,max}$ können in Verbindung mit der Schneidkantenverrundung ρ_s herangezogen werden, um den Spanbildungsmechanismus ohne Schwingungsunterstützung zu beschreiben. Eine nähere Betrachtung der im schwingungsunterstützten Prozess zusätzlich wirkenden dynamischen Bezugsgrößen für die Zerspanung hochlegierter und wärmebehandelter Stahlwerkstoffe ist bisher nicht durchgeführt worden.

RÜBENACH konnte in seinen Arbeiten zur Zerspanung von Glas zeigen, dass der Einfluss der abgeleiteten schwingungsspezifischen Bezugsgrößen Eintrittsgeschwindigkeit v_{ein}, pro Schwingungszyklus zerspante Strecke s_{zyk} und Eingriffsdauer t_c auf das Prozessergebnis und damit auch auf die Spanbildung signifikant ist. Grundsätzlich konnte er zeigen, dass die Spanbildung bei Steigerung dieser Werte in eine Versprödung der Späne übergeht und damit tendenziell auch die Oberflächenqualität negativ beeinflusst. Zur Beurteilung der beschriebenen Spanbildungsmechanismen wird hier die masse- und werkstoffunabhängige dynamische Kenngröße K_f eingeführt, die hier nicht als Äquivalent zur pro Zyklus eingebrachten spezifischen Schnittenergie verstanden werden soll. RÜBENACH hat dies bereits durch die Einführung des Energieäquivalents K_{US} (Gleichung 2-25) vollzogen. Die Kenngröße K_f berücksichtigt vielmehr die vorliegenden Ergebnisse von RÜBENACH. Der Spanbildungsmechanismus läuft demnach optimal bei einer gleichmäßigen, relativ niedrigen Energieeinbringung pro Schwingungszyklus $E_{kin,zyk}$ und einer relativ niedrigen pro Zyklus zerspanten Strecke s_{zyk} sowie Kontaktzeit t_c ab. Für die Kenngröße K_f folgt der Zusammenhang über die dynamischen Bezugsgrößen zu:

$$K_f := v_{mit} \cdot s_{zyk} \cdot t_c \qquad \text{Gl. 6-10}$$

Im Zusammenspiel mit den Gleichungen 2-21 und 2-22 ergibt sich für K_f

$$K_f = \frac{v_{ein} \cdot v_{c,\,rot} \cdot ED}{2 \cdot f^2} \ . \qquad \text{Gl. 6-11}$$

Die Gleichung zeigt den starken Einfluss der verwendeten Arbeitsfrequenz f auf die Kenngröße K_f. Die Erhöhung der Frequenz bewirkt hiermit sowohl eine Verkürzung der pro Zyklus zerspanten Strecke s_{zyk} als auch eine Verminderung der pro Zyklus eingebrachten Energie $E_{kin,zyk}$.

Für eine erste Verifikation des aufgestellten Zusammenhangs zwischen der Kenngröße K_f und der Spanbildung sind in Bild 6-8 die Spanformen und die erzielten Oberflächenqualitäten für die untersuchten Frequenzen f_1 = 40 kHz und f_2 = 60 kHz illustriert. Dabei sind sowohl die Bezugsgrößen Eingriffsdauer ED als auch die Eintrittsgeschwindigkeit v_{ein} variiert worden. Von einer Variation der klassischen Stellgrößen wie Vorschub f, Schnitttiefe a_p und Eckenradius r_ε wurde für diese erste Betrachtung abgesehen. Damit liegt eine konstante maximale Spanungsdicke $h_{cu,max}$ = 0,49 µm vor.

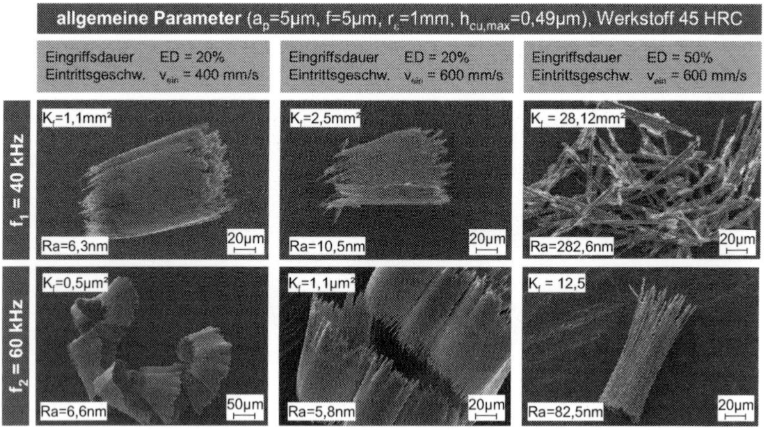

Bild 6-8: Spanbildung und Oberflächenqualität in Abhängigkeit von der Kenngröße K_f

Chip formation and surface quality in relation to parameter K_f

Für beide Frequenzen ist zu erkennen, dass mit steigenden dynamischen Bezugsgrößen die Spanform sich von einer nahezu wendelspanartigen Gestalt hin zu nadelförmigen Spänen wandelt. Es ist von einer Änderung des Spanbildungsmechanismus durch das Überschreiten der Schubbruchgrenze auszugehen (s. Bild 6-5). Unterstützt wird diese Annahme durch einen deutlichen Anstieg der erzielten Oberflächenrauheit mit steigendem Kennwert K_f. Während für moderate Parameter (Bild 6-8 links oben und links unten) optische Qualitäten Ra < 10 nm erreicht werden und somit von einer duktilen Spanabnahme auszugehen ist, steigt der Rauheitswert Ra signifikant um mehr als eine Größenordnung an, sobald K_f vergrößert wird. Die hierbei erzielten Oberflächenqualitäten sprechen für eine spröd induzierte Spanabnahme. Die Steigerung der Frequenz bei gleichen Prozessparametern führt gemäß Gleichung 6-11 zu einem reduzierten K_f. Die Folge ist in Bild 6-8 rechts oben und Bild 6-8 rechts unten durch die Gestaltänderung des Spans von reinen Nadelspänen für f_1 = 40 kHz hin zu zusammenhängenden Nadelspänen in Form einer Spanlocke für f_2 = 60 kHz zu sehen. Zu erkennen ist an der Gestalt der Nadelspäne der spröd zerspante Anteil, der sich durch anhaftende Schuppen des Grundwerkstoffs zeigt. Es ist anzunehmen, dass die Frequenzerhöhung und die damit verbundene pro Schwingungszyklus eingebrachte reduzierte Energie die Spanbildung begünstigt.

Des Weiteren lässt sich festhalten, dass auch für geringere Werkstoffhärten Sägezahnspäne entstehen, die in der klassischen Hartbearbeitung mit definierten PCBN Schneidteilen erst ab einer Härte von 50 HRC auftreten. Es ist anzunehmen, dass eine Plastifizierung des Materials entweder durch den auftretenden Spannungszustand oder die durch den Diamanten abgeführte Wärme auch bei geringeren Werkstoffhärten das Fließen des Werkstoffs unterbindet. Weiterhin zeigen die Ergebnisse, dass nicht nur das Schärfemaß S (h_{cu}/ρ_s) hinreichend für die Beschreibung der Spanbildung bzw. des Prozessergebnisses ist. Durch die Schwingungsunterstützung sind auch die Einflüsse der zusätzlichen dynamischen Bezugsgrößen signifikant und bedürfen einer weitergehenden Betrachtung.

Zusammenfassend kann festgehalten werden, dass über die Beschreibung eines modellhaften Ansatzes und die eingehende Analyse der Wirkmechanismen für die schwingungsunterstützte Zerspanung die Spanbildung und die damit verbundene Qualität des Zerspanungsprozesses hinreichend vorhergesagt werden kann. Über die Kenngröße K_f können die auftretenden Spanformen und die damit verbundene duktile oder spröd induzierte Spanabnahme vorhergesagt werden. Damit kann die Kenngröße K_f zur Prädiktion der Spanbildung und der erzielbaren Oberflächenrauheit Ra herangezogen werden. Eine weitere detaillierte Betrachtung des Einflusses der schwingungsspezifischen Stellgrößen Frequenz f, Eingriffsdauer ED und Eintrittsgeschwindigkeit v_{ein} sowie der der klassischen Stellgrößen Vorschub f, Schnitttiefe a_p und Eckenradius r_ε wird im Folgekapitel 7 beschrieben.

7 Schwingungsspezifische Bezugsgrößen und Schnittparameter

Vibration-Related Reference Values and Cutting Parameters

Im Fokus der im Folgenden beschriebenen Untersuchungen liegt die Variation der schwingungsspezifischen und klassischen Prozessstellgrößen. Erstmals kann dabei der Einfluss einer von f_1 = 40 kHz auf f_2 = 60 kHz gesteigerten Frequenz untersucht werden. Die technischen Voraussetzungen und die grundlegenden prozesstechnologischen Einflüsse wurden in Kapitel 5 und 6 identifiziert.

Ziel der Untersuchungen ist nicht nur der direkte Vergleich der unterschiedlichen Systemfrequenzen auf die erzielbaren Oberflächengüten, sondern auch der Einfluss der Frequenz auf den Werkzeugverschleiß und die Randzone. In Verbindung mit den unerwünschten dynamischen Einflüssen des WZ-Systems (s. Kapitel 5.3.2) ist damit eine ganzheitliche Betrachtung zur Findung optimaler Parameterfenster gewährleistet.

Alle Versuche werden gemäß den aufgeführten maschinen- und werkzeugseitigen Randbedingungen durchgeführt (s. Kapitel 5.5 und 6.1). Für die Versuche wird hier der „Zentralpunkt" des frequenzspezifischen Parameterfelds (ED = 20 %, v_{ein} = 600 mm/s) eingeführt, bei dem eine duktile Spanabnahme und ein reduzierter Werkzeugverschleiß zu erwarten sind. Der Unterschied des Zentralpunkts bei steigenden Frequenzen liegt dabei nur in einer Senkung der erforderlichen Werkzeugamplitude A. Die Umfangsgeschwindigkeit $v_{c,rot}$ des Werkstücks bleibt für gleiche Arbeitspunkte konstant (s. Bild 5-10). Auf alle Abweichungen vom Zentralpunkt wird entsprechend hingewiesen.

7.1 Einfluss der Schwingungsanregung auf Werkstück und Werkzeug

Influence of vibration excitation on workpiece and tool

Der Einfluss der schwingungsspezifischen Bezugsgrößen konnte bereits ansatzweise in Kapitel 6.3 gezeigt werden. Anzunehmen ist, dass eine Frequenzsteigerung die Spanbildung durch optimiertes Einbringen der kinetischen Energie positiv beeinflusst. Der dadurch verschobene Übergang der spröden Zerspanung kann genutzt werden, um das Parameterfenster der schwingungsspezifischen Bezugsgrößen für die Zerspanung gehärteter Stahlwerkstoffe zu erweitern. Dabei ist neben der Validierung des aufgestellten Modells zur Spanbildung auch größtes Augenmerk auf den Verschleiß des Diamantwerkzeugs in Abhängigkeit von den schwingungsspezifischen Bezugsgrößen zu legen. Dies ergibt nicht nur weitere Aussagen zur Zerspanbarkeit, sondern gilt auch als wichtiges Kriterium zur ökonomischen Qualifizierung der schwingungsunterstützten Zerspanung.

7.1.1 Einfluss der Eingriffsdauer auf das Zerspanungsverhalten

Influence of contact duration on cutting characteristics

Die spezifische Eingriffsdauer ED beschreibt das Verhältnis der Kontaktzeit zwischen Werkzeug und Werkstück während einer Schwingungsperiode. Den Einfluss dieses abgeleiteten Parameters auf die Oberflächenrauheit, die Spanbildung und den Werkzeugverschleiß konnte bereits RÜBENACH für die Zerspanung von Glas zeigen (s. Kapitel 2.2.1). Demnach sollte der Einfluss auf die erzielbare Oberflächenrauheit Ra gering sein. Neben der Untersuchung der Oberflächenqualität mittels der neu entwickelten WZ-Systeme kann durch den Einsatz verschiedener Systemfrequenzen eine Verifizierung des in Kapitel 6.3 aufgestellten Modells vorgenommen werden. Dabei kommt erstmals ein WZ-System mit einer Systemfrequenz von f_2 = 60 kHz zum Einsatz.

Erzielbare Oberflächenqualität und Spanbildung für f_1 = 40 kHz

Die Eingriffsdauer ED wird in dieser Versuchsreihe, ausgehend vom Zentralpunkt, in diskreten Schritten von ED = 20 %...50 % für verschiedene Werkstückhärten erhöht. Die hierbei geforderten sehr geringen Rotationsgeschwindigkeiten $v_{c\text{-}rot}$ des Werkstücks verhindern, durch eine begrenzte minimale Drehzahl der Maschinenspindel, die Darstellung von Eingriffsdauern von ED < 20 %.

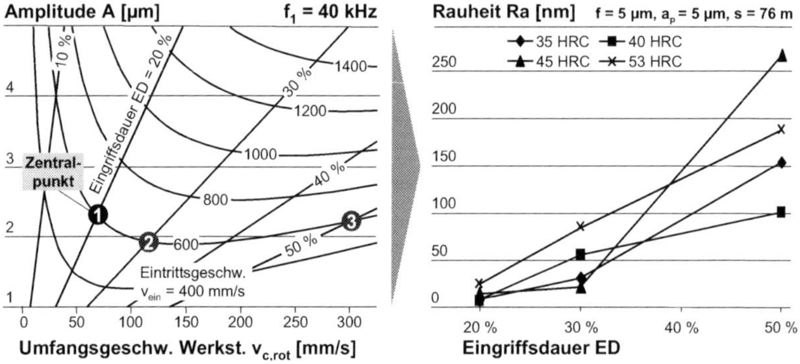

Bild 7-1: **Einfluss der Eingriffsdauer ED und der Werkstoffhärte auf den arithmetischen Mittenrauwert Ra für eine Systemfrequenz f_1 = 40kHz**

Influence of entrance duration ED and the material hardness on the average roughness height Ra for a system frequency of f_1 = 40 kHz

In Bild 7-1 ist der Zusammenhang für einen Vorschub f = 5 µm und eine Schnitttiefe von a_p = 5 µm dargestellt. Die maximale Spanungsdicke liegt, unter Verwendung der Werkzeugrandbedingungen aus Kapitel 6.1, bei $h_{cu,max}$ = 0,49 µm. Die abgewickelte Drehlänge ist mit s = 76 m möglichst kurz gewählt worden, um den Einfluss des fortschreitenden Werkzeugverschleißes auszuschließen. Der Werkzeugeckenradius beträgt, wie in Kapitel 6.1 beschrieben, r_ε = 1 mm. Aus der Kennzeichnung der Versuchspunkte eins bis drei im Parameterfeld geht hervor, dass die zugehörige Rotationsgeschwindigkeit $v_{c\text{-}rot}$ nicht proportional um den eingriffsdauerbezogenen Faktor 2,5 gesteigert werden muss, sondern um den Faktor 4,5. Die ebenfalls zur Einstellung der Versuchspunkte zu variierende Werkzeugamplitude A folgt nicht der entsprechenden Steigerung der Eingriffsdauer ED und ist nur geringfügig anzupassen (Versuche: 1: A = 2,4 µm, 2: A = 1,9 µm, 3: A = 2,2 µm).

Deutlich ist in Bild 7-1 die signifikante Abhängigkeit zwischen der gewählten Eingriffsdauer ED und der Oberflächenrauheit Ra zu erkennen. Für eine Eingriffsdauer ED = 20 % liegt die Oberflächenrauheit im Bereich zwischen Ra = 8..25 nm. Hingegen liegt die Oberflächenrauheit für eine Eingriffsdauer ED = 50 % bei Ra = 100..270 nm. Prinzipiell gilt, je größer die Eingriffsdauer ED gewählt wird, desto höher ist der arithmetische Mittenrauwert Ra. Im Gegensatz zur konventionellen Hartdrehbearbeitung liegt damit nicht nur eine Abhängigkeit von der maximalen Spanungsdicke $h_{cu,max}$ vor. Die Gründe für diese Abhängigkeit können sowohl, aus einer ersten Betrachtung heraus, in der spezifischen

Schwingungscharakteristik des WZ-Systems liegen als auch prozesstechnologischer Natur sein. Eine Überlagerung der Einflüsse ist ebenfalls möglich.

Zur Differenzierung der Einflüsse ist die Betrachtung der Oberflächentopographie sinnvoll wie sie in Bild 7-2 illustriert ist. Im Bild ist für die Eingriffsdauern ED = 20 % und ED = 50 % der jeweils erzielte arithmetische Mittenrauwert Ra dargestellt. Auf der linken Bildseite sind Vorschubmarkierungen zu erkennen, die maßgeblich für die Gestalt der Oberfläche verantwortlich ist. Die durch den Vorschub induzierte kinematische Rauheit entspricht auch den aus der klassischen Ultrapräzisionstechnik bekannten Topographien, wie sie beispielweise für die Zerspanung von OFHC-Kupfer auftreten [SPEN91]. Auf der rechten Bildseite ist der Einfluss der Vorschubmarken nicht signifikant. Vielmehr wird der Schnittrichtungsverlauf durch eine Welligkeit unterbrochen, die den Einfluss des Vorschubs f überlagert.

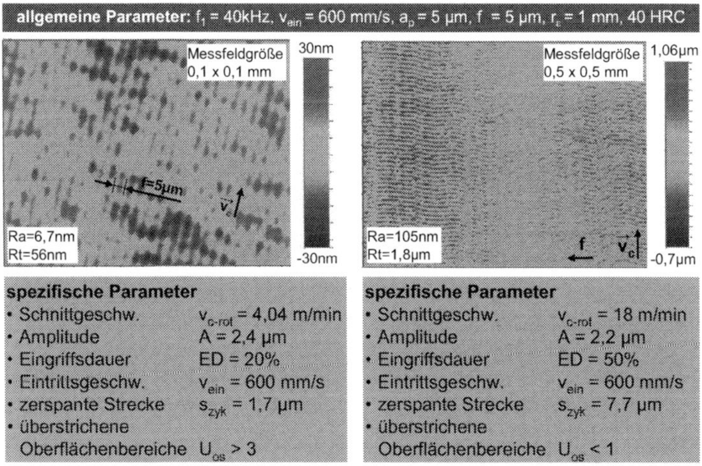

Bild 7-2: Oberflächentopographie in Abhängigkeit von der Eingriffsdauer ED (f_1 = 40 kHz)

Surface topography in relation to contact duration ED (f_1 = 40 kHz)

RÜBENACH konnte durch seine kinematischen Analysen zeigen, dass das Diamantwerkzeug unter Verwendung bestimmter Parameterkonstellationen Oberflächenbereiche mehrfach überstreicht (s. Gleichung 2-23). Er folgerte, dass sich Glättungseffekte einstellen für $U_{os} > 1$, also für Oberflächenbereiche, die mehr als einmal überstrichen werden. Für die hier gezeigten Parametersätze kann diese Vermutung bestätigt werden. Warum jedoch für erhöhte Schnittgeschwindigkeiten (s. Bild 7-2 rechts) eine ausgeprägte Oberflächenwelligkeit in Schnittrichtung auftritt, kann hierdurch nicht abschließend geklärt werden.

Ein Indiz zur Beurteilung des Wirkzusammenhangs zwischen der Eingriffsdauer ED und der resultierenden Oberflächenqualität ist die pro Schwingungszyklus zerspante Strecke s_{zyk}, die für ED = 20 % bei s_{zyk} = 1,7 µm und für ED = 50 % bei s_{zyk} = 7,5 µm liegt und im Verhältnis nahezu der Steigerung der Rotationsgeschwindigkeit $v_{c\text{-}rot}$ entspricht. Durch den längeren Eingriff des Werkzeugs ist der Einfluss der seitlichen Schwingung A_r vermutlich größer. Für eine Eingriffsdauer ED = 50 % bedeutet dies, dass mindestens die Hälfte der seitlichen Schwingweite (2*A_r) in Passivrichtung wirkt und damit die Oberflächentopographie negativ beeinflusst. Aus den Messungen der Schwingungscharakteristik (s. Bild 5-16) des WZ-

Systems geht hervor, dass sich für eine longitudinale Amplitude A = 2,2 µm (ED = 50 %) eine seitliche Amplitude A_r = 80...90 nm aufbaut. Im Bild 7-2 kann dieser Einfluss über den Rauheitswert Rt, der für den Messbereich den Unterschied zwischen höchster Erhebung und niedrigster Vertiefung auf der Oberfläche beschreibt, gezeigt werden. Der Einfluss einer steigenden pro Schwingungszyklus zerspanten Strecke s_{zyk} und der damit verbundene steigende Betrag der in die Oberfläche wirkenden seitlichen Werkzeugschwingung ist in Bild 7-3 dargestellt.

Auf den drei ausgewählten Oberflächen zeigt sich, dass die kinematische Rauheit dominant überlagert wird durch eine sehr gleichmäßige Welligkeit in Schnittrichtung. Der Einfluss des Vorschubs f ist, wie er üblicherweise bei ultrapräzise zerspanten Flächen auftritt, nicht mehr zu erkennen. Die Messung der Wellenlänge auf der Oberfläche korreliert sehr gut mit der pro Schwingungszyklus zerspanten Strecke s_{zyk} und weicht um weniger als 20 % vom errechneten Wert ab. Es ist davon auszugehen, dass der seitliche Schwingungsanteil maßgeblich die Oberflächenrauheit beeinflusst. Zusammenfassend bedeutet dies, je höher die Eingriffsdauer ED und damit die pro Schwingungszyklus zerspante Strecke s_{zyk} ist, desto größer ist die Oberflächenrauheit Ra.

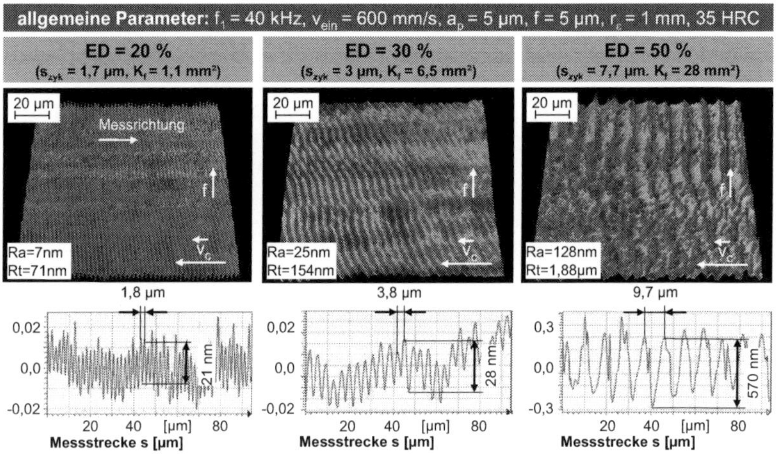

Bild 7-3: Einfluss der Eingriffsdauer ED auf die Oberflächengestalt (f_1 = 40 kHz)

Influence of entrance duration ED on the surface topography (f_1 = 40 kHz)

Da die Rautiefe Rt aber wesentlich höher ist als die gemessene seitliche Schwingungsamplitude am Werkzeug (s. Bild 5-16), kann davon ausgegangen werden, dass ein weiterer Effekt die erzielbare Oberflächenrauheit negativ überlagert.

Zur vollständigen Beurteilung der Wirkmechanismen ist die Spanbildung von Interesse. Wie schon in Kapitel 6.3 durch erste Untersuchungen gezeigt wurde, ist der Übergang von einer duktilen zur spröden Spanbildung von großer Bedeutung für die Oberflächenqualität. Für die Betrachtung einer Werkstoffhärte in Bild 7-4 geht hervor, dass für eine zunehmende Eingriffsdauer ED die zusammenhängenden Lamellenspäne in Nadelspäne übergehen. Auffällig ist, dass die Späne an ihren beiden Enden zu Ausfransungen neigen, die an der Spanwurzel durch die gegen Null laufende Spanungsdicke h_{cu} begründbar ist. Die ausgefranste Spangestalt an der gegenüberliegenden Seite der Späne wird durch die relativ raue und vorgeschliffene Ausgangsoberfläche erzeugt. Die unidirektional ausgerichteten

Schleifmarken, die wenige Mikrometer tief sind, erzeugen während der Zerspanung einen unterbrochenen Schnitt in oberflächennahen Bereichen. Wird die Probe abermals bearbeitet, zeigt sich keine Ausfransung des Spans an dieser Spanseite.

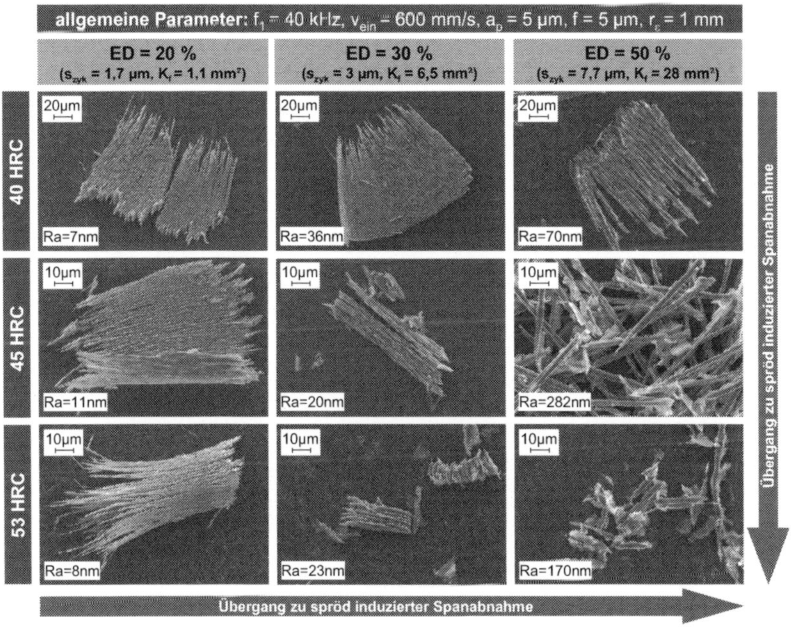

Bild 7-4: **Spanbildung in Abhängigkeit von der Eingriffsdauer ED und der Werkstoffhärte für eine Systemfrequenz f_1 = 40 kHz**

Chip formation in relation to contact duration ED and the material hardness for a system frequency of f_1 = 40 kHz

Die entstehenden Spannungen zwischen den Lamellen überschreiten somit die Festigkeitsgrenze, was zur Vereinzelung der Lamellen führt. Ferner wird die Ausbildung einer fließfähigen niedrigviskosen Zone zwischen den Spänen unterbunden. Signifikant ist dieser Effekt für hohe Werkstoffhärten und Eingriffsdauern (z. B. ED = 50 % und Härte 53 HRC). Im Bild unten rechts sind prinzipiell Nadelspäne vorhanden, die an ihren Flanken stark ausgefranst und scheinbar spröd aus der Oberfläche herausgebrochen wurden. Die Ergebnisse stützen die Vermutung, dass die kinematischen Randbedingungen die Spanbildung signifikant beeinflussen. Eine hohe Eingriffsdauer und die damit einhergehende pro Schwingungszyklus überproportional ansteigende zerspante Strecke s_{zyk} fördern eine spröde Zerspanung. Des Weiteren ist auch über eine Variation der Werkstoffhärte für eine konstante Eingriffsdauer ein Übergang zu nicht duktil abgetragenen Spanformen zu beobachten (s. auch Bild 7-2). Der zunehmende Anteil des martensitischen Gefüges bei zunehmender Werkstoffhärte fördert dabei die spröde Zerspanung. Werden die Ergebnisse mit der abgeleiteten Kenngröße K_f verglichen, zeigt sich, dass bei einer Systemfrequenz von f_1 = 40 kHz ab einem Kennwert K_f > 5 der Übergang zu einer spröden Zerspanung zu beobachten ist.

Zur abschließenden Beurteilung des Einflusses der Eingriffsdauer ED auf den Zerspanungsprozess ist eine nähere Betrachtung des Werkzeugzustands nach dem Eingangs definierten Drehweg s = 76 m von Interesse. Bild 7-5 zeigt für die Span- und Freifläche den Verschleißzustand des Werkzeugs für eine Eingriffsdauer von ED = 20 % und ED = 50 % über eine ansteigende Werkstoffhärte. Für geringe Eingriffsdauern ED kann kein signifikanter Verschleiß festgestellt werden. Allenfalls ist eine leichte, durch Diffusionsverschleiß verursachte Schneidkantenverrundung zu erkennen. Außerdem ist eine mechanische Schädigung durch Überbelastung der Schneide für relativ hohe Werkstoffhärten 45 und 53 HRC ersichtlich. Zum einen verstärkt der erhöhte Anteil an martensitischem Gefüge die Gefahr von Werkzeugbruch, zum anderen ist aber auch die erhöhte Schnittgeschwindigkeit $v_{c\text{-}rot}$ für das vorzeitige Werkzeugversagen verantwortlich. Ursächlich kommen beide Effekte für die Erhöhung der Zerspanungskraft zum Tragen, die zu den Ausbrüchen an den Schneidkanten führen.

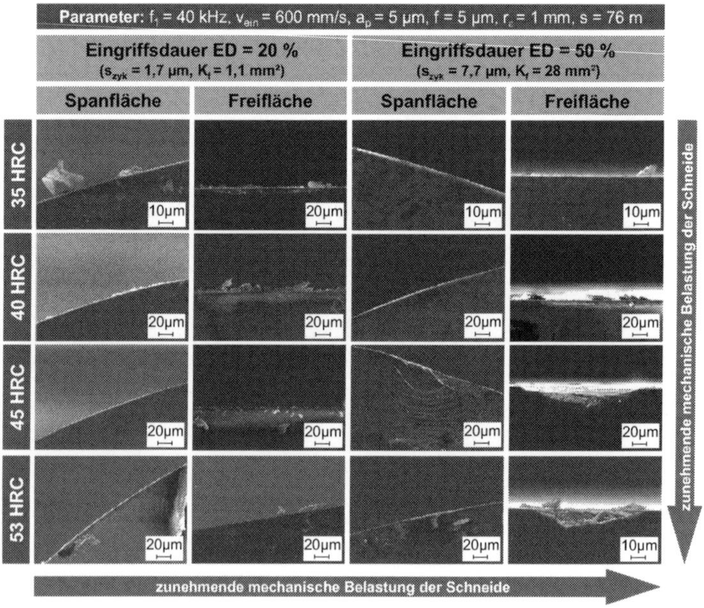

Bild 7-5: **Werkzeugverschleiß an Span- und Freifläche nach einem Drehweg von s = 76 m für eine Systemfrequenz von f_1 = 40 kHz**

Tool wear on rake and flank face after a turning length of s = 76 m for a system frequency of f_1 = 40 kHz

Zusammenfassend sind neben den kinematischen Effekten auch werkstoffseitig starke Einflüsse zu verzeichnen. Jedoch ist die eindeutige Trennung der Einflüsse und deren Gewicht auf die resultierende Oberflächenqualität durch diese Betrachtung nur eingeschränkt möglich. Für die erzielbaren Oberflächenqualitäten ist unter Verwendung einer Systemfrequenz von f_1 = 40 kHz die Eingriffsdauer ED als abgeleitete Bezugsgröße niedrig zu wählen. Hierdurch ist auch bei höheren Werkstoffhärten eine duktile Zerspanung möglich, die zur Ausbildung optisch wirkender Flächen führt. Des Weiteren schützt die Wahl niedriger Eingriffsdauern ED vor einer mechanischen Überbelastung des MKD.

Erzielbare Oberflächenqualität und Spanbildung für f_2 = 60 kHz

MORIWAKI konnte in seinen Arbeiten erstmals den positiven Effekt höherer Frequenzen auf die Spanbildung zeigen. Er verglich dabei den Einfluss einer Systemfrequenzsteigerung von f = 20 kHz auf f = 40 kHz. In dieser Arbeit werden vergleichende Untersuchungen mit einer Systemfrequenz von f_2 = 60 kHz durchgeführt. Zunächst wird die Eingriffsdauer von ED = 20 %...50 % bei einer Eintrittsgeschwindigkeit v_{ein} = 600 mm/s variiert (s. Bild 7-6 links). Vorschub f, Schnitttiefe a_p, Schneidteilgeometrie und damit auch die maximale Spanungsdicke $h_{cu,max}$ weisen die Werte der vorangegangenen Untersuchungen auf. Im Vergleich zu einer Systemfrequenz von f_1 = 40 kHz ist für vergleichbare Arbeitspunkte bei f_2 = 60 kHz einzig die Systemamplitude A um 33 % zu verringern (s. Gleichung 6-9). Der Versuchsaufbau unterscheidet sich durch die Integration einer neuen vollständig digital angesteuerten Schwingungseinheit, wie sie bereits in Kapitel 5.5 beschrieben wurde. Damit sind gleiche prozesstechnologische und systemtechnische Randbindungen geschaffen. Sie bilden die Grundvoraussetzung zur Vergleichbarkeit der hier vorgestellten Ergebnisse.

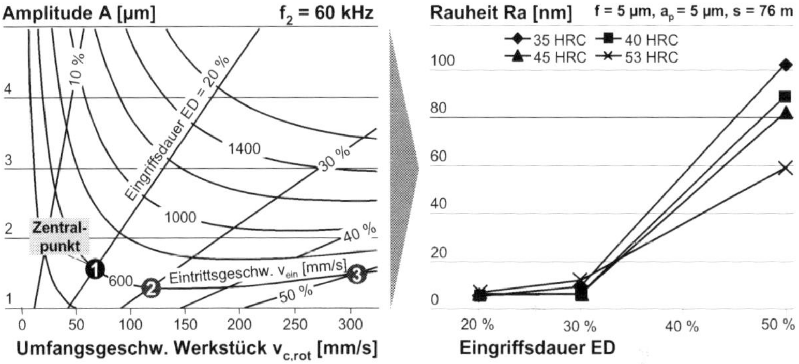

Bild 7-6: Einfluss der Eingriffsdauer ED und der Werkstoffhärte auf den arithmetischen Mittenrauwert Ra für eine Systemfrequenz f_2 = 60 kHz

Influence of the contact duration ED and the material hardness on the average roughness height Ra for a system frequency of f_2 = 60 kHz

Besonderes Augenmerk ist auf die sich einstellende Oberflächenrauheit und -topographie sowie die damit verbundene Art der Spanbildung für steigende Eingriffsdauern ED und Werkstoffhärten zu legen. Hinsichtlich der daraus resultierenden Oberflächenqualität zeigt Bild 7-6 eine ähnliche Abhängigkeit wie sie schon bei der Zerspanung mit einer Systemfrequenz von f_1 = 40 kHz ermittelt wurde. Eine steigende Eingriffsdauer ED führt zu einer erhöhten Oberflächenrauheit Ra. Markant ist dabei der Unterschied zwischen einer Eingriffsdauer von ED = 30 % und ED = 50 %, der sich durch eine optischen Oberflächenqualität von Ra < 10 nm für ED = 30% und dem nahezu Zehnfachen für eine Eingriffsdauer von ED = 50 % ausdrückt. Der Verlauf des arithmetischen Mittenrauwerts Ra für die Steigerung der Eingriffsdauer von ED = 20 % auf ED = 30 % ist relativ konstant. Im Vergleich zu den erzielbaren Oberflächengüten für eine Systemfrequenz von f_1 = 40 kHz sind die Oberflächenrauheiten bei ED = 50 % um ca. 50 % reduziert. Diese ersten Ergebnisse zeigen einen positiven Effekt der Frequenzsteigerung auf den erzielbaren arithmetischen Mittenrauwert Ra. Auch für eine erhöhte Systemfrequenz gilt demnach, dass niedrige

Eingriffsdauern die Ausbildung qualitativ hochwertiger Oberflächen fördern. Im direkten Vergleich mit niedrigen Systemfrequenzen zeigt sich, dass auch die Oberflächenqualität für gleiche Arbeitspunkte deutlich gesteigert werden kann. Ferner wird der Bereich der nutzbaren Eingriffsdauer ED zur Erzielung optischer Oberflächenqualitäten zu höheren Werten verschoben. Auffällig ist ebenfalls, dass für höhere Werkstoffhärten bei einer Eingriffsdauer von ED = 50 % die weicheren Gefügezustände zur Ausbildung eines erhöhten arithmetischen Mittenrauwerts Ra führen, was im umgekehrten Verhältnis zur bereits dargestellten Abhängigkeit bei einer Frequenz von f_1 = 40 kHz liegt. Die Bandbreite der resultierenden Oberflächenrauheit Ra für gleiche Arbeitspunkte bei unterschiedlichen Werkstoffhärten ist im Vergleich geringer als bei niedrigeren Werkzeugfrequenzen. Erst bei einer hohen Eingriffsdauer ED > 30 % ist eine Aufweitung als Folge der Werkstoffhärte zu erkennen.

Die Ursachen für den starken Einfluss der Systemfrequenz f auf die erzielbare Oberflächenqualität sollen im Folgenden erläutert werden. Dazu sind in Bild 7-7 die Oberflächentopographien für verschiedene Eingriffsdauern ED exemplarisch für eine Werkstoffhärte von 35 HRC dargestellt.

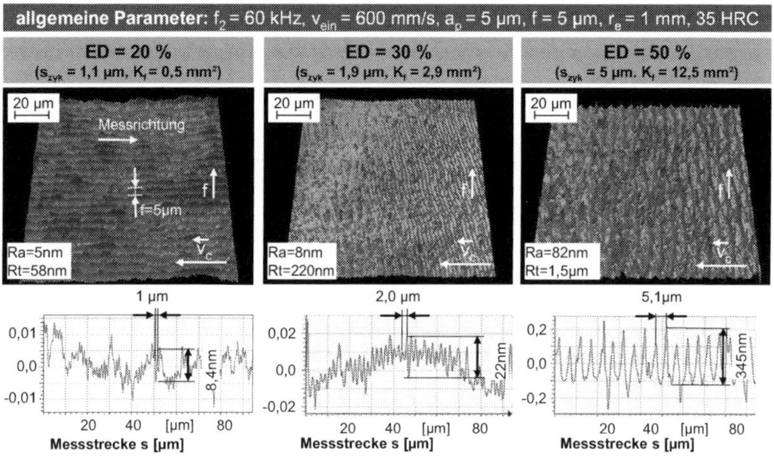

Bild 7-7: **Einfluss der Eingriffsdauer auf die Oberflächengestalt (f_2 = 60 kHz)**

Influence of entrance duration on the surface topography (f_2 = 60 kHz)

Die Oberflächentopographien für eine Eingriffsdauer ED = 20 % unterscheiden sich von denen mit höheren Eingriffsdauern. Zu erkennen ist im linken Bildteil eine ausgeprägte Welligkeit senkrecht zur Schnittrichtung, die durch den Vorschub f erzeugt wird. Gleichzeitig werden die erzeugten Wellenkämme des Vorschubs durch eine weitere Schwingung in Schnittrichtung überlagert, die im zweidimensionalen Messschrieb mit einer Wellenlänge von λ = 1 µm zu beziffern ist und exakt der pro Schwingungszyklus zerspanten Strecke s_{zyk} entspricht. Obwohl in diesem Fall die zerspanten Oberflächenbereiche mehrfach überstrichen werden (U_{os} > 1), tritt diese Welligkeit auf. D. h. ebenfalls, dass der von RÜBENACH vermutete Effekt der Einglättung für eine erhöhte Frequenz nicht oder nur eingeschränkt zu beobachten ist. Durch den hochwertigen arithmetischen Mittenrauwert von Ra = 5 nm ist ferner davon auszugehen, dass eine duktile Zerspanung vorliegt und somit keine herausgebrochenen Werkstoffelemente die Oberflächenrauheit beeinflussen. Somit ist die auftretende Welligkeit ausschließlich auf kinematische Effekte zurückzuführen, die zum einen durch den Vorschub f und zum anderen durch die seitliche Schwingung des WZ-Systems zu begründen ist. Eine weitere Steigerung der Eingriffsdauer auf ED = 30 % zeigt ebenfalls eine sehr gute Oberflächenqualität von Ra = 8 nm. Auch hier ist der Werkstoff duktil abgetragen worden. Der Einfluss des Vorschubs f wird nun aber durch den stärker in die Oberfläche wirkenden Anteil der seitlichen Werkzeugschwingung überlagert. Auch hier deckt sich die auftretende Welligkeit in Schnittrichtung mit dem errechneten Wert der pro Schwingungszyklus zerspanten Strecke s_{zyk}. Ein Vergleich mit den Messungen der seitlichen Schwingung des WZ-Systems (Bild 5-16) zeigt eine gute Korrelation zur auftretenden Amplitude der Oberflächenwelligkeit. Die Steigerung der Eingriffsdauer ED um weitere 20 Prozentpunkte auf ED = 50 % zeigt einen deutlichen Sprung des arithmetischen Mittenrauwerts Ra, der nicht mehr nur über den Einfluss der seitlichen Systemschwingung zu erklären ist. Wiederum deckt sich die auftretende Wellenlänge λ = 5,1 µm in Schnittrichtung exakt mit den theoretischen Berechnungen. Es ist aber zu vermuten, dass sich zu rein über kinematische Effekte zu erklärenden arithmetischen Mittenrauwerten Ra ein weiterer dominierender Anteil durch spröd zerspante Oberflächenanteile addiert. Aufschluss über diese Vermutung soll die Betrachtung der auftretenden Spanformen liefern, die in Bild 7-8 illustriert sind.

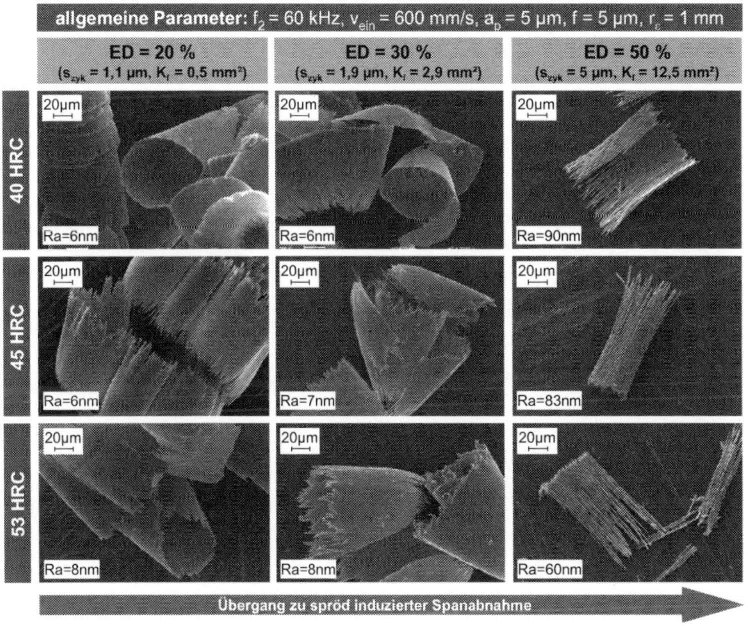

Bild 7-8: **Spanbildung in Abhängigkeit von der Eingriffsdauer ED und der Werkstoffhärte für eine Systemfrequenz f_2 = 60 kHz**

Chip formation in relation to contact duration ED and the material hardness for a system frequency of f_2 = 60 kHz

Für eine niedrige Eingriffsdauer von ED = 20 % sind trotz der hochfrequenten Schnittunterbrechung nahezu wendelspanartige Spanformen auch für höhere Werkstoffhärten zu erkennen. Im Vergleich zu den Spanformen bei einer Frequenz von $f_1 = 40$ kHz kann von einer wesentlich beruhigteren duktilen Spanbildung ausgegangen werden, was sich auch in den verbesserten Oberflächenqualitäten ausdrückt. Der Span besteht, bedingt durch die hochfrequente Schnittunterbrechung, aus sehr fein zusammengesetzten Lamellen. Die Spanunterseiten sind in ihrer Gestalt sehr glatt, was auf eine ausgeprägte Plastifizierung des Werkstoffs während der Zerspanung in unmittelbarer Nähe der Schneidkante zurückzuführen ist. Wie bereits in Gleichung 6-8 gezeigt, ist die pro Schwingungszyklus eingebrachte Energie bei $f_2 = 60$ kHz um ein Drittel niedriger als für eine Frequenz von $f_1 = 40$ kHz. Demnach vermindert eine höhere Frequenz für gleiche Arbeitspunkte den Energieeintrag pro Schwingungszyklus, der eine duktile Spanabnahme fördert. Wird die Eingriffsdauer auf ED = 30 % erhöht, zeigen sich ähnliche Spanformen, die in guter Korrelation zu den resultierenden Oberflächenrauheiten stehen. Erst bei höheren Eingriffsdauern zeigen sich wieder Spanformen aus lose zusammenhängenden Lamellen. Dies deutet darauf hin, dass das Plastifizierungsvermögen deutlich herabgesetzt ist und damit eine spröde Zerspanung begünstigt wird. Vergleichbar ist die Spangestalt an den seitlichen Enden mit den Spänen, die mit $f_1 = 40$ kHz erzeugt wurden. Die Späne neigen an ihren beiden Enden zu Ausfransungen, die wiederum an der einen Seite über die gegen Null laufende Spanungsdicke h_{cu} und an der gegenüberliegenden mit der Ausgangsrauheit der geschliffenen Oberfläche begründbar ist.

Die Abhängigkeit der Werkstoffhärte für steigende Eingriffsdauern ED ist über die Spanform nahezu nicht zu erkennen. Erst bei einer hohen Eingriffsdauer von ED = 50 % werden für steigende Härten die zusammengesetzten Lamellenabschnitte kürzer, was auf einen durch die Härte induzierten früheren Spanbruch zurückgeführt werden kann. Eine weitere Erhöhung der Eingriffsdauer ED > 50 % würde zur Ausbildung von Nadelspänen führen, wie sie auch schon für $f_1 = 40$ kHz festgestellt wurden. Die Gestalt der Späne, im Vergleich zu denen bei niedrigeren Frequenzen, zeigt, dass für höhere Frequenzen durchaus auch höhere Eingriffsdauern zur Erzielung optischer Oberflächen zugelassen sind.

Zur weiteren Verifizierung des in Kapitel 6 aufgestellten Modells zur Spanbildung und dem daraus abgeleiteten Kennwert K_f ist ein Vergleich der errechneten Werte für beide Frequenzen notwendig. Es zeigt sich, dass sich der Kennwert K_f für gleiche Arbeitspunkte bei erhöhter Frequenz stark reduziert (s. Gleichung 6-11). Dies unterstützt die Annahme, dass erst beim Überschreiten eines $K_f > 5$ mm² auch für gesteigerte Frequenzen eine spröd induzierte Zerspanung auftritt.

Zur abschließenden Beurteilung des Einflusses einer gesteigerten Systemfrequenz f ist im Bild 7-9 der Schneidkantenzustand der Diamantwerkzeuge nach einem Drehweg von s = 67 m dargestellt. Für geringe Härten ist nahezu kein Verschleiß detektierbar. Allenfalls stellt sich eine geringe Verrundung der Schneidkante durch den vermuteten tribochemisch induzierten Diffusionsverschleiß ein. Die relativ geringe Werkstoffhärte von 35 HRC neigt dabei zur Bildung von Aufbauschneiden. Im Gegensatz zur zerrütteten Gestalt der Schneidkanten für eine Frequenz von $f_1 = 40$ kHz ist bei $f_2 = 60$ kHz nur ein geringer Verschleiß durch tribochemische Effekte für hohe Werkstoffhärten detektierbar. Vermutlich wirkt sich auch hier die bessere Verteilung der eingebrachten Energiepakete für eine höhere Frequenz positiv aus. Ein Nachweis zum besseren Verschleißverhalten kann jedoch nur bei größeren Drehlängen gezeigt werden.

Zusammenfassend lässt sich festhalten, dass ein geringer Energieeintrag pro Schwingungszyklus, wie es bei höheren Frequenzen der Fall ist, zu empfehlen ist. Steigende Eingriffsdauern ED und die damit überproportional zunehmende Schnittgeschwindigkeit $v_{c\text{-}rot}$ setzen das Plastifizierungsvermögen des Werkstoffs herab und unterstützen damit eine spröd induzierte Zerspanung. Für geringe Eingriffsdauern ED sind nahezu fließspanartige Spanformen möglich, die hochqualitative, nur durch kinematische Effekte beeinflusste

Oberflächen zurücklassen. Des Weiteren ist die mechanische Belastung des MKD-Werkzeugs für eine gesteigerte Frequenz geringer und erlaubt auch die Bearbeitung höherer Werkstoffhärten. Der weitere Verlauf des Werkzeugverschleißes für größere Drehlängen wird in Kapitel 7.1.3 untersucht.

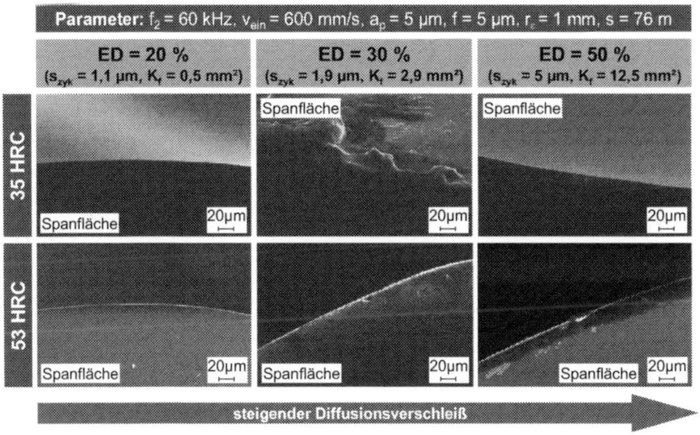

Bild 7-9: **Werkzeugverschleiß an Span- und Freifläche nach einem Drehweg von s = 76 m für eine Systemfrequenz von f_2 = 60 kHz**

Tool wear on rake and flank face after a turning length of s = 76 m for a system frequency of f_2 = 60 kHz

7.1.2 Einfluss der Eintrittsgeschwindigkeit für verschiedene Systemfrequenzen

Influence of contact velocity for different system frequencies

Die Ergebnisse der Untersuchung des Einflusses der Eingriffsdauer ED zeigen, dass das Geschwindigkeitsprofil während des Eingriffs die Spanbildung signifikant beeinflusst. Unbekannt ist hingegen der Einfluss im Moment des hochfrequenten impulsartigen Aufeinandertreffens von Werkzeug und Werkstück. Beschreiben lässt sich dieser Moment über die Eintrittsgeschwindigkeit v_{ein}, die ein Maß für die eingebrachte Energie zum Eingriffszeitpunkt T_e darstellt.

Analog zur Vorgehensweise der Eingriffsdauervariation soll zunächst für eine Frequenz von f_1 = 40 kHz der Einfluss auf die resultierende Oberflächenrauheit Ra sowie die Spanbildung für verschiedene Werkstoffhärten untersucht werden. Anschließend werden die erzielten Ergebnisse mit denen einer Frequenz von f_2 = 60 kHz verglichen.

Erzielbare Oberflächenqualität und Spanbildung für f_1 = 40 kHz

Die Eintrittsgeschwindigkeit v_{ein} wird in dieser Versuchsreihe, ausgehend vom Zentralpunkt, in diskreten Schritten von v_{ein} = 400...800 mm/s für verschiedene Werkstückhärten bei einer Frequenz von f_1 = 40 kHz variiert. Während der Versuche wird die Eingriffsdauer konstant auf ED = 20 % gehalten. Wie bereits gezeigt werden konnte ist von einer duktilen Spanabnahme im Zentralpunkt auszugehen. Durch diese Vorgehensweise kann der reine Einfluss der Eintrittsgeschwindigkeit v_{ein} ermittelt werden. Da die Variation der Eintrittsgeschwindigkeit v_{ein} auf der ED = 20 % Linie hauptsächlich durch die systemtechnisch limitierte Amplitude A eingestellt wird (s. Bild 7-10 links), kann die Eintrittsgeschwindigkeit v_{ein} nur im Bereich 400 mm/s ≤ v_{ein} ≤ 800 mm/s variiert werden.

In Bild 7-10 rechts ist der Verlauf des arithmetischen Mittenrauwerts Ra in Abhängigkeit von einer steigenden Eintrittsgeschwindigkeit v_{ein} für einen Vorschub f = 5 µm und eine Schnitttiefe von a_p = 5 µm dargestellt. Jeder Versuchspunkt wurde für eine Drehlänge von s = 76 m möglichst kurz gewählt, um den Einfluss des fortschreitenden Werkzeugverschleißes auszuschließen. Die verwendete Schneidteilgeometrie wurde gemäß den Vorgaben aus Kapitel 6.1 gewählt.

Aus der Kennzeichnung der Versuchspunkte eins bis vier im Parameterfeld geht hervor, dass im Gegensatz zur Variation der Eingriffsdauer ED, die Amplitude A und die Rotationsgeschwindigkeit des Werkstücks $v_{c\text{-}rot}$ proportional der Eintrittsgeschwindigkeit v_{ein} folgen. Damit steigt auch die pro Schwingungszyklus zerspante Strecke s_{zyk} proportional zur gewählten Eintrittsgeschwindigkeit v_{ein}.

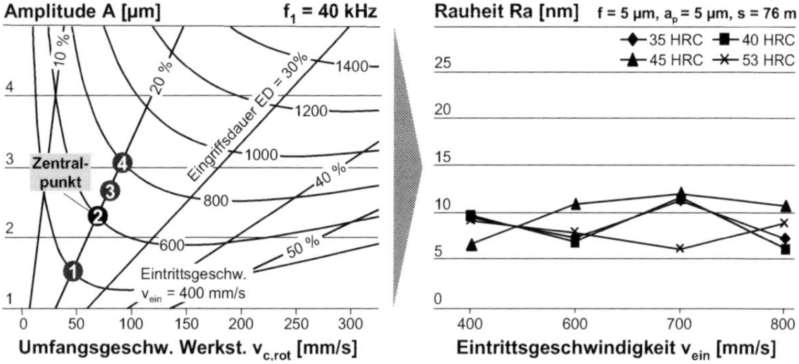

Bild 7-10: Arithmetischer Mittenrauwert Ra in Abhängigkeit von der Eintrittsgeschwindigkeit v_{ein} und der Werkstoffhärte für eine Systemfrequenz von f_1 = 40 kHz

Average roughness height Ra in relation to contact speed v_{ein} and the material hardness for a system frequency of f_1 = 40 kHz

Die vorliegenden Ergebnisse zeigen, dass in der betrachteten Versuchsreihe keine ausgeprägte Abhängigkeit des arithmetischen Mitterauwerts Ra von der Eintrittsgeschwindigkeit v_{ein} festzustellen ist. Die erzielten relativ guten Oberflächenrauheiten bewegen sich zwischen Ra = 6...11 nm und weisen auf eine duktile Spanabnahme hin. Des Weiteren führen höhere Werkstoffhärten tendenziell zu einer etwas verringerten Oberflächenqualität. Signifikant ist diese Tendenz für diese Versuchsreihe jedoch nicht.

Die Auswertung der Oberflächentopographie, die hier nicht explizit dargestellt wird, zeigt als vorherrschende Welligkeit Vorschubmarken, deren Wellenkämme mit einer hochfrequenten Welligkeit in Schnittrichtung durchzogen sind. Dies entspricht den Ergebnissen für geringe Eingriffsdauern ED, wie sie schon im Bild 7-7 links festgestellt wurden, und unterstreicht den Einfluss der seitlichen Schwingung des WZ-Systems in Verbindung mit der pro Schwingungszyklus zerspanten Strecke s_{zyk} auf die Oberflächentopographie.

Die während der Versuche generierten Späne weisen in ihrer Gesamtgestalt Spanlocken auf, die aus einzelnen Lamellen zusammengesetzt sind (s. Bild 7-11). Sowohl für eine steigende Eintrittsgeschwindigkeit v_{ein} als auch für steigende Härten bleibt die Spangestalt relativ konstant. Allenfalls sind eine Verkürzung der Spanlocken und ein zunehmend loser

Zusammenhalt der Lamellen zu verzeichnen, was auf eine steigende Versprödung hinweist. Zur eindeutigen Klärung der Vermutung wäre eine Steigerung der Eintrittsgeschwindigkeit auf Werte v_{ein} > 1000 mm/s sinnvoll. Dies lässt sich aufgrund der Limitierung der maximal möglichen Schwingungsamplitude A des Systems nicht realisieren. Ein Indiz, das die Vermutung stützt, ist der für größere Eintrittsgeschwindigkeiten v_{ein} > 1000 mm/s steigende Kennwert K_f, der Werte von K_f > 5 mm² annehmen würde. Die Untersuchungsergebnisse des vorherigen Teilkapitels haben gezeigt, dass für K_f > 5 mm² eine zunehmende Versprödung einsetzt, die sich negativ auf das Bearbeitungsergebnis auswirkt.

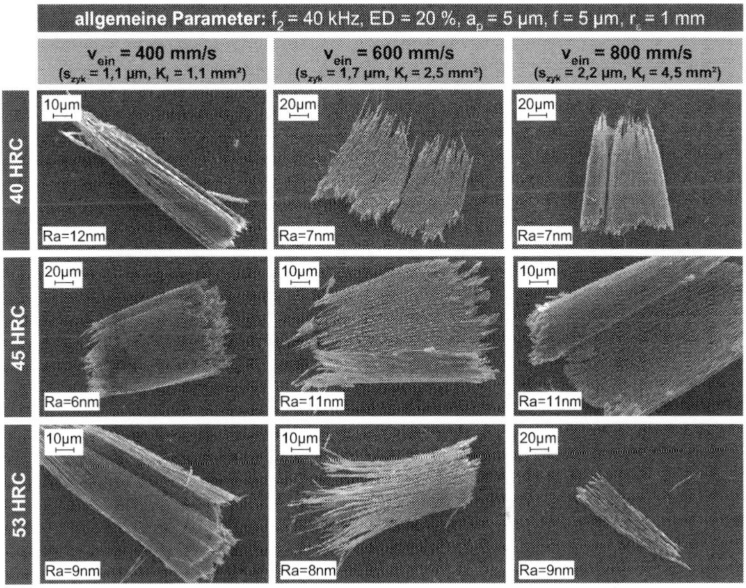

Bild 7-11: Spanbildung in Abhängigkeit von der Eintrittsgeschwindigkeit v_{ein} und der Werkstoffhärte für eine Systemfrequenz von f_1 = 40 kHz

Chip formation in relation to the contact speed v_{ein} and the material hardness for a system frequency of f_1 = 40 kHz

Der auftretende Werkzeugverschleiß nach einem Drehweg von s = 76 m ist in Bild 7-12 dargestellt. Für geringe Werkstoffhärten ist kein signifikanter mechanischer Verschleiß an der Span- und Freifläche detektierbar. Einzig eine durch tribochemische Effekte hervorgerufene Schneidkantenverrundung scheint der vorherrschende Verschleißmechanismus zu sein. Gestützt wird diese Vermutung durch die Schneidenzustände bei höheren Härten, die deutlich sichtbare Verrundungen durch ein vermutlich erhöhtes Temperaturniveau hervorrufen. Ferner nimmt mit zunehmender Härte und Eintrittsgeschwindigkeit v_{ein} der mechanisch induzierte Freiflächenverschleiß signifikant zu. Mechanische Überbelastungen der Schneide, die sich durch Ausbrüche an der Schneidkante zeigen würden, sind nicht festgestellt worden.

Zusammenfassend lässt sich für die betrachtete Steigerung der Eintrittsgeschwindigkeit v_{ein} bei einer Systemfrequenz von f_1 = 40 kHz festhalten, das der Einfluss auf die Oberflächenqualität gering ist. Somit sind alle betrachteten Versuchspunkte für jede Werkstoffhärte als geeignet zu bezeichnen. Jedoch empfiehlt es sich, durch die leichte Versprödung der Späne, auf niedrige Eintrittsgeschwindigkeiten v_{ein} zurückzugreifen.

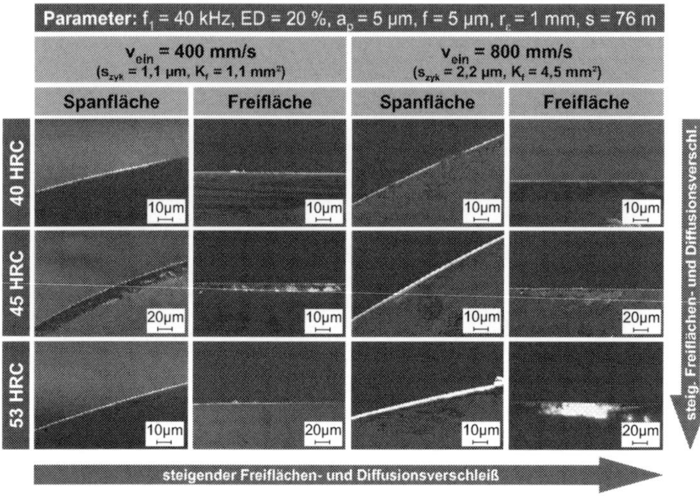

Bild 7-12: **Werkzeugverschleiß nach einem Drehweg von s = 76 m für eine Systemfrequenz von f_1 = 40 kHz**

Tool wear after a turning length of s = 76 m for a system frequency of f_1 = 40 kHz

Erzielbare Oberflächenqualität und Spanbildung für f_2 = 60 kHz

Zur abschließenden Beurteilung wird die Eintrittsgeschwindigkeit v_{ein} für eine Eingriffsdauer ED = 20 % bei einer Systemfrequenz von f_2 = 60 kHz variiert. Die Vergleichbarkeit der Ergebnisse mit den vorausgegangenen Versuchen wird über die Wahl der gleichen Versuchspunkte (Punkte eins bis drei, s. Bild 7-13) sichergestellt. Dabei stellt der Versuchspunkt zwei den Zentralpunkt dar, um den die Eintrittsgeschwindigkeit von v_{ein} = 400...800 mm/s in diskreten Schritten variiert wird.

Im Vergleich zu den Ergebnissen für eine Systemfrequenz von f_1 = 40 kHz ist eine Reduzierung des arithmetischen Mittenrauwerts um durchschnittlich Ra = 5 nm zu erkennen. Die sich einstellende Oberflächentopographie ist abermals dominiert durch die vom Vorschub f induzierte kinematische Rauheit Rt und gleichzeitig überlagert von der dazu senkrecht auftretenden hochfrequenten Welligkeit, die durch die seitliche Schwingung des WZ-Systems erzeugt wird. Ferner ist die Konstanz der erzielten Oberflächenqualitäten über die verschiedenen Eintrittsgeschwindigkeiten v_{ein} und Werkstoffhärten stärker ausgeprägt als bei einer Systemfrequenz von f_1 = 40 kHz. Dies lässt die Vermutung zu, dass die Prozessstabilität mit erhöhter Frequenz zunimmt. Die erzielbaren Oberflächenqualitäten unterschreiten alle eine Rauheit von Ra = 10 nm. Die Zerspanung ist somit duktiler Natur und die Oberflächenqualitäten sind als optisch einzustufen. Eine steigende Werkstoffhärte hat eine leichte Steigerung des arithmetischen Mittenrauwerts von Ra = 2 nm zur Folge. Für eine Werkstoffhärte von 53 HRC ist sogar eine relativ konstante Oberflächenqualität festzustellen.

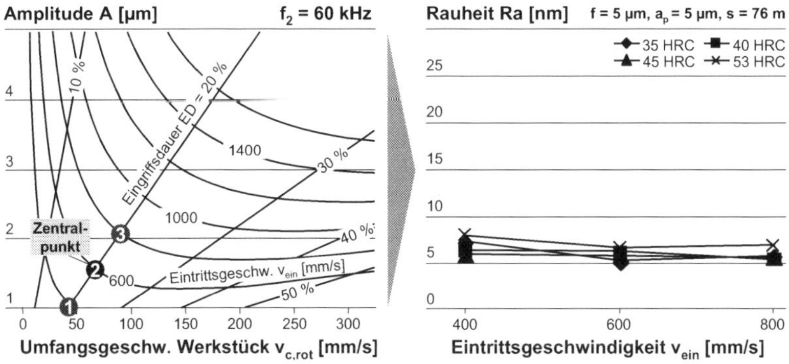

Bild 7-13: **Arithmetischer Mittenrauwert Ra in Abhängigkeit von der Eintrittsgeschwindigkeit v_{ein} und der Werkstoffhärte für eine Systemfrequenz von f_2 = 60 kHz**

Average roughness height Ra in relation to contact speed v_{ein} and the material hardness for a system frequency of f_2 = 60 kHz

Die Abhängigkeit von der Werkstoffhärte lässt sich jedoch nicht über die Gestalt der Späne in Bild 7-14 zeigen, da die Spanbildung für alle Werkstoffhärten duktil abläuft. Vergleichend zur Spanbildung mit einer Systemfrequenz von f_1 = 40 kHz ist ein verbesserter duktil zerspanter Werkstoff zu erkennen.

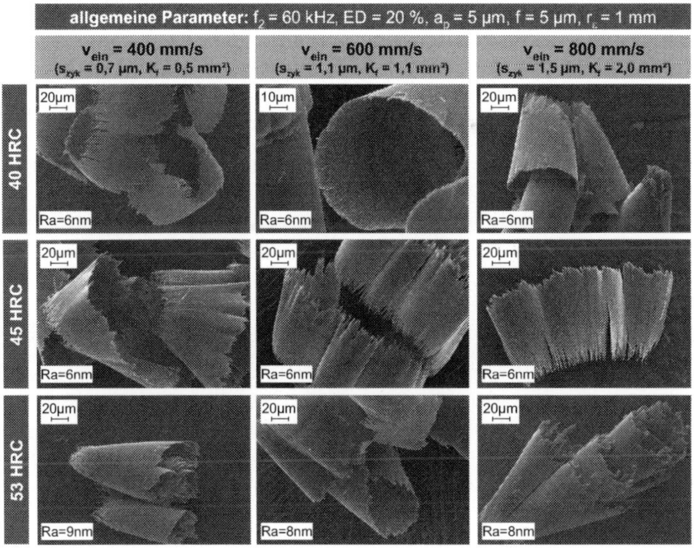

Bild 7-14: **Spanbildung in Abhängigkeit von der Eintrittsgeschwindigkeit v_{ein} und der Werkstoffhärte für eine Systemfrequenz von f_2 = 60 kHz**

Chip formation in relation to contact speed v_{ein} and the material hardness for a system frequency of f_2 = 60 kHz

Für die Unterseiten (konvexe Außenseiten) der wedelspanartigen Späne ist der Aufbau aus einzelnen Spanlamellen nicht mehr zu identifizieren. Dies deutet auf eine signifikante Plastifizierung direkt vor der Schneide hin. Die konkav gekrümmten Innenseiten der Späne sind hingegen gekennzeichnet durch ihren lamellenartigen Aufbau, der, in Analogie zur Hartbearbeitung von gehärteten Stählen, durch die oberflächennahe spröd induzierte Rissbildung vor der Schneide erzeugt wird. Damit entsprechen die auftretenden Spanformen der modellhaften Beschreibung aus Kapitel 6.3.

Die Ergebnisse bestätigen wie bereits in Kapitel 7.1.1 gezeigt, dass für gleiche Arbeitspunkte eine Aufteilung der aufgewendeten Gesamtenergie $E_{kin,ges}$ auf kleinere Energiepakete pro Schwingungszyklus $E_{f1,kin\text{-}zyk} > E_{f2,kin\text{-}zyk}$ vorteilhaft ist. Maßgeblich ist im betrachteten Parametersatz das Geschwindigkeitsprofil respektive die Relativgeschwindigkeit $v_{c\text{-}rel}$ während des Eingriffs und nicht die Eintrittsgeschwindigkeit v_{ein}. Es ist jedoch davon auszugehen, dass bei einer weiteren Erhöhung der Eintrittsgeschwindigkeit v_{ein} der arithmetische Mittenrauwert Ra negativ beeinflusst wird. Sowohl die pro Schwingungszyklus zerspante Strecke s_{zyk} als auch der Kennwert K_f (s. Bild 7-14) korrelieren mit ihren geringen Beträgen mit den erzielten Ergebnissen. Es ist zu vermuten, dass die Versprödung der Späne erst ab Werten von $K_f > 5\ mm^2$ respektive einer Eintrittsgeschwindigkeit von v_{ein} = 2000 mm/s einsetzt. Diese Werte sind, systemtechnisch bedingt, nicht darstellbar, da durch die hohe Dynamik des Systems die maximale Amplitude auf ca. A = 3 µm begrenzt ist.

Bezüglich des sich einstellenden Werkzeugverschleißes (s. Bild 7-15) kann für den relativ kurzen Drehweg keine signifikante Abhängigkeit von der Eintrittsgeschwindigkeit v_{ein} oder der Werkstoffhärte festgestellt werden. Jedoch kann, unter Verwendung der Ergebnisse für eine Systemfrequenz von f_1 = 40 kHz, angenommen werden, dass der Einfluss des Verschleißes für höhere Frequenzen geringer ist. Eine detailliertere Analyse des Werkzeugverschleißes auch für längere Drehwege wird im nächsten Teilkapitel vorgenommen.

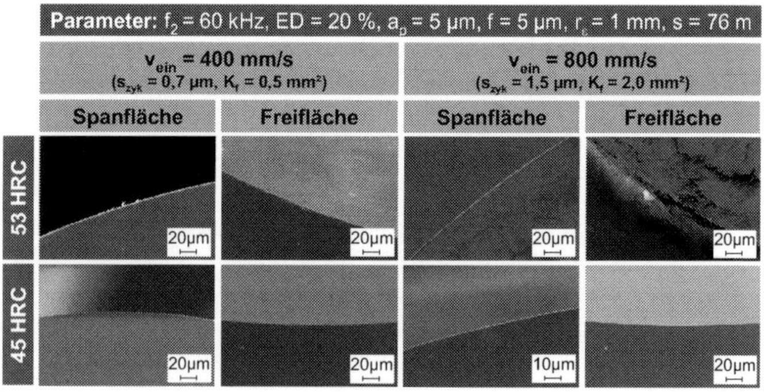

Bild 7-15: Werkzeugverschleiß an Span- und Freifläche nach einem Drehweg von s = 76 m für eine Systemfrequenz von f_2 = 60 kHz

Tool wear on rake and flank face after a turning length of s = 76 m for a system frequency of f_2 = 60 kHz

Für eine Systemfrequenz von f_2 = 60 kHz lässt sich zusammenfassend festhalten, dass die betrachtete Steigerung der Eintrittsgeschwindigkeit v_{ein} keinen Einfluss auf die Oberflächenqualität und Spanbildung hat. Die erzielten Oberflächenrauheiten liegen durchweg unterhalb von Ra = 10 nm. Somit sind alle Versuchspunkte für jede Werkstoffhärte als geeignet für die ultrapräzise Zerspanung des betrachteten Werkstoffs zu bezeichnen.

7.1.3 Einfluss der Systemfrequenz auf den Werkzeugverschleiß

Influence of system frequency on tool wear

Wie bereits in der Literatur beschrieben, kann durch die Schwingungsunterstützung die Standzeit des Werkzeugs signifikant erhöht werden. Die Ergebnisse der Untersuchungen in Kapitel 7.1.1 und 7.1.2 bestätigen den positiven Effekt der Schwingungsunterstützung. Sie zeigen, dass Verschleißmechanismen wie Diffusion und Abrasion bis hin zu Schneidkanten-ausbrüchen durch hohe Eingriffsdauern ED hervorgerufen werden. Die höhere Kontaktzeit des Werkzeugs mit dem Werkstückwerkstoff pro Schwingungszyklus unterstützt vermutlich die Aktivierung und Intensität der auftretenden Verschleißmechanismen im Tribosystem Diamant – Luft – Kühlschmierstoff – Stahl. Der Einfluss der Eintrittsgeschwindigkeit v_{ein} ist für die betrachteten Versuchspunkte nur von untergeordneter Bedeutung. Der durch die hochfrequente Schnittunterbrechung erzeugte Eingriffsstoß ist demnach im untersuchten Parameterbereich nicht ausschlaggebend für den Schneidenverschleiß. Erstmals wird der Effekt einer höheren Systemfrequenz von $f_2 = 60$ kHz zur vergleichenden Analyse des fortschreitenden Werkzeugverschleißes mit der bisherigen Frequenz $f_1 = 40$ kHz untersucht. Hierzu wird der Zentralpunkt (ED = 20 %, $v_{ein} = 600$ mm/s) der bisherigen Versuche herangezogen. Von der Variation der Eingriffsdauer ED wird in diesem Kapitel abgesehen, da die Untersuchungen der verwendeten Schneidkanten in Kapitel 7.1.1 gezeigt haben, dass die mechanische Belastung für steigende Eingriffsdauern ED signifikant bis hin zum Werkzeugbruch ansteigt. Der Einfluss der Eintrittsgeschwindigkeit v_{ein} auf den Schneidenverschleiß wird ebenfalls nicht untersucht, da die vermutlich kritischen Eintrittsgeschwindigkeiten v_{ein} systemtechnisch nicht dargestellt werden können. Durch die Wahl der moderaten Parameter des Zentralpunkts können die vor dem Bruch auftretenden Verschleißmechanismen, die Oberflächentopographie sowie die Gestalt der Späne gezielt über die Drehlänge an diskreten Auswertepunkten ($s_1 = 250$ m, $s_2 = 500$ m und $s_3 = 750$ m) untersucht werden. Die Werkzeuggeometrie entspricht den in Kapitel 6.1 festgelegten Versuchsrandbedingungen. Der Drehweg wird, im Vergleich zu den Versuchen aus Kapitel 7.1.1 und 7.1.2, um das Zehnfache gesteigert.

Verschleißverhalten für eine Systemfrequenz von $f_1 = 40$ kHz

Die Oberflächenrauheiten Ra für unterschiedliche Drehlängen sind in Bild 7-16 dargestellt. Für die betrachteten Versuchspunkte liegen sie in einem für die UP-Zerspanung akzeptablen Bereich von Ra = 6...11 nm und damit um ein Vielfaches über dem theoretischen Mittenrauwert[2] von $Ra_{theo} = 1$ nm. Es ist davon auszugehen, dass über die gesamte Drehlänge eine duktile Spanbildung vorliegt. Auffallend ist, dass die Ultraschallunterstützung überhaupt die Ausbildung optischer Oberflächen ermöglicht. Vergleichend dazu zeigten die Versuchsergebnisse ohne Ultraschallschallunterstützung in Kapitel 6.2 keine ausreichende Oberflächenqualität (Ra > 50 nm). Ferner war der Werkzeugverschleiß nach Drehwegen von s < 15 m mit Schneidenversätzen von $SV_y > 5$ µm relativ hoch, so dass keine Zerspanung mehr erfolgen konnte. Hingegen kann mit einem schwingungserregten Werkzeug über die komplette untersuchte Drehlänge von s = 750 m eine Zerspanung realisiert werden, ohne dass ein signifikanter Anstieg des arithmetischen Mittenrauwerts Ra zu verzeichnen ist. Somit bestätigen die Versuche allgemein die verschleißmindernde Wirkung der Schwingungsunterstützung, wie sie in der Literatur auch schon für die Bearbeitung verschiedenster Werkstoffe wie Glas oder Edelstahl beobachtet wurde.

Des Weiteren sind die Oberflächenqualitäten für größere Werkstoffhärten geringer. Begründet werden kann dies durch den höheren martensitischen Gefügeanteil, der

---

[2] Der theoretische Mittenrauwert ergibt sich nach HARTEL zu $Ra_{theo} = R_{t,theo} \cdot 0{,}2566$ [HART88]

tendenziell eine spröd induzierte Spanbildung fördert. Der Effekt ist jedoch nicht signifikant, da z. B. für einen Drehweg von s = 500 m ähnliche Oberflächengüten erzielt werden können.

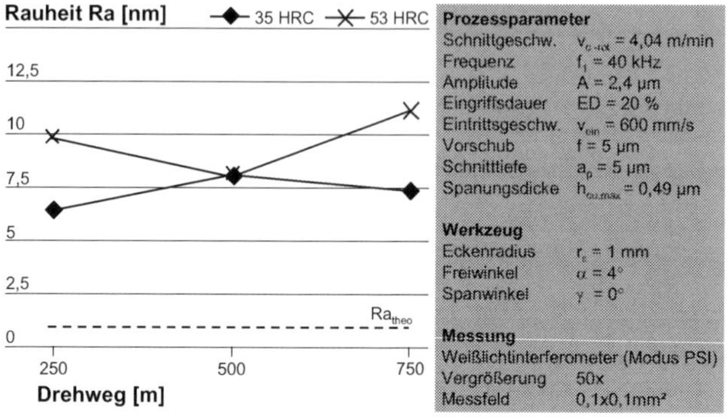

Bild 7-16: **Arithmetischer Mittenrauwert Ra in Abhängigkeit von der abgewickelten Drehlänge s und der Werkstoffhärte für eine Systemfrequenz von f_1 = 40 kHz**

Average roughness height Ra in relation to the turning length s and the material hardness for a system frequency of f_1 = 40 kHz

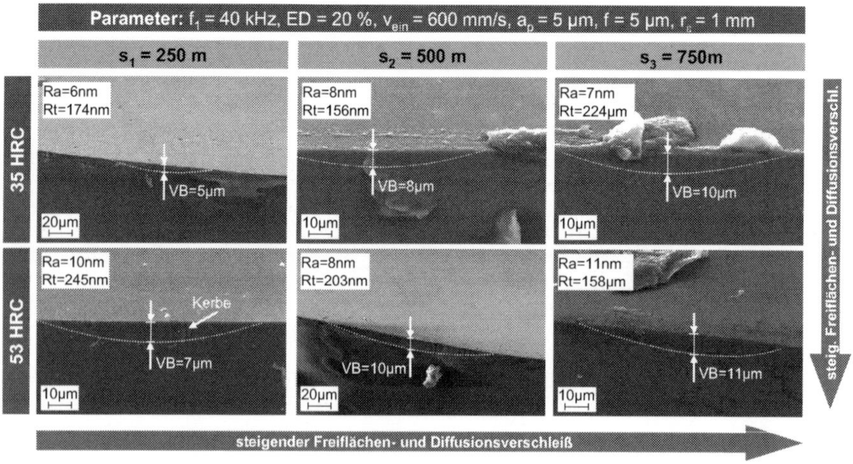

Bild 7-17: **Fortschreitender Werkzeugverschleiß in Abhängigkeit vom Drehwegs s und der Werkstoffhärte für eine Systemfrequenz von f_1 = 40 kHz**

Progressing tool wear in relation to the turning length s the material hardness for a system frequency of f_1 = 40 kHz

Zur vollständigen Analyse des Werkzeugverschleißes sind in Bild 7-17 die verschiedenen Schneidkantenzustände nach den drei festgelegten Drehlängen sowohl für den weich vergüteten (35 HRC) als auch den harten (53 HRC) Gefügezustand dargestellt. Für beide Härten ist ein fortschreitender Verschleiß durch eine steigende Verschleißmarkenbreite VB an der Freifläche festzustellen. Dabei scheint die Verschleißmarkenbreite VB an der Freifläche für höhere Werkstoffhärten stärker ausgeprägt zu sein.

In Kapitel 7.1.1 ist für kurze Drehwege als vorherrschender Mechanismus Diffusionsverschleiß oder Werkzeugbruch durch Überbelastung festgestellt worden. Für größere Drehlängen zeigt sich jedoch, dass noch weitere Verschleißmechanismen zum Tragen kommen.

Für eine Werkstoffhärte von 53 HRC sind auf der vormals polierten Freifläche relativ ausgeprägt, senkrecht zur Schneidkante verlaufende v-förmige Einschnitte durch Kerbverschleiß zu erkennen, die sich für größere Drehlängen entsprechend stärker ausbilden. Der Freiflächenverschleiß führt zum Zurücksetzen der Schneidkante. Hierdurch wird zum einen die Spantiefe während des Prozesses sukzessive reduziert und zum anderen die Kontaktzone zwischen Werkzeug und Werkstück vergrößert. Der resultierende steigende Reibanteil bewirkt einen Anstieg der Passivkräfte. Erklärt werden kann die Ausbildung der v-förmigen Einschnitte in der Freifläche durch die Anordnung des stark anisotropen monokristallinen Diamanten auf dem Werkzeugträger. Idealerweise werden die widerstandsfähigsten Ebenen {100} bzw. {110} in ihrer Anordnung auf dem Werkzeugträger möglichst abgestimmt mit der Frei- bzw. Spanfläche [SPEN91]. Die gleichförmige geometrische Gestalt der Riefen lässt demnach auf einen vermehrten Materialabtrag in Richtung der weniger gegen mechanischen Abrieb resistenten Spaltebene {111} schließen. Für höhere Werkstoffhärten ist schon nach kürzeren Drehlängen der charakteristische Freiflächenverschleiß ersichtlich. Dies unterstützt die Annahme, dass ein mechanischer Abrieb vorliegt, der durch den höheren martensitischen Gefügeanteil begünstigt wird. Die vorliegende Verschleißform wird weiterhin überlagert mit einem tribochemisch ausgelösten Verschleiß, der sich in einer leichten Verrundung der Schneidkante und relativ glatt aussehenden Kerben widerspiegelt. Die Ausbildung von Aufbauschneiden, die durch stark adhäsiv anhaftenden Werkstückwerkstoff an der monokristallinen Diamantschneide ausgelöst wird, ist nicht zu beobachten.

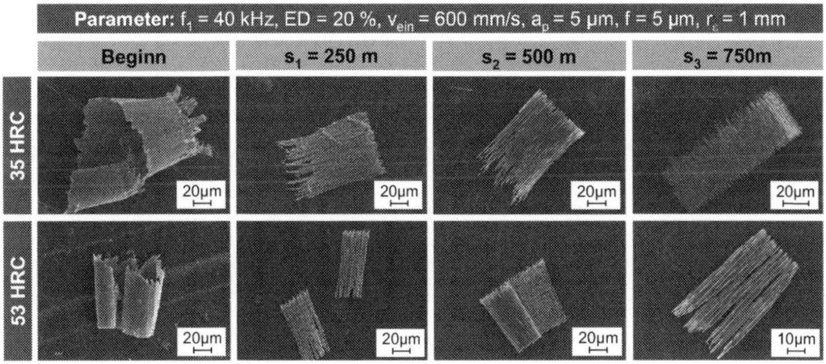

Bild 7-18: Spangestalt in Abhängigkeit vom Drehweg s und der Werkstoffhärte für eine Systemfrequenz von f_1 = 40 kHz

Chip form in relation to the turning length s and the material hardness for a system frequency of f_1 = 40 kHz

Die Änderung der Spangestalt über die Drehlänge ist in Bild 7-18 dargestellt. Wie schon in den Untersuchungen in Kapitel 7.1.1 zu beobachten war, treten am Anfang der Bearbeitung zusammengesetzte Spanlamellen auf. Dabei zeigen sich die Unterseiten der Späne relativ glatt, was auf eine Plastifizierung unmittelbar vor der Schneide zurückzuführen ist. Hingegen wird über die zunehmende Drehlänge der Zusammenhalt der Lamellen schwächer. D. h., der zunehmende Werkzeugverschleiß, der sich durch die bereits beschriebene Schneidkantenverrundung und den Kerbverschleiß an der Freifläche ausprägt, führt zu einem verringerten Scherwinkel Φ und damit zu einer gesteigerten spröd induzierten Spanabnahme. Dabei gewinnt die Druckbelastung aufgrund der steigenden Schneidkantenverrundung ρ_s zur Spanwurzel hin weiter an Einfluss. Gleichermaßen überlagern auch hier die Schubspannungen die Druckspannungen. Die Scherbelastung des Werkstoffs wird unter den gegebenen Randbedingungen dominanter und ein Überschreiten der Schubbruchgrenze, die das Werkstoffversagen beschreibt, wird wahrscheinlicher. Die immer loser zusammenhängenden Lamellenspäne entsprechen dabei den Modellvorstellungen aus Kapitel 6.3. Eine Steigerung der Drehlänge von s > 750 m würde zwangsweise zur kompletten Vereinzelung oder lose agglomerierten Lamellen führen. Diese Spanform ist nach den vorliegenden Untersuchungen ein Indiz für eine geringere Oberflächenqualität. Die Spanbildung läge damit im kritischen Bereich (s. Bild 6-5) und wäre komplett spröd induziert. Eine weitere Steigerung der Drehlänge und die damit einhergehende größere Schneidkantenverrundung ρ_s inkl. eines größeren Freiflächenverschleißes würde in zunehmendem Maße zu Drück- und Quetschvorgängen zwischen Schneide und Werkstückoberflächen führen und eine determinierbare Spanbildung verhindern. Das komplette Versagen des Werkzeugs tritt ein, sobald größere Werkzeugwerkstoffpartikel durch die steigende Belastung aus der Schneidkante herausbrechen oder der durch Verschleiß hervorgerufene Schneidkantenversatz SV_y die Schnitttiefe a_p übersteigt. Die Werkstoffhärte hat aufgrund des relativ kleinen Unterschieds der Verschleißzustände (s. Bild 7-17) keinen signifikanten Einfluss auf die Spangestalt.

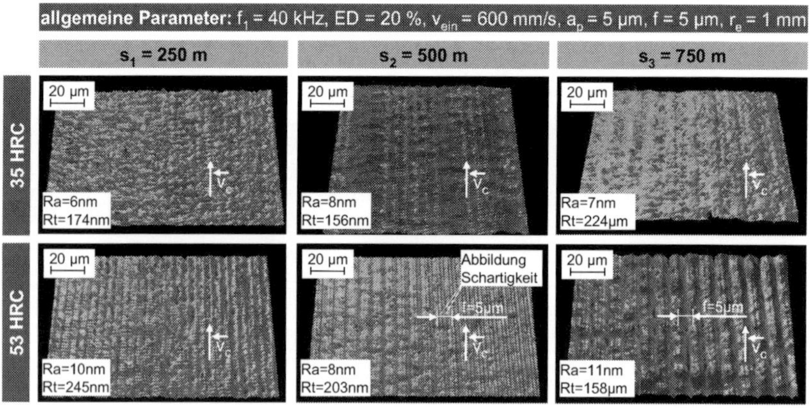

Bild 7-19: Gestaltänderung der Oberflächentopographie in Abhängigkeit vom Drehweg s und der Werkstoffhärte für eine Systemfrequenz von f_1 = 40 kHz

Alternation of surface topography in relation to the turning length s an the material hardness for a system frequency of f_1 = 40 kHz

Der Einfluss des Schneidenverschleißes auf die Oberflächentopographie am Werkstück ist zur abschließenden Analyse in Bild 7-19 dargestellt. Der Einfluss der pro Schwingungszyklus zerspanten Strecke s_{zyk} ist für Drehwege bis s = 500 m als senkrecht zum Vorschub überlagerte Oberflächenschwingung zu erkennen. Hervorgerufen wird diese durch die seitliche Auslenkung des Werkzeugs in Passivrichtung respektive oberflächennormal zum Werkstück. Für größere Drehwege s > 500 m ist ausschließlich die vom Vorschub verursachte kinematische Rauheit signifikant. Vermutlich ist die über den Drehweg s zunehmende Schneidkantenverrundung ρ_s verantwortlich dafür, dass der Werkstückwerkstoff durch die relativ geringe orthogonale Amplitude A_r nicht mehr definiert abgetragen wird, sondern vielmehr unter der Schneide hinweggedrückt wird. D. h., das Schärfemaß S der Schneide ist in Bezug auf die quasi makroskopische Spanungsdicke h_{cu}, hervorgerufen durch den Werkzeugeckenradius r_ε, die Schnitttiefe a_p sowie den Vorschub f, weiterhin wesentlich größer als S >> 1. Jedoch nähert sich, durch die Steigerung der Schneidkantenverrundung ρ_s, für die seitliche Schwingung das Schärfemaß Werten von S << 1 an. In der Folge wird diese Größe als schwingungsspezifisches Schärfemaß S_s bezeichnet. Durch das sehr kleine schwingungsspezifische Schärfemaß S_s treten erste Drück- und Quetschvorgänge auf, die die Spanbildung bereits negativ beeinflussen. Des Weiteren bildet sich die zunehmende Schartigkeit des Werkzeugs, die durch die v-förmigen Einschnitte senkrecht zur Schneidkanten entsteht, für mittlere Drehlängen exakt auf der Werkstückoberfläche ab (s. Bild 7-19 mittleres Bild unten). Für größere Drehlängen s ist dieser Effekt nicht zu beobachten, was auf einen Verlust der Schneidhaltigkeit hindeutet. Dies unterstützt die Annahme der Oberflächenentstehung durch zunehmende Quetsch- und Drückvorgänge an der Schneide.

Verschleißverhalten für eine Systemfrequenz von f_2 = 60 kHz

Die positiven Effekte einer Steigerung der Arbeitsfrequenz von f_1 = 40 kHz auf f_2 = 60 kHz auf die Oberflächenqualität Ra und Spangestalt konnten schon in Kapitel 7.1.1 gezeigt werden. Ein reduzierter Energieeintrag pro Schwingungszyklus sowie eine geringere seitliche Schwingung des WZ-Systems führen zu einem vergrößerten nutzbaren Parameterbereich sowie zu einer verbesserten Spanbildung und Oberflächenqualität. Die Belastung der Schneide ist demnach geringer. Es ist zu vermuten, dass die geringere Werkzeugbelastung auch mit einem reduzierten Werkzeugverschleiß einhergeht.

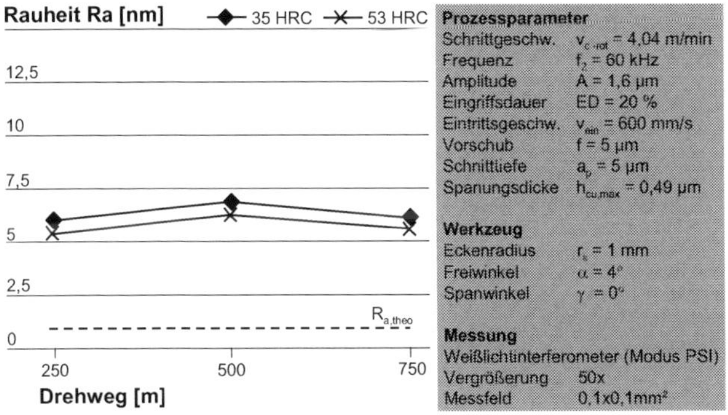

Bild 7-20: **Oberflächenrauheit Ra in Abhängigkeit von der abgewickelten Drehlänge s für eine Systemfrequenz von f_2 = 60 kHz**

Average roughness height Ra in relation to turning length s for a system frequency of f_2 = 60 kHz

Die Randbedingungen der Versuchsreihe sind identisch mit denen, die für die Untersuchungen der Systemfrequenz f_1 = 40 kHz definiert wurden. Der Verschleißzustand der Schneiden wird ebenfalls für die im Vorfeld festgelegten drei Drehlängen (s_1 = 250 m, s_2 = 500 m und s_3 = 750 m) dokumentiert. Die erzielbaren Oberflächenqualitäten über den Drehweg s bestätigen in Bild 7-20 den bereits ermittelten positiven Einfluss der gesteigerten

Frequenz. Die erzielten Rauheitswerte nähern sich dabei an den theoretischen Mittenrauwert Ra_{theo} an. Für alle Versuchspunkte liegt eine stabile und duktile Spanabnahme mit Rauheiten unterhalb von Ra = 7 nm vor. Die Abhängigkeit von der Werkstoffhärte ist nicht signifikant. Wie auch schon für die Versuche mit f_1 = 40 kHz kann auch mit höheren Frequenzen der große Verschleiß, wie er für die Versuche ohne Schwingungsunterstützung auftritt, stark verzögert werden.

Einen Eindruck der Verschleißzustände der Schneiden vermittelt Bild 7-21. Zu erkennen ist der fortschreitende Werkzeugverschleiß, der für größere Werkstoffhärten stärker ausgeprägt ist. Bereits nach einem Drehweg von s = 250 m ist ein relativ starker Freiflächenverschleiß zu verzeichnen, der überproportional für beide Werkstoffhärten mit linear ansteigendem Drehweg s zunimmt.

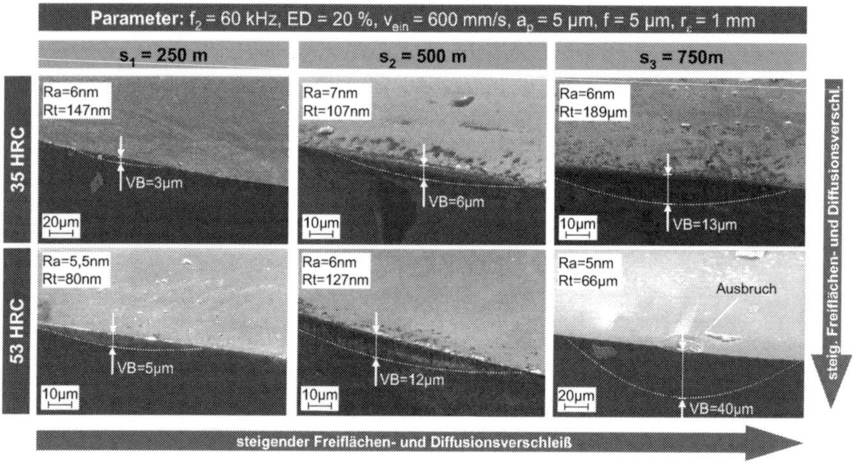

Bild 7-21: **Fortschreitender Werkzeugverschleiß in Abhängigkeit vom Drehweg s und der Werkstoffhärte für eine Systemfrequenz von f_2 = 60 kHz**

Progressing tool wear in relation to the turning length s and the material hardness for a system frequency of f_2 = 60 kHz

Erwartungsgemäß sind wiederum senkrecht zur Schneidkante auftretende v-förmige Nuten an der Freifläche zu beobachten. Hervorgerufen werden diese durch die Kristallorientierung des MKD auf dem Werkzeugträger. Bemerkenswert ist, dass im Vergleich zu den Versuchen mit einer Werkzeugfrequenz von f_1 = 40 kHz der Freiflächenverschleiß signifikant um den Faktor drei bis vier größer ist. Auch komplettes Werkzeugversagen für höhere Werkstoffhärten ist in Bild 7-21 unten rechts durch Abplatzungen am Werkzeug zu beobachten. Demnach hat, entgegen der Erwartungen, eine erhöhte Frequenz einen negativen Einfluss auf die Standzeit der Werkzeuge. Begründet werden kann dieser gegenläufige Effekt für gleiche Arbeitspunkte zum einen über die geringere Amplitude A, die den Zutritt von Kühlschmierstoff in den kleineren zur Verfügung stehenden Arbeitsspalt erschwert. Durch den geringeren Zufluss wird sowohl die kühlende als auch trennende bzw. passivierende Funktion des Fluids verringert. Zum anderen wird der Zeitraum pro Schwingungszyklus, bei dem sich das Werkzeug nicht im Eingriff befindet, kleiner. D. h., im Vergleich zur Zerspanung mit einer Systemfrequenz von f_1 = 40 kHz ist der Zeitraum zur Senkung der verschleißfördernden Temperatur T an der Schneide für gleiche Arbeitspunkte um ca. 30 % reduziert. Dies führt aller Wahrscheinlichkeit nach zu einem erhöhten Temperaturniveau an der Schneide und damit zu einer Steigerung des tribochemisch induzierten Diffusionsverschleißes. In der Folge stellen sich durch den stark zunehmenden Freiflächenverschleiß höhere Passivkräfte ein, die die Schneidkantenbelastung bis hin zum kompletten Werkzeugversagen ansteigen lassen. Der gezeigte und beschriebene Verschleißfortschritt für eine Systemfrequenz von f_2 = 60 kHz bestätigt auch die aufgestellten Vermutungen für den Verschleißfortschritt bei einer Frequenz von f_1 = 40 kHz. Hier konnte aufgrund des relativ kurzen Drehwegs s der Versagensfall nicht dargestellt werden.

Die Betrachtung der auftretenden Spanformen in Bild 7-22 soll zur Stützung der bisher untersuchten Ergebnisse dienen. Zu Beginn der Zerspanung treten sowohl für den weichen als auch harten Werkstoffzustand Wendelspäne auf, die auf einen komplett duktil abgetragenen Werkstoff hindeuten. Die Unterseiten der Späne sind dabei sehr glatt und weisen auf eine deutliche Plastifizierung direkt vor der Schneide hin. Für geringe Werkstoffhärten kann diese Spanform bis zu einem Drehweg von s = 500 m nahezu aufrechterhalten werden. Erst für größere Drehlängen s > 500 m ist die Zusammensetzung des Spans aus einzelnen Lamellen erkennbar. Für höhere Werkstoffhärten ist diese Spanform bereits bei relativ geringen Drehlängen von s = 250 m zu sehen.

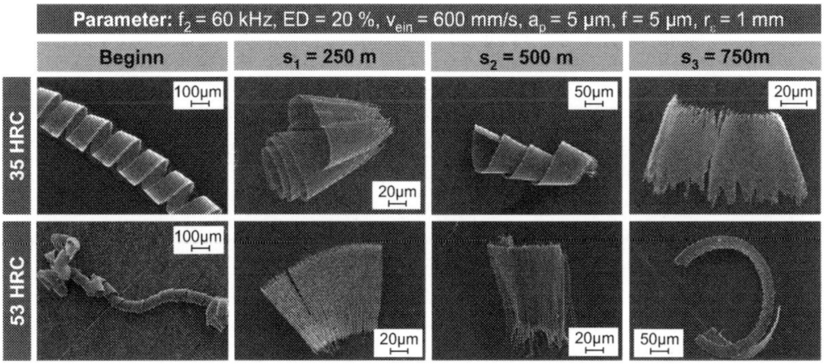

Bild 7-22: Spangestalt in Abhängigkeit vom Drehweg s und der Werkstoffhärte für eine Systemfrequenz von f_2 = 60 kHz

Chip form in relation to the turning length s and the material hardness for a system frequency of f_2 = 60 kHz

Die Ergebnisse stützen die bereits für die Systemfrequenz von f_1 = 40 kHz aufgestellte Vermutung, dass für die zunehmende Schneidkantenverrundung der Scherwinkel Φ kleiner wird und damit die Druckbelastung zur Spanwurzel hin weiter an Einfluss gewinnt. Die Scherbelastung wird dominanter und ein Überschreiten der Schubbruchgrenze wird wahrscheinlicher. In der Folge gewinnt der spröd zerspante Werkstoffanteil an Bedeutung und die resultierende Oberflächenqualität sinkt. Der Einfluss auf die Oberflächentopographie soll zur abschließenden Beurteilung herangezogen werden.

Bild 7-23 zeigt für geringe Drehwege s eine relativ glatte und nicht von Schwingungen beeinflusste Gestalt. Erst für größere Drehlängen ist der Einfluss der vorschubbedingten kinematischen Rauheit zu erkennen. Jedoch gilt diese Aussage nur für größere Werkstoffhärten. Der Einfluss der seitlichen Schwingung, die auch für kürzere Drehwege bei einer Frequenz f_2 = 60 kHz detektiert werden konnte, (s. Bild 7-7) ist nicht zu identifizieren. Es kann davon ausgegangen werden, dass der relativ hohe Werkzeugverschleiß schon nach geringeren Drehwegen s < 250 m nicht mehr zur präzisen Abbildung der in Passivrichtung wirkenden seitlichen Sonotrodenschwingung A_r führt. Für eine Systemfrequenz von f_1 = 40 kHz konnte dieser Effekt auch noch für mittlere Drehlängen s = 500 m identifiziert werden. D. h., auch hier führt die zunehmende Schneidkantenverrundung zu einer Abnahme des schwingungsspezifischen Schärfemaßes S_S. In der Folge treten erste Drück- und Quetschvorgänge an der Schneidkante auf.

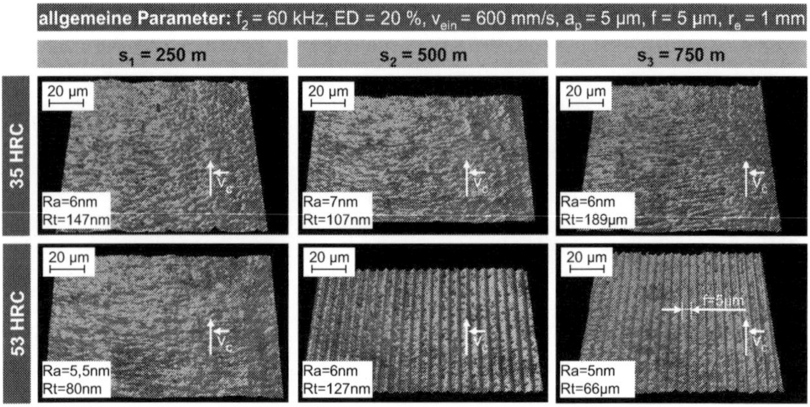

Bild 7-23: **Gestaltänderung der Oberflächentopographie in Abhängigkeit vom Drehweg s und der Werkstoffhärte für eine Systemfrequenz von f_2 = 60 kHz**

Alternation of surface topography in relation to the turning length s and the material hardness for a system frequency of f_2 = 60 kHz

Zusammenfassend lässt sich festhalten, dass durch den Einsatz der Schwingungsunterstützung der Verschleiß des Werkzeugs reduziert werden kann. Eine Steigerung der Frequenz führt jedoch zu einem höheren Schneidkantenverschleiß. Die vorliegenden Verschleißmechanismen sind sowohl tribochemisch als auch mechanisch induziert. Über alle Untersuchungspunkte hinweg bis zu einem Drehweg von s = 750 m sind alle Oberflächen duktil zerspant. Die Oberflächentopographie ist dabei dominiert durch den Vorschub und, abhängig vom Verschleißzustand der Schneide, überlagert durch die seitliche Schwingung des MKD-Werkzeugs.

7.1.4 Zusammenfassung der Erkenntnisse

Summary of results

Gemäß der Zielsetzung in Kapitel 3 wurde in diesem Teilkapitel der Einfluss der Systemfrequenz f und die damit verbundenen relevanten schwingungsspezifischen Stellgrößen Eingriffsdauer ED und Eintrittsgeschwindigkeit v_{ein} untersucht. Erstmals wurde der Einfluss einer Systemfrequenz von f_2 = 60 kHz betrachtet. Die phänomenologisch ermittelten Wirkmechanismen wurden dabei mit dem in Kapitel 6.3 aufgestellten Modell abgeglichen und verifiziert. Interpretationsgrößen waren sowohl die erzielten Oberflächenrauheiten und -topographien als auch die Spanbildung und der Werkzeugverschleiß.

Grundsätzlich konnten die positiven Effekte der schwingungsunterstützten Bearbeitung gegenüber der konventionellen Bearbeitung deutlich herausgearbeitet werden. Die Schwingungsunterstützung am Werkzeug ermöglicht im Gegensatz zur konventionellen

Zerspanung die duktile Spanabnahme bei gleichzeitig stark reduziertem Werkzeugverschleiß. Die erzielten Oberflächenqualitäten sind unter Verwendung geeigneter Parameter als optisch einzustufen. Dazu bedarf es keiner hochgenauen Ausgangsrauheit am Probenkörper. Wichtige Ausgangsvoraussetzung ist jedoch eine hochgenau ausgerichtete und der Endkontur angenäherte Probe, deren Oberflächenrauheit Rt die Schnitttiefe a_p nicht überschreiten darf. Für die schwingungsunterstützte Ultrapräzisionsbearbeitung sind feingeschliffene Oberflächenrauheiten mit Ra < 0,5 µm ausreichend.

Die modellhaften Annahmen aus Kapitel 6.3 konnten bestätigt werden. Direkt vor der Schneide kommt es aufgrund überlagerter Druck- und Schubspannungen zu einer Plastifizierung des Werkstoffs. Die darauf folgende Spanbildung führt für relativ gering gewählte Eingriffsdauern und Eintrittsgeschwindigkeiten zur Ausbildung von fließspanartigen Spänen. Eine Steigerung der Werte verschiebt die Spanbildung in einen kritischen Bereich, der zur Ausbildung von zusammengesetzten und losen Spanlamellen führt, die auf eine spröd induzierte Zerspanung hindeuten. Erklärt werden kann dieser Effekt durch die pro Schwingungszyklus stark erhöhte zerspante Strecke s_{zyk}. Diese beeinflusst auch die Oberflächentopographie und kann direkt als senkrecht zur Schnittgeschwindigkeit $v_{c\text{-}rot}$ auftretende Oberflächenwelligkeit für kleine Drehwege nachgewiesen werden. Das eingeführte schwingungsspezifische Schärfemaß S_S, das sich über den Quotienten der seitlichen Schwingweite und der Schneidkantenverrundung ergibt, kann als Maß herangezogen werden, um den Effekt numerisch zu beschreiben. Erzeugt wird die Welligkeit von der nicht vermeidbaren seitlichen Sonotrodenauslenkung (s. Kapitel 5.3.2). Dabei gilt, je höher die pro Schwingungszyklus zerspante Strecke s_{zyk} ist, desto nachteiliger wirkt sich der Einfluss der seitlichen Werkzeugschwingung auf die Oberflächenqualität aus.

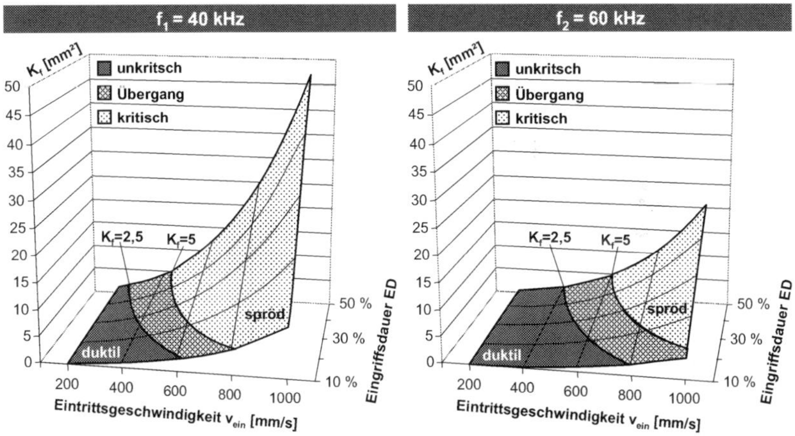

Bild 7-24: Einfluss der schwingungsspezifischen Bezugsgrößen auf das nutzbare Parameterfeld für die Systemfrequenzen f_1 = 40 kHz und f_2 = 60 kHz

Influence of the vibration-related reference parameters on the applicable parameter field for system frequencies of f_1 = 40 kHz and f_2 = 60 kHz

Die Steigerung der Frequenz für identische Arbeitspunkte konnte die Ausprägung der beschriebenen Effekte signifikant reduzieren. Dabei konnte nicht nur die Oberflächenqualität erhöht, sondern auch die kritische Spanbildung in höhere Parameterbereiche verschoben werden. Damit erlaubt die höhere Frequenz auch die Bearbeitung höherer Werkstoffhärten.

Die bessere Duktilisierung des Werkstoffs ist zurückzuführen auf den geringeren Energieeintrag ($E_{60kHz,zyk} < E_{40kHz,zyk}$) pro Schwingungszyklus. Zur Charakterisierung wurde in Kapitel 6.3 die Kennzahl K_f eingeführt, die alle dynamisch wirkenden Prozessparameter, bezogen auf ihren Einfluss in der Zerspanungszone, zusammenfasst. Bild 7-24 zeigt die Abhängigkeit des Kennwerts K_f für die zwei untersuchten Frequenzen f_1 = 40 kHz und f_2 = 60 kHz von den schwingungsspezifischen Bezugsgrößen Eingriffsdauer ED und Eintrittsgeschwindigkeit v_{ein}. Ferner sind die Bereiche dargestellt, in denen die Spanbildung und Oberflächenausprägung als unkritisch, im Übergang befindlich und kritisch bezeichnet werden können. Deutlich ist der quadratische Einfluss der Frequenz f auf das nutzbare Parameterspektrum zu erkennen. Für größere Frequenzen verschiebt sich demnach der Bereich der kritischen Spanbildung hin zu größeren Werten für die schwingungsspezifischen Parameter. Grundsätzlich kann der Kennwert K_f herangezogen werden, um das Arbeitsergebnis in Abhängigkeit der schwingungsspezifischen Parameter a priori zu bestimmen. Dabei deuten Werte von K_f < 2,5 mm² eine vollständig duktile und Kennwerte K_f > 2,5 mm² den Übergang zur spröd induzierten Spanabnahme an.

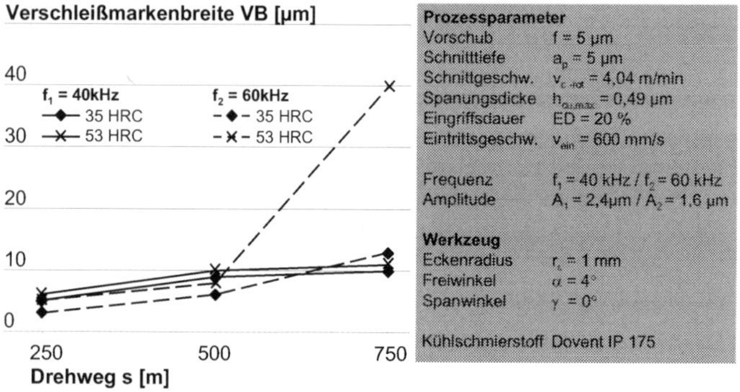

Bild 7-25: **Freiflächenverschleiß VB in Abhängigkeit von der Systemfrequenz f und der Werkstoffhärte**

Flank wear VB in relation to the system frequency and the material hardness

Der positive Effekt der hochfrequenten Schnittunterbrechung auf den Werkzeugverschleiß konnte für beide betrachtete Frequenzen im Vergleich zum kontinuierlichen Schnitt gezeigt werden. Steigende Werkstoffhärten führen, bedingt durch den steigenden Anteil an martensitischem Gefüge, zu einem beschleunigten Werkzeugverschleiß. Jedoch führt die Steigerung der Frequenz (s. Bild 7-25) zu einem nachweisbar höheren tribochemisch und abrasiv induzierten Werkzeugverschleiß. Für gleiche Arbeitspunkte werden für höhere Frequenzen geringere Amplituden benötigt (s. Gleichung 6-9), die in einer reduzierten Zufuhr von Kühlschmierstoff resultieren und damit die Werkzeugkühlung vermindern. Folglich wird der temperaturgetriebene tribochemische Verschleiß erhöht. Des Weiteren führt der pro Schwingungszyklus kürzere Werkzeugfreilauf vermutlich zu einer Anhebung des Temperaturniveaus und damit zu einem beschleunigten tribochemisch induzierten Verschleiß an der Schneidkante. Höhere Eingriffsdauern ED verstärken diesen Effekt.

In diesem Teilkapitel wurden die den Spanquerschnitt beeinflussenden Stellgrößen konstant gelassen, um die schwingungsspezifischen Einflüsse zu untersuchen. Vor dem wirtschaftlichen und anwendungstechnischen Hintergrund muss eine Betrachtung dieser Stellgrößen vorgenommen werden. Diese werden im folgenden Teilkapitel untersucht, wobei die schwingungsspezifischen Größen weitgehend konstant gehalten werden.

7.2 Einfluss und Analyse der konventionellen Prozessparameter

Influence and analysis of conventional process parameters

Im vorangegangenen Teilkapitel 7.1 sind erstmals die prozesstechnologischen Grundlagen zur ultrapräzisen schwingungsunterstützten Bearbeitung unterschiedlich vergüteter Stahlwerkstoffe mit Arbeitsfrequenz von $f_1 = 40$ kHz und $f_2 = 60$ kHz gegeben. Die versuchstechnischen Einflüsse und Randbedingungen sind hierfür in Kapitel 5 und 6 eingehend untersucht und definiert worden.

Im Fokus der folgenden Untersuchungen liegt die Variation der klassischen Stellgrößen der ultrapräzisen Drehbearbeitung wie dem Vorschub f und der Schnitttiefe a_p, die sich auf die Spangeometrie (s. Bild 2-1) auswirken. Der damit verbundene Einfluss auf die Spangestalt und den Verschleißzustand der Schneide sind dabei die Interpretationsgrößen zur Bestimmung optimaler Parameterfenster.

Wie bereits gezeigt werden konnte, befähigt der Einsatz schwingungsunterstützter MKD-Werkzeuge den ultrapräzisen Zerspanungsprozess mit definierter Schneide zur duktilen Spanabnahme bei gleichzeitig stark reduziertem Werkzeugverschleiß. Die technologischen Grenzen für die dynamisch wirkenden schwingungsspezifischen Parameter konnten bereits aufgezeigt werden. In Ergänzung ist es das vornehmliche Ziel, die Grenzen der duktilen Zerspanung über die Variation des Spanquerschnitts zu ermitteln. Dazu werden die schwingungsspezifischen Parameter Eingriffsdauer ED und Eintrittsgeschwindigkeit v_{ein} konstant gehalten. Anwendung findet auch hier wieder der Zentralpunkt, der mit seinen gering gewählten schwingungsspezifischen Bezugsgrößen die Ausgangsbasis stellt. Hierdurch können die Einflüsse unterschiedlicher Spanquerschnitte unabhängig von den dynamischen Bezugsgrößen untersucht werden. Die Versuche werden für zwei Frequenzen $f_1 = 40$ kHz und $f_2 = 60$ kHz durchgeführt. Mögliche Wechselwirkungen der schwingungsspezifischen Größen zu den klassischen Stellgrößen werden nicht direkt untersucht, sondern interpretativ über inter- und extrapolierende Betrachtungen beschrieben.

7.2.1 Einfluss des Vorschubs für verschiedenen Systemfrequenzen

Influence of feed rate for different the system frequencies

Der starke Einfluss des Vorschubs f auf den Spanquerschnitt respektive die maximale Spanungsdicke $h_{cu,max}$ für die Bearbeitung harter Stahlwerkstoffe ist bereits in Kapitel 2.1.1 beschrieben worden. Zu kleine Spanungsdicken h_{cu} führen zu einer hohen flächenbezogenen Schneidkantenbelastung und damit zu einem höheren Werkzeugverschleiß. Das als „Size-Effect" beschriebene Phänomen resultiert in reduzierten Oberflächenqualitäten. Des Weiteren führen auch große Vorschübe f respektive Spanungsdicken h_{cu} zu einer hohen Schneidkantenbelastung, die sich wiederum, getrieben durch den stärkeren Werkzeugverschleiß und spröde Spanbildung, in verschlechterten Oberflächenqualitäten ausdrücken. Die vergleichende Untersuchung dieser Grenzen soll sowohl für eine Frequenz von $f_1 = 40$ kHz als auch von $f_2 = 60$ kHz in einem Vorschubbereich von f = 1...20 µm durchgeführt werden. Die Analyse der Oberflächenqualität und die damit verbundene Spangestaltsänderung sollen ein ganzheitliches Bild der sich einstellenden Wirkmechanismen wiedergeben.

Die Planfläche der Versuchsträger wird für jeden Vorschubwert einmal komplett bearbeitet. Hierdurch entstehen pro Versuchspunkt verschiedene Drehlängen. D. h., kleine Vorschübe erzeugen in dieser Versuchsreihe große Drehlängen und umgekehrt. Diese Vorgehensweise vermischt die Einflüsse des Vorschubs f und der Drehlänge s. Nichtsdestotrotz wurde diese Vorgehensweise gewählt, da die schwingungsspezifischen Parameter, bezogen auf die Spanbildung und den Werkzeugverschleiß, im unterkritischen Bereich liegen. Somit haben die steigenden Drehlängen für die Werte des Zentralpunkts im Betrachtungsraum (380 m > s > 19 m für 1 µm < f < 20 µm) keinen großen Einfluss auf die zu analysierenden Größen. Ferner sind über die gesamte bearbeitete Fläche die Rauheiten über zwölf Messpunkte aufgenommen und gemittelt worden. Für die Bearbeitung mit kleinen Vorschüben (f < 5 µm) wurden die Probenkörper zusätzlich poliert, um den Einfluss der relativ großen Schleifriefen der Ausgangsrauheit auf das Zerspanungsverhalten zu reduzieren.

Erzielbare Oberflächenqualität und Spanbildung für f_1 = 40 kHz

Den Erwartungen entsprechend zeigt sich in Bild 7-26 der Verlauf der Oberflächenrauheit Ra über den Vorschub f für verschiedene Werkstoffhärten. Für sehr kleine Vorschübe nimmt das Verhältnis von maximaler Spanungsdicke $h_{cu,max}$ und Schneidkantenverrundung ρ_s Werte um S = 1 an. Aus der klassischen Hochpräzisions-Hartdrehbearbeitung ist bekannt, dass ein solches Schärfemaße S kritisch für die Zerspanung ist, da sich der Scherwinkel Φ verkleinert und die definierte Zerspanung durch Quetsch- und Drückvorgänge überlagert wird. Für große Vorschübe f > 15 µm ist ebenfalls ein Anstieg der Rauheit Ra zu verzeichnen, der auf ein spröd induziertes Zerspanungsverhalten hinweist. Grundsätzlich lässt sich festhalten, dass sich der Vorschub innerhalb einer minimalen und maximalen Spanungsdicke $h_{cu,min} < h_{cu} < h_{cu,max}$ bewegen sollte. Ideal für die schwingungsunterstützte Zerspanung bei einer Systemfrequenz von f_1 = 40 kHz sind Vorschübe zwischen 5 µm < f < 15 µm respektive Spanungsdicken zwischen 0,5 µm < h_{cu} < 1,4 µm. Dabei liegen die erzielten Rauheiten für nahezu alle Werkstoffhärten im optischen Bereich unterhalb Ra = 10 nm und damit relativ eng an der idealen Rauheit Ra_{theo}.

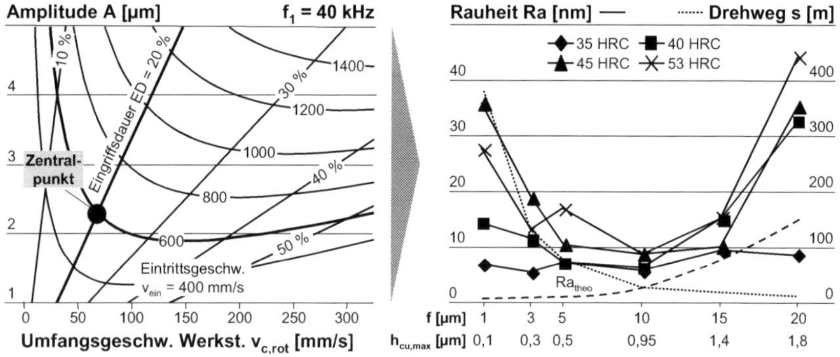

Bild 7-26: Einfluss des Vorschubs f und der Werkstoffhärte auf die erzielbare Oberflächengüte für eine Systemfrequenz von f_1 = 40 kHz

Influence of the feed rate f and the material hardness on the attainable average roughness height Ra for a system frequency of f_1 = 40 kHz

Eine weitere Abhängigkeit der resultierenden Rauheiten von der Werkstoffhärte der Versuchsträger ist zu verzeichnen. Der Anstieg der Rauheit Ra ist tendenziell für zunehmende Werkstoffhärten größer. Zu erklären ist dies über den steigenden hochharten martensitischen Gefügeanteil.

Für ein vollständiges Verständnis der ablaufenden Mechanismen für steigende Vorschübe f ist die Spanbildung von Interesse. In Bild 7-27 sind für den untersuchten Vorschubbereich und die Werkstoffhärten die entsprechenden Spanproben dargestellt. Die verschiedenen

Spangestalten sind dabei in die drei Bereiche indifferentes Zerspanungsverhalten durch Quetsch- und Drückvorgänge, duktile sowie spröde Zerspanung eingeteilt.

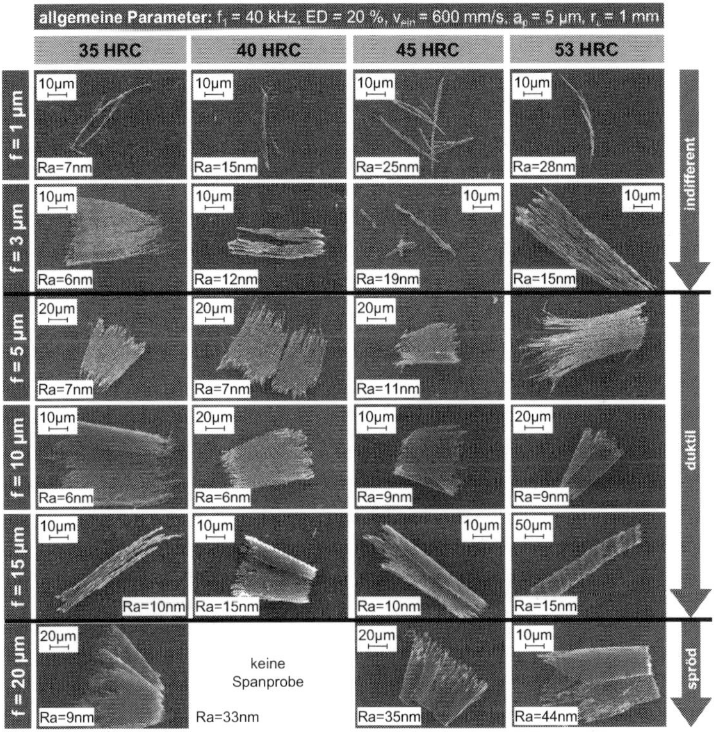

Bild 7-27: **Spanbildung in Abhängigkeit vom Vorschub f und von der Werkstoffhärte für eine Systemfrequenz von f_1 = 40 kHz**

Chip formation in relation to the feed rate f and the material hardness for a system frequency of f_1 = 40 kHz

Die Spangestalt reicht dabei von Nadelspänen für kleine Vorschübe f bis hin zu stark gekrümmten und ausgefransten Sägezahnspänen für große Vorschübe f. Das Auftreten der Nadelspäne ist auf ein Unterschreiten der minimalen Spanungsdicke $h_{cu,min}$ respektive ein geringes Schärfemaß S zurückzuführen. Für größere Vorschübe bestehen die Sägezahnspäne aus zusammengesetzten Lamellen. Der zugrunde liegende Wirkmechanismus entspricht dabei dem aufgestellten Zerspanungsmodell aus Kapitel 6.3. Die beiden Enden der Späne sind stark ausgefranst. Auf der Seite der auslaufenden Spanwurzel wird die Spanungsdicke h_{cu} und damit das Schärfemaß S sehr klein. Hier liegt quasi eine Spanbildung analog zu der mit sehr kleinen Vorschüben vor. Im mittleren Bereich des Spans kommt es durch die Plastifizierung direkt vor der Schneide zu einem Verschweißen der einzelnen Spansegmente. Auf der anderen Seite des Spans, die vormals der Ausgangsoberfläche des Probenkörpers entsprach, ist die Ausfransung durch die Eingangsrauheit der feingeschliffenen Oberfläche zu erklären. Hier kommt es quasi zu einem unterbrochenen

Schnitt. Zur Verifizierung sind hier zwei Versuche durchgeführt worden, bei denen die Ausgangsrauheit bereits optisch war (Bild 7-27 untere Bildreihe für Werkstoffhärten 45 HRC und 53 HRC). Die Ausfransungen sind nicht zu erkennen. Bemerkenswert ist für steigende Vorschübe die zunehmende Krümmung der Späne. Die mit dem Vorschub f zunehmenden Zerspanungskräfte bewirken eine Zunahme der Reibungstemperatur T zwischen Spanfläche und Spanunterseite. Hierdurch kommt es vermutlich zu einem Temperaturunterschied zwischen Spanober- und Spanunterseite, der einen Spannungsgradienten zur Folge hat.

Erzielbare Oberflächenqualität und Spanbildung für f_2 = 60 kHz

Für die folgenden Untersuchungen mit einer um 20 kHz gesteigerten Frequenz auf f_2 = 60 kHz gelten dieselben Versuchsrandbedingungen wie für die Versuche mit f_1 = 40 kHz. Die schwingungsspezifischen Bezugsparameter liegen im Zentralpunkt. Dazu ist einzig die longitudinale Amplitude auf A = 1,6 µm zu reduzieren. Der Vorschub f wird in einem Bereich von f = 1...20 µm diskret variiert, was einer Variation der maximalen Spanungsdicke von $h_{cu,max}$ = 0,1...1,8 µm gleichkommt.

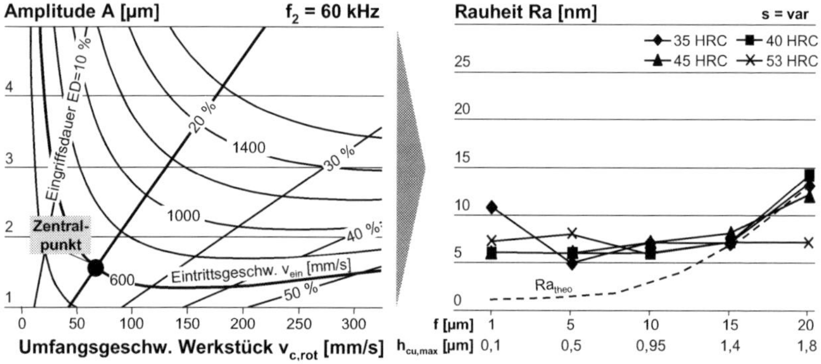

Bild 7-28: Einfluss des Vorschubs f auf die erzielbare Oberflächenqualität

Influence of feed rate f on the attainable average roughness height Ra

Wie schon in Kapitel 7.1 beobachtet wurde, steigt grundsätzlich die Qualität der erzielbaren Rauheit Ra für größere Systemfrequenzen an (s. Bild 7-28). Im Bereich von 1 < f < 15 µm liegt die mittlere Rautiefe Ra für alle betrachteten Werkstoffhärten deutlich unterhalb von Ra = 10 nm und damit relativ eng an der theoretisch erzielbaren mittleren Rauheit Ra_{theo}. Der visuelle Eindruck der Oberflächen ist in diesem Vorschubintervall durchweg optisch. Wie schon die Versuchsergebnisse für eine Frequenz von f_1 = 40 kHz zeigen, ist auch ein Anstieg des arithmetischen Mittenrauwerts Ra für zu kleine (f < 5 µm) sowie zu große (f > 15 µm) Vorschubwerte zu beobachten. Jedoch fällt der Anstieg nicht so deutlich aus wie für eine Frequenz von f_1 = 40 kHz. Prinzipiell lässt sich festhalten, dass die Grenzen des nutzbaren Vorschubbereichs respektive die minimale und maximale Spanungsdicke $h_{cu,max}$ sowohl nach unten als auch nach oben verschoben werden kann, sobald die Systemfrequenz gesteigert wird.

Des Weiteren liegt keine signifikante Korrelation zwischen der Werkstoffhärte und dem Vorschub f vor. Wie auch schon in Kapitel 7.1 zu beobachten war, liegen die Rauheitswerte für unterschiedliche Gefügezustände in einem engen Band. Diese Tatsache eröffnet die Möglichkeit, auch härtere Werkstoffe duktil zu bearbeiten, sobald die Systemfrequenz gesteigert wird. Die Gründe für die verbesserte Oberflächenrauheit und die relative

Unabhängigkeit von der Werkstoffhärte sind bereits im vorangegangen Kapitel eingehend analysiert worden und sind auf den pro Schwingungszyklus reduzierten Energieeintrag zurückzuführen (s. auch Kapitel 7.1.1).

Die abschließende Betrachtung der auftretenden Spanformen in Bild 7-29 stützt das Zerspanungsmodell aus Kapitel 6.3 und die Ergebnisse aus den vorangegangen Teilkapiteln. Für sehr kleine Vorschübe f, bei denen das Schärfemaß gegen S = 1 tendiert, liegen Nadelspäne vor, die auf ein Unterschreiten der minimalen Spanungsdicke $h_{cu,min}$ hindeuten. Nichtsdestotrotz sind die Oberflächen, visuell und messtechnisch betrachtet, optischer Natur. Für steigende Vorschübe f zeigen sich teilweise quasi fließspanartige Späne, die unter entsprechender Vergrößerung auch aus zusammengesetzten Lamellenspänen bestehen.

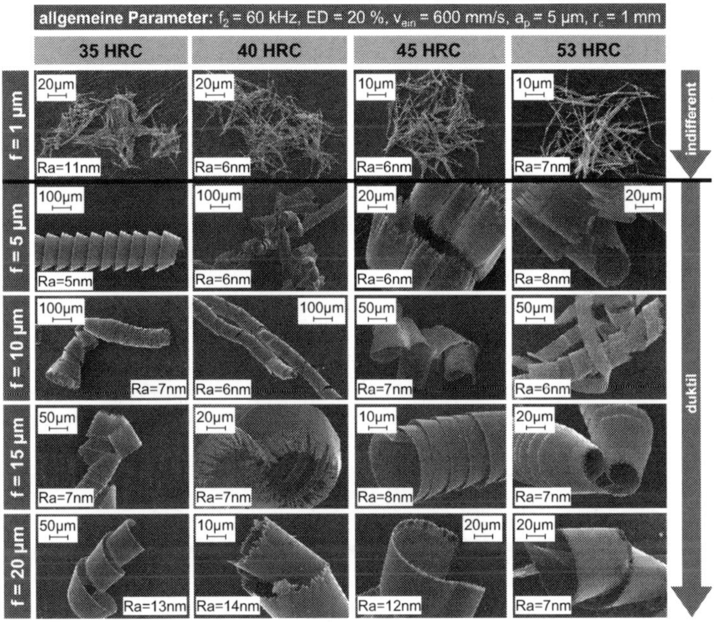

Bild 7-29: **Spanbildung in Abhängigkeit vom Vorschub f und von der Werkstoffhärte für eine Systemfrequenz von f_2 = 60 kHz**

Chip formation in relation to the feed rate f and the material hardness for a system frequency of f_2 = 60 kHz

Die Krümmung der Späne für Vorschübe f > 1 µm deutet auf einen starken Temperaturgradienten zwischen Spanober- und Spanunterseite hin. Die Krümmung scheint dabei mit steigender Frequenz zuzunehmen. Wie bereits in Kapitel 7.1.1 beschrieben, führt der vermutlich geringe Eintrag an Kühlschmierstoff sowie der zeitlich kürzere Freilauf des Werkzeugs pro Schwingungszyklus zu einer verstärkten Reibung zwischen Span und Werkzeug. D. h., auch wenn der pro Schwingung eingebrachte Energieanteil für höhere Frequenzen kleiner ist, wird absolut gesehen mehr Energie in Wärme umgesetzt. Auch der schon detektierte stärkere Schneidenverschleiß für höhere Systemfrequenzen (s. Kapitel 7.1.3) deutet auf ein höheres Temperaturniveau in der Zerspanungszone hin. Die starke Krümmung der Späne unterstützt die Annahme der Abfuhr von Bewegungsenergie in Reibleistung.

Zusammenfassend lässt sich festhalten, dass der Vorschub f nur in bestimmten unteren, begrenzt durch die minimale Spanungsdicke $h_{cu,min}$, und oberen Grenzen, begrenzt durch die maximale Spanungsdicke $h_{cu,max}$, zu einer duktilen Spanabnahme führt. Dabei führt die Steigerung der Systemfrequenz f zu einer Absenkung der minimal sowie zu einer Erhöhung der maximal möglichen Vorschübe f respektive Spanungsdicken h_{cu}.

Ein Werkzeugverschleiß konnte erwartungsgemäß für beide untersuchten Frequenzen weder an der Frei- noch an der Spanfläche festgestellt werden. Wie im Eingang dieses Teilkapitels beschrieben, ist dies auf die moderaten Parameter des Zentralpunkts zurückzuführen. Auf eine illustrierte Darstellung wird daher verzichtet.

Der Einfluss des steigenden Vorschubs und der damit einhergehenden steigenden Prozesskräfte sowie deren Einfluss auf die Bauteilrandzonen der unterschiedlichen Versuchsträger wird im Teilkapitel 7.3 behandelt.

7.2.2 Einfluss der Schnitttiefe für verschiedene Systemfrequenzen

Influence of depth of cut for different system frequencies

In der abschließenden Versuchsreihe zur Ermittlung des Einflusses der klassischen Stellgrößen im Drehprozess wird die Variation der Schnitttiefe a_p für unterschiedliche Systemfrequenzen untersucht. Wie schon für die Variation des Vorschubs f im vorangegangenen Teilkapitel gezeigt werden konnte, besteht eine obere und untere Grenze für die duktile Zerspanung, die maßgeblich durch die Spanungsdicke h_{cu} beeinflusst wird. Dabei werden die dynamischen Bezugsgrößen Eingriffsdauer ED und Eintrittsgeschwindigkeit v_{ein} im Zentralpunkt konstant gehalten.

Die Auswahl des zu variierenden Schnitttiefenbereichs basiert auf den Erkenntnissen der Vorschubvariation. Die Schnitttiefe wird somit in einem Bereich diskret von a_p = 1...70 µm für die Frequenzen f_1 = 40 kHz und f_2 = 60 kHz variiert und erreicht die untere und obere kritische Spanungsdicke h_{cu} der Vorschubvariation aus Kapitel 7.2.1. Gleichzeitig werden die vier Werkstoffhärten und deren Einfluss auf die resultierende Oberflächenqualität untersucht. Für eine Frequenz von f_2 = 60 kHz werden nur der weiche (35HRC) und harte (53HRC) Gefügezustand in die Versuche einbezogen, da alle bisher durchgeführten Versuchsreihen dieses Kapitels keine signifikante Abhängigkeit vom Gefügezustand bei einer Frequenz von f_2 = 60 kHz zeigen. Der abgewickelte Drehweg s der Versuchsreihe beträgt für alle Versuchspunkte s = 76 m. Für den kleinen Schnitttiefenbereich a_p < 5 µm wurden die Proben poliert, um den Einfluss der feingeschliffenen Ausgangsrauheit zu reduzieren.

Die Ergebnisse sind in Bild 7-30 dargestellt und untermauern den signifikanten Einfluss der Spanungsdicke h_{cu}. Für beide untersuchte Frequenzen steigt der arithmetische Mittenrauwert Ra sowohl für kleine als auch große Spanungsdicken h_{cu} signifikant an. Dabei bestätigt die Versuchsreihe den positiven Einfluss einer gesteigerten Systemfrequenz sowohl hinsichtlich der erzielbaren Oberflächenqualität als auch der Erweiterung des Spektrums geeigneter Spanungsdicken h_{cu} für eine duktile Zerspanung. Für eine Systemfrequenz f_1 = 40 kHz ist tendenziell eine Abhängigkeit von der Werkstoffhärte zu erkennen. Je größer die Werkstoffhärte respektive der martensitische Gefügeanteil, desto geringer fällt die Oberflächenqualität aus. Für eine Frequenz von f_2 = 60 kHz ist diese Abhängigkeit nicht zu erkennen. Dies bestätigt die Annahme, dass eine höhere Frequenz, bedingt durch den geringeren pro Schwingungszyklus aufgebrachten Energieanteil, auch die Zerspanung größerer Werkstoffhärten zulässt. Grundsätzlich lässt sich festhalten, dass für eine Frequenz von f_1 = 40 kHz die Spanungsdicke eine untere Grenze von $h_{cu,min}$ = 0,4 µm und obere

Grenze von $h_{cu,max}$ = 1,4 µm nicht unter- bzw. überschreiten sollte. Für eine Frequenz von f_2 = 60 kHz erweitert sich das nutzbare Spektrum der Spanungsdicken auf 0,3 µm < h_{cu} < 1,7 µm. Des Weiteren sind die resultierenden Rauheiten für eine Frequenz von f_2 = 60 kHz deutlich geringer.

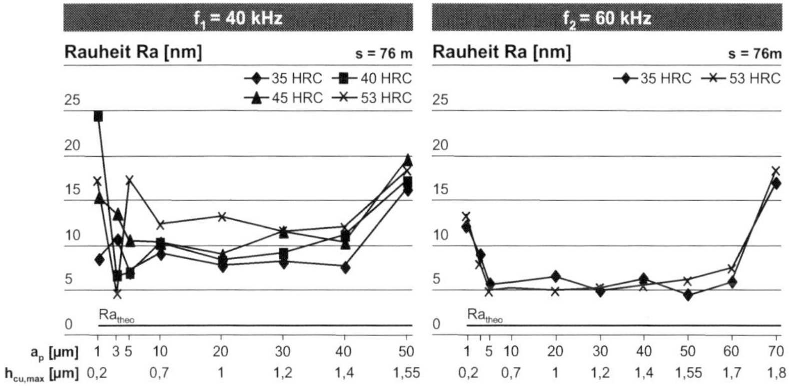

Bild 7-30: **Einfluss der Schnitttiefe a_p auf die erzielbare Oberflächenqualität Ra für die Systemfrequenzen f_1 = 40 kHz und f_2 = 60 kHz**

Influence of the depth of cut a_p on the attainable average roughness height Ra for the system frequencies of f_1 = 40 kHz and f_2 = 60 kHz

Die Gestalt der Späne deckt sich mit denen der bisherigen Untersuchungen (s. Bild 7-29). Aus diesem Grund soll auf eine illustrierte Darstellung verzichtet werden. Für kleine Schnitttiefen a_p treten für beide betrachteten Frequenzen nadelartige Späne auf. Eine Plastifizierung vor der Schneide findet demnach nicht statt. Die über die Scherebene ausgeschobenen vereinzelten Lamellen deuten auf hohe Scherbelastungen hin, die bedingt durch das geringere Schärfemaß S auf stark verkleinerte Schwerwinkel Φ hinweisen. Eine definierte Zerspanung ist durch zunehmende Quetsch- und Drückvorgänge nicht mehr möglich. Im Bereich geeigneter Schnitttiefen a_p bzw. Spanungsdicken h_{cu} treten für f_1 = 40 kHz zusammenhängende Lamellenspanverbünde auf, die auf ein Fließen des Werkstoffs im Schneidkantenbereich hindeuten. Für eine Frequenz von f_2 = 60 kHz treten in diesem Schnitttiefenbereich nahezu fließspanartige Späne auf, die auf eine stärker ausgeprägtes Fließen hindeuten. Dabei zeigt die wiederum stärkere Spankrümmung bei einer erhöhten Systemfrequenz, dass eine stärkere Reibung zwischen Span und Schneidteilflächen auftritt. Der zwangsläufig vorhandene Temperaturgradient und der damit verbundene größere Spannungsgradient sind Ursache für die verstärkte Krümmung.

Ein Werkzeugverschleiß konnte für die betrachteten kurzen Drehwege s sowohl an der Frei- als auch an der Spanfläche nicht festgestellt werden. Wie im Eingang dieses Teilkapitels beschrieben, ist dies auf die relativ moderaten Parameter des Zentralpunkts zurückzuführen.

7.2.3 Zusammenfassung der Erkenntnisse

Summary of results

Zur gesamtheitlichen Untersuchung des schwingungsunterstützten ultrapräzisen Drehprozesses wurde in diesem Teilkapitel der Einfluss klassischer Stellgrößen unter Verwendung der Systemfrequenzen $f_1 = 40$ kHz und $f_2 = 60$ kHz untersucht. Im Fokus standen dabei die Variation des Vorschubs f und der Schnitttiefe a_p. Aus der klassischen Hochpräzisions-Hartdrehbearbeitung mit PCBN Werkzeugen ist bekannt, dass für einen Zerspanprozess sowohl eine untere als auch eine obere kritische Spanungsdicke h_{cu} existiert. Die Ergebnisse zeigen, dass dieser Effekt auch bei der schwingungsunterstützten Zerspanung auftritt.

Für die untersuchten Frequenzen konnte gezeigt werden, dass die Spanungsdicke h_{cu} maßgeblich die duktile Zerspanung bestimmt. Für beide Stellgrößen konnte unabhängig gezeigt werden, dass die obere und untere Spanungsdicke h_{cu} gleiche Werte aufweist, ab der Quetsch- und Drückvorgänge bzw. spröd induzierte Zerspanung zu beobachten ist. Dabei führt die Steigerung der Frequenz zu einer Aufweitung der nutzbaren Spanungsdickenbereiche. Zurückzuführen ist dies, unter der Randbedingung gleicher Arbeitspunkte, auf den geringeren Energieeintrag pro Schwingungszyklus für größere Systemfrequenzen.

Quantitativ bedeutet dies, dass für ein duktiles Zerspanungsverhalten die Spanungsdicke im Bereich von $0{,}5\ \mu m < h_{cu} < 1{,}4\ \mu m$ für eine Systemfrequenz von $f_1 = 40$ kHz liegen sollte. Für eine Frequenz von $f_2 = 60$ kHz erweitert sich dieser Bereich auf $0{,}3\ \mu m < h_{cu} < 1{,}7\ \mu m$.

Des Weiteren konnte über die Krümmung der Späne gezeigt werden, dass für größere Frequenzen die Reibbelastung in der Zerspanungszone zunimmt. Begründet werden kann diese Beobachtung über den relativ geringeren Zufluss von Kühlschmierstoff und den kürzeren Freilauf des Werkzeugs pro Schwingungszyklus.

Eine Variation des Werkzeugeckenradius r_ε wurde nicht durchgeführt. Es ist zu vermuten, dass sich ebenfalls eine untere und obere kritische Spanungsdicke für die duktile Zerspanung einstellt. Die Angabe eines nutzbaren Eckenradiusbereichs ist mit Hilfe der Ergebnisse dennoch möglich. Unter Verwendung des Zentralpunkts der Versuchsreihen (ED = 20 %, $v_{ein} = 600$ mm/s, f = 5 µm, $a_p = 5$ µm) ergibt sich unter Zuhilfenahme von Gleichung 2-8 für eine Frequenz von $f_1 = 40$ kHz ein nutzbarer Eckenradiusbereich von $0{,}1\ mm < r_\varepsilon < 1{,}0\ mm$. Für eine Frequenz von $f_2 = 60$ kHz kann dieser Bereich auf $0{,}070\ mm < r_\varepsilon < 2{,}5\ mm$ deutlich erweitert werden.

7.3 Randzonenbeeinflussung und Oberflächenintegrität

Influence on sub surface and surface integrity

Die bisherigen Untersuchungen zeigen, dass die schwingungsunterstützte Zerspanung geeignet ist, um optisch wirkende Oberflächen auf gehärteten Stahlwerkstoffen zu erzeugen. Die grundsätzliche Qualifikation des Prozesses zur Herstellung von optisch wirkenden Formeinsätzen für den Kunststoffspritzguss oder der Abformung niedrig schmelzender Gläser ist aus system- und prozesstechnologischer Sicht gegeben. Dabei konnten die Wirkmechanismen in der Zerspanungszone und deren Abhängigkeit von den Prozessparametern herausgearbeitet werden. Aus dem Blickwinkel des Anwenders interessiert jedoch nicht nur die erzielbare Oberflächen- und Formgenauigkeit, sondern auch die Oberflächenintegrität. Ein Härteabfall in der Randzone, schädliche Oberflächenrisse, Neuhärtungszonen oder auch Zugeigenspannungen führen im Einsatzfall gegebenenfalls zu einem vorzeitigen Versagen der bearbeiteten Bauteile.

In diesem Teilkapitel soll über geeignete Messmethoden die Randzone hinsichtlich ihrer Zustandsänderung nach der Zerspanung untersucht werden. Dazu wird neben einer exemplarischen Aufnahme der Eigenspannungszustände über eine röntgendiffraktometrische Methode auch die Mikrohärte nach Vickers aufgenommen [DIN6507]. Metallurgisch präparierte Proben sollen abschließend die Oberflächenintegrität hinsichtlich mechanischer Defekte wie z. B. Risse oder thermisch induzierter Neuhärtungszonen überprüfen. Die Erkenntnisse sind nicht nur für die Anwendung der Bauteile in replikativen Prozessen von Relevanz. Aus prozesstechnologischer Sicht dienen diese auch zur tiefer gehenden Analyse bzw. Verifikation der vorherrschenden Wirkmechanismen in der Zerspanungszone.

Eigenspannungen in der Randzone

Während der Zerspanung kommt es aufgrund der mechanischen und thermischen Beanspruchung der Bauteiloberfläche zu plastischen Deformationen im Kristallgitter, die als verbleibende Eigenspannungen nach der Bearbeitung nachgewiesen werden können (s. Kapitel 2.1.1.).

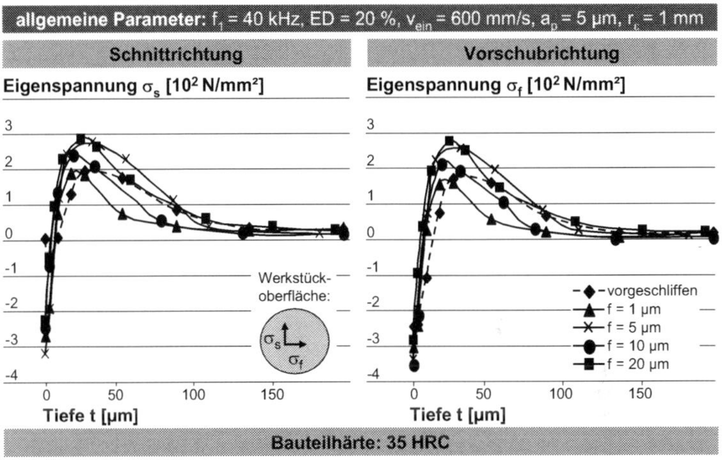

Bild 7-31: Tiefenabhängiger Eigenspannungszustand der Bauteiloberfläche (35 HRC) in Schnitt- und Vorschubrichtung für unterschiedliche Vorschübe (f_1 = 40 kHz)

Depth-dependent residual stress of the part's surface (35HRC) in cutting and feed direction for different feed rates (f_1 = 40 kHz)

Die Analyse der Eigenspannung basiert auf dem Prinzip der optischen Strahlbeugung. Durch die mechanische und thermische Beanspruchung des Bauteils während der Zerspanung kommt es zu einer oberflächennahen Verspannung und Deformation des Kristallgitters. Röntgenstrahlen, die in ihrer Wellenlänge von λ = 0,1...0,3 nm dem Atomabstand entsprechen, können in diese Strukturen eindringen und werden gebeugt reflektiert. Die Reflexionsmuster können über einen Detektor ausgewertet werden. Einen Tiefeneindruck der Spannungsverteilung in der Bauteilrandzone wird durch diskret über das Polieren abgetragene Oberflächenschichten und eine anschließende röntgendiffraktometrische Analyse realisiert.

Das Ergebnis der Untersuchungen der oberflächennahen Randzone ist exemplarisch für eine im Zentralpunkt bearbeitete Werkstoffhärte von 35 HRC in Abhängigkeit vom Vorschub in Bild 7-31 dargestellt. Die Proben wurden dabei komplett bearbeitet und an einer definierten Stelle metallurgisch für die Eigenspannungsanalyse vorbereitet. Da die Vorschubvariation verschiedene abgewickelte Drehlängen bedingt, kommt es aus dem normalen Verständnis heraus zu einer Vermischung der Einflüsse, da der Werkzeugverschleiß und damit die thermische Beanspruchung der Oberfläche zunehmen. Unter Einbeziehung der Ergebnisse aus Kapitel 7.2.1 kann jedoch für die betrachteten Drehlängen der Werkzeugverschleiß vernachlässigt werden.

Zu sehen sind im linken Bildbereich die oberflächennahen Eigenspannungen in Schnittrichtung. Die Eigenspannungen in Vorschubrichtung sind im rechten Bildteil dargestellt. Die Ergebnisse zeigen, dass die Eigenspannungen sowohl in Schnitt- als auch Vorschubrichtung qualitativ und quantitativ korrelieren. Im Vergleich zur unbearbeiteten Probe nehmen die Druckspannungen in der unmittelbaren Randzone in Tiefen von $t = 1...5$ µm für Vorschübe $f > 5$ µm zu. Für den höchsten Vorschubwert der Versuchsreihe $f = 20$ µm treten erwartungsgemäß die höchsten Zug- und Druckeigenspannungen auf. In der tieferen Randzone 5 µm $< t <$ 100 µm treten für Vorschübe $f > 5$ µm folglich Zugspannungen auf. Demnach kann davon ausgegangen werden, dass die mechanische Belastung die thermische überlagert (s. Kapitel 2.1.1).

Für Vorschübe von $f < 5$ µm ist ein leichter Abfall der Zugspannungen im Vergleich zur Referenzprobe vorhanden. Ferner verschieben sich die Zugspannungen in Richtung der bearbeiteten Oberfläche. Hier kann davon ausgegangen werden, dass die thermische Belastung in der Zerspanungszone zunimmt. Untermauert wird dies durch die Ergebnisse aus Kapitel 7.2.1. Aufgrund des ungenügenden Schärfemaßes S treten Quetsch- und Drückvorgänge in der Zerspanungszone auf, die die Reibungsverhältnisse und damit die thermische Belastung massiv beeinflussen.

Für Bauteiltiefen von $t > 100$ µm ist der mechanisch und thermisch unbeeinflusste Gefügezustand zu erkennen, der keine Eigenspannungen aufweist.

Für die weiteren Werkstoffhärten ist von ähnlich auftretenden tiefenbezogenen Spannungsverteilungen auszugehen, wobei die Zug- und Druckspannungen für größere Werkstoffhärten aufgrund der höheren Streckgrenze kleiner ausfallen dürften. Der Spannungszustand für höhere Frequenzen wird durch die höhere thermische Belastung (s. Kapitel 7.1.1 und 7.2.1) zur Verschiebung der Zugspannungen in oberflächennahe Bereiche führen. Dennoch ist davon auszugehen, dass in der Randzone Druckspannungen vorherrschen.

Analyse der Mikrohärte

Eine weitere Messmethode zur Überprüfung des Randzonenzustands ist die Messung der Mikrohärte nach Vickers. Im vorliegenden Fall wird dazu eine Diamantpyramide mit einem Öffnungswinkel von 136° in die Oberfläche eingedrückt, bis eine Prüfkraft von $F = 0{,}1$ N auftritt. Das Verfahren eignet sich aufgrund seiner geringen Eindringtiefe von wenigen Mikrometern zur Analyse der Härte in der Randzone. Wichtige Voraussetzung ist dabei eine ebenmäßige Oberfläche, um den Einfluss von Bearbeitungsmarken auszuschließen. Dazu wurden die Referenzproben für jede Werkstoffhärte poliert. Die bearbeiteten Proben bedürfen aufgrund ihrer hochwertigen Oberflächenqualität keiner weiteren Präparation. Zur statistischen Absicherung wurden zehn Messpunkte pro Probe aufgenommen, um Effekte wie die Messung einzelner harter und weicher Gefügebestandteile zu reduzieren.

In Bild 7-32 ist der Einfluss des Vorschubs f und der makroskopischen Werkstoffhärte nach Rockwell auf die Mikrohärte für die beiden Systemfrequenzen $f_1 = 40$ kHz und $f_2 = 60$ kHz dargestellt.

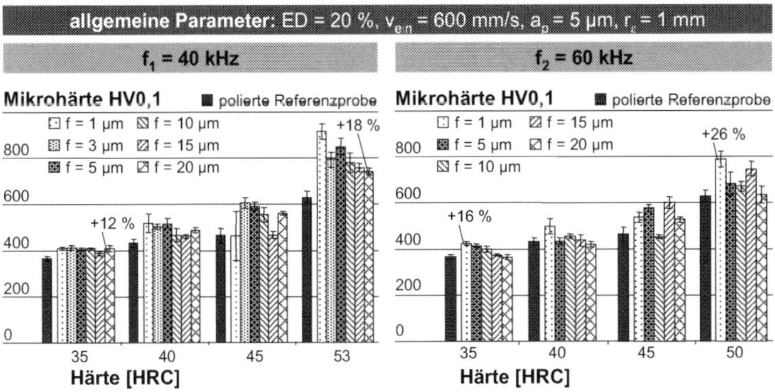

Bild 7-32: **Einfluss des Vorschubs f und der Werkstoffhärte nach Rockwell auf die Mikrohärte HV0,1 für unterschiedliche Systemfrequenzen f**

Influence of the feed rate f and the material hardness (Rockwell) on the micro hardness HV0.1 for different system frequencies f

Im Vergleich zur polierten Referenzprobe ist für beide Frequenzen über alle Messungen ein Anstieg der Mikrohärte zu verzeichnen. Die Streuung der Messwerte liegt dabei in einem statistisch akzeptablen Bereich. Grundsätzlich lässt sich festhalten, dass durch die Zerspanung die induzierte thermische und hauptsächlich mechanische Belastung zu einer signifikanten Beeinflussung der Randzone führt. Tendenziell ist für einen steigenden Vorschub f, im Gegensatz zu den untersuchten Eigenspannungen, sogar ein Abfall der Mikrohärte zu verzeichnen, die jedoch immer noch signifikant oberhalb der Mikrohärte der Referenzprobe liegt. Wird der relative Anstieg der Mikrohärte herangezogen, so ist dieser für härtere Gefügezustände immer noch größer (s. Bild 7-32 links). Die Ergebnisse stehen damit nicht im Widerspruch zur Eigenspannungsanalyse, die ebenfalls eine deutlich steigende Randzonenbeeinflussung für steigende Vorschübe aufzeigt. Eine Begründung für den Abfall der Mikrohärte für steigende Vorschübe liegt zum jetzigen Zeitpunkt jedoch noch nicht vor.

Des Weiteren zeigt der Vergleich der Mikrohärten für die beiden untersuchten Frequenzen einen kleineren relativen Anstieg der Härte für eine Frequenz von $f_2 = 60$ kHz. Ursächlich kann der pro Schwingungszyklus kleinere eingebrachte Energieeintrag herangezogen werden, der zu einer geringeren mechanischen Belastung führt. Die Ergebnisse bestätigen die Annahme des reduzierten Energieeintrags aus den Teilkapiteln 7.1 und 7.2.

Für die Variation der Schnitttiefe a_p ist den Erwartungen entsprechend eine ähnliche Abhängigkeit zu beobachten. Auf die Darstellung des Mikrohärteverlaufs in Abhängigkeit von der Schnitttiefe a_p soll hier verzichtet werden.

Abschließend werden unter konstanten Vorschub- und Schnitttiefenbedingungen die dynamischen Bezugsgrößen Eingriffsdauer ED und Eintrittsgeschwindigkeit v_{ein} hinsichtlich ihres Einflusses auf die Mikrohärte der Bauteilrandzone untersucht. Die Ergebnisse sind in Bild 7-33 und Bild 7-34 für beide Frequenzen dargestellt. Die Streuung der Messwerte liegt für diese Versuchsreihen in einem statistisch abgesicherten Bereich.

Allgemein lässt sich erneut die pro Schwingungszyklus eingebrachte geringe Energie für erhöhte Systemfrequenzen feststellen. Dabei liegen wiederum alle Mikrohärten der bearbeiteten Proben über denen der Referenzproben. Tendenziell nimmt die Mikrohärte sowohl für eine steigende Eingriffsdauer ED als auch für steigende Eintrittsgeschwindigkeiten v_{ein} je Gefügezustand zu. Sowohl die Dauer des Eingriffs als auch das gesteigerte

Geschwindigkeitsprofil während des Eingriffs führen zu einer stärkeren Belastung des Grundwerkstoffs (s. Kapitel 7.1).

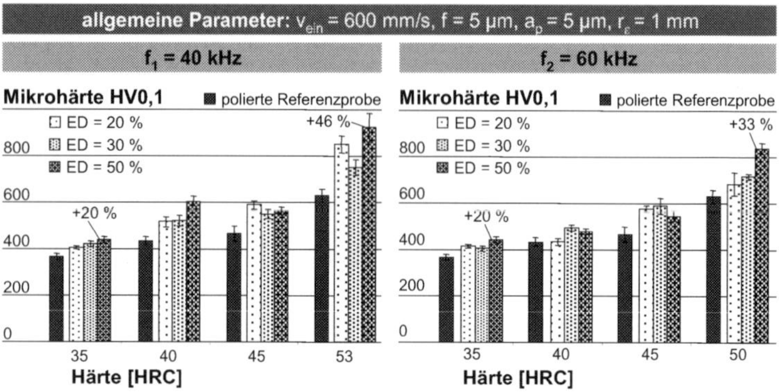

Bild 7-33: **Einfluss der Eingriffsdauer ED und der Werkstoffhärte nach Rockwell auf die Mikrohärte HV0,1 für unterschiedliche Systemfrequenzen f**

Influence of the entrance duration ED and material hardness (Rockwell) on the micro-hardness HV0,1 for different system frequencies f

Des Weiteren ist auch der relative Anstieg der Mikrohärte vom weichen zum harten Gefügezustand höher, was auf eine stärkere mechanische Belastung des Grundwerkstoffs in der Zerspanungszone zurückzuführen ist.

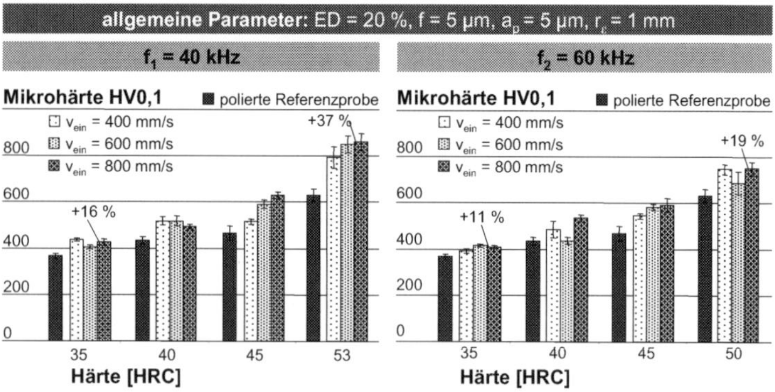

Bild 7-34: **Einfluss der Eintrittsgeschwindigkeit v_{ein} und der Werkstoffhärte nach Rockwell auf die Mikrohärte HV0,1 für unterschiedliche Systemfrequenzen f**

Influence of the contact velocity v_{ein} and the material hardness (Rockwell) on the micro-hardness HV0,1 for different system frequencies f

Metallurgische Analyse der Randzone

Abschließend soll eine visuelle Analyse der Randzone der bearbeiteten Proben Klarheit über die Oberflächenintegrität bringen. Oberflächennahe Risse oder auch das Auftreten von Neuhärtungszonen können die Lebensdauer von z. B. Formeinsätzen negativ beeinflussen.

Dazu werden die Proben metallurgisch über das Einbetten, Polieren und Ätzen präpariert sowie anschließend unter dem Lichtmikroskop aufgenommen. Bild 7-35 zeigt für die Parameter im Zentralpunkt für eine Frequenz von f_1 = 40 kHz die Randzone der verschiedenen Gefügezustände. Die Schliffe zeigen keine Auffälligkeiten. Weder Risse noch Neuhärtungszonen sind für die weichen und harten Gefügezustände zu erkennen.

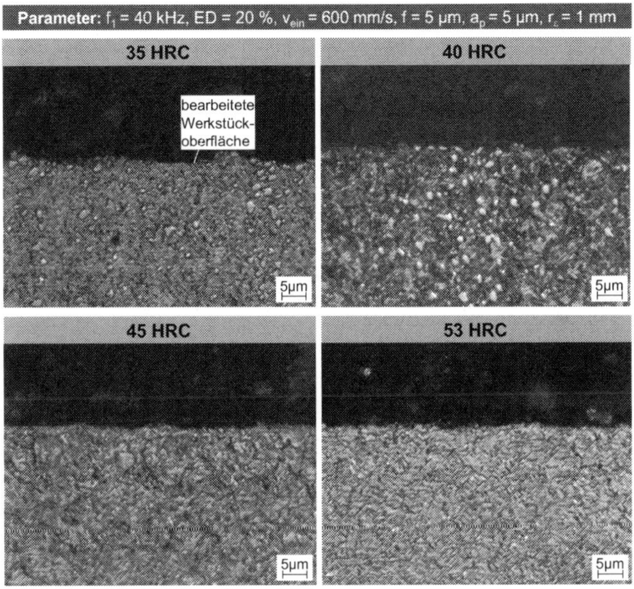

Bild 7-35: **Metallurgisch präparierte Randzone**

Metallurgic prepared surface zone

Zusammenfassend lässt sich festhalten, dass durch die schwingungsunterstützte Bearbeitung von gehärteten Stählen die Oberflächenrandzone signifikant beeinflusst wird. Dabei treten hauptsächlich positiv zu beurteilende Druckeigenspannungen in der Randzone auf, die sich bei entsprechend höherer Belastung, z. B. über einen steigenden Vorschub, verstärken. Dazu korreliert auch der Verlauf der Mikrohärte HV0,1, die sich im Vergleich zu den gezeigten Referenzproben für nahezu alle variierten Parameter stärker ausprägt. Negative Effekte wie Rissbildung oder Neuhärtungszonen sind nicht vorhanden. Es kann davon ausgegangen werden, dass für große Drehwege sehr wohl eine negative Beeinflussung der Randzone entsteht. Diese sind aus anwendungstechnischer Sicht jedoch nicht relevant, da durch den Werkzeugverschleiß die gewünschte optische Oberflächenqualität vor dem Eintreten dieser Effekte nicht mehr erreicht wird. Für eine Frequenz von f_2 = 60 kHz sind die beschriebenen positiven Eigenschaftsänderungen der Randzone in abgemilderter Form zu erwarten.

8 Richtlinien und Potenziale

Guidelines and Potentials

Der Einsatz schwingungsunterstützter, monokristalliner Diamantwerkzeuge in der Ultrapräzisionsbearbeitung befähigt den Prozess, neue Anwendungsfelder durch die Erweiterung der werkstoffseitigen Grenzen zu erschließen. Die bisher erarbeiteten system- und prozesstechnologischen Erkenntnisse sind dazu in anwendungsrelevante Richtlinien für die Zerspanung wärmebehandelter Stahlwerkstoffe zu überführen. Dies umfasst die Bereitstellung praxisgerechter Parameterfenster in Relation zu den systemtechnischen Randbedingungen. Dazu werden die Richtlinien anhand der Bearbeitung eines optisch wirkenden Formeinsatzes zur Replikation von Kunststoffen oder niedrig schmelzenden Gläsern umgesetzt. Das Aufzeigen möglicher Anwendungsgebiete und auch die zukünftigen system- und prozessseitigen Potenziale sollen abschließend Ansätze für die weitere Verfahrensentwicklung liefern.

8.1 Richtlinien für die System- und Prozessgestaltung

Guidelines for system and process design

Höchste Oberflächen- und Formgenauigkeiten im Zusammenspiel mit einer integeren Oberflächenrandzone sind die vorrangigen Ziele bei der Ultrapräzisionsbearbeitung mit definierten Schneidteilgeometrien. Grundlegende Voraussetzung für eine prozesssichere duktile Spanbildung sind konstante Bedingungen in der Zerspanungszone und der Umgebung. Prinzipiell sind diese Randbedingungen durch den Einsatz hochgenauer monokristalliner Diamantwerkzeuge und Ultrapräzisionsmaschinen in klimatisierter Umgebung erfüllt. Die Beaufschlagung des Werkzeugs mit einer hochdynamischen Schwingung widerspricht diesen Randbedingungen. Dennoch konnte der signifikant positive Effekt der Schwingungsunterstützung gezeigt werden. Eine detaillierte theoretische und praktische Untersuchung des Schwingungssystems in Kapitel 5 zeigt jedoch auch, dass neben den prozesstechnologischen Einflüssen der systemtechnische Einfluss keinesfalls vernachlässigt werden darf. Basierend auf diesen Erkenntnissen sind sowohl aus systemtechnischer als auch prozesstechnologischer Sicht entsprechende Richtlinien zu formulieren.

Richtlinien zur Systemgestaltung

Die hier aufgeführten Randbedingungen und Restriktionen sind zwingend einmalig im Vorfeld der Bearbeitung zu untersuchen. Dazu können zum einen dynamische Simulationen über die FE-Methode zur Auslegung des Systems hilfreich sein. Jedoch ist zum anderen eine praktische Verifizierung und Optimierung erforderlich, um die späteren system- und prozesstechnologischen Einflüsse anhand der erzielten Bearbeitungsergebnisse zu ermitteln. Folgende Richtlinien sind in diesem Zusammenhang zu nennen:

- Zur Integration der Schwingungssysteme in die begrenzten Arbeitsräume von Ultrapräzisionsmaschinen ist auf ein kurz und kompakt bauendes System mit hinreichender Steifigkeit zu achten.

- Die Anbindung der Schallwandler und Sonotroden an die Peripherie ist schwingungsfrei zu gestalten. Dabei führen geringer werdende Klemmbreiten bei steigenden Systemfrequenzen zu einer verbesserten Schwingungsentkopplung.
- Sonotrodendurchmesser sind so auszulegen, dass für die gewünschte Frequenz eine möglichst von anderen Schwingungen unbeeinflusste longitudinale Schwingung auftritt.
- Für eine unidirektionale schwingungsunterstützte Bearbeitung in Schnittrichtung sind orthogonal zur Werkstückoberfläche auftretende Schwingungen zu minimieren.
- Longitudinale und die zwangsläufige orthogonal wirkende Schwingung überlagern sich zu einer angestellten linearen Gesamtschwingung. Der resultierende Winkel ist dabei möglichst klein zu halten, da die seitliche Schwingung in die Oberfläche des Bauteils wirkt.

Richtlinien zur Prozessgestaltung

Die prozesstechnologischen Einflüsse auf das Bearbeitungsergebnis sind vielfältig und wurden eingehend in Kapitel 6.1 und 7 erörtert. Sowohl die Vorbereitung der Werkstücke im Vorfeld der Endbearbeitung (Kapitel 6.1) als auch die Verwendung geeigneter Prozessparameterfenster sind immanent wichtig. Dabei konnte in dieser Arbeit gezeigt werden, dass nicht nur die geometrischen Stellgrößen auf das Zerspanungsverhalten einen Einfluss haben (Kapitel 7.1), sondern auch die abgeleiteten dynamisch wirkenden Bezugsgrößen die Endbearbeitungsqualität massiv beeinflussen (Kapitel 7.1). Dabei ist sowohl die Oberflächenqualität als auch -integrität zu betrachten.

Bezüglich der Werkstückvorbereitung sind folgende Maßnahmen zu treffen bzw. Richtlinien einzuhalten:

- Die Genauigkeit der Ausrichtung der Werkstücke auf den Maschinenfuttern muss deutlich unterhalb der Schnitttiefe der Endbearbeitung liegen. Somit ist bei der Konturbearbeitung die Formgenauigkeit der Ausgangskonturen entscheidend.
- Die Ausgangsrauheit der Werkstücke sollte deutlich unterhalb der Schnitttiefe der Endbearbeitung liegen. Somit kann auch eine optische Oberfläche in einem Schnitt aus einer vormals z. B. vor- oder fein geschliffenen Qualität erzeugt werden.
- Sind die genannten Punkte nicht zu erfüllen, ist unbedingt der Standweg der Werkzeuge oder ein zwangsläufiger Werkzeugwechsel in Betracht zu ziehen.

In den Teilkapitel 7.1.1 bis 7.1.4 und 7.3 sind die Systemfrequenz und die damit verbundenen dynamisch wirkenden Bezugsgrößen hinsichtlich der Spanbildung, Oberflächenqualität sowie des Werkzeugverschleißes, des nutzbaren Werkstoffspektrums und der Randzonenbeeinflussung untersucht worden. Zusammenfassend lassen sich folgende Richtlinien festhalten:

- Eine duktile Spanabnahme wird durch die Wahl niedriger Eintrittsgeschwindigkeiten und Eingriffsdauern realisiert.
- Niedrige Eingriffsdauern und Eintrittsgeschwindigkeiten und die damit einhergehenden kleinen pro Schwingungszyklus zerspanten Strecken führen zu qualitativ hochwertigen Oberflächen.
- Kurze pro Schwingungszyklus zerspante Strecken minimieren den Einfluss seitlicher Werkzeugschwingungen.
- Geringe Eingriffsdauern und Eintrittsgeschwindigkeiten reduzieren den Werkzeugverschleiß.

- Eine Erhöhung der Systemfrequenz führt zu einem verbesserten duktilen Zerspanung. Geringe pro Schwingungszyklus eingebrachte Energien begünstigen die Spanbildung und Oberflächenausprägung[3].
- Gesteigerte Systemfrequenzen erlauben höhere Zeitspanungsvolumina.
- Höhere Systemfrequenzen sind durch ihre pro Schwingungszyklus eingebrachte geringere Schnittenergie in der Lage, die nutzbaren Parameterfenster der dynamischen Bezugsgrößen zu erweitern.
- Zur Bearbeitung hoher Werkstoffhärten empfiehlt sich der Einsatz hoher Systemfrequenzen.
- Gesteigerte Systemfrequenzen führen in vergleichbaren Arbeitspunkten zu einem erhöhten Werkzeugverschleiß. Durch verringerte Amplituden dringt der Kühlschmierstoff reduziert in die Zerspanungszone ein. Das Reaktionspotenzial für den Schneidenverschleiß wird durch den kürzeren Werkzeugfreilauf erhöht.
- Eine Steigerung der Systemfrequenz führt für kleine Drehwege zu einer Minimierung der Randzonenbeeinflussung.

In den Teilkapiteln 7.2.1 bis 7.2.3 ist der Einfluss der klassischen Stellgrößen auf den Spanquerschnitt untersucht worden. Aus den Erkenntnissen lassen sich folgende Richtlinien ableiten:

- Für eine duktile Spanbildung darf die Spanungsdicke eine minimale untere und eine maximale obere Grenze nicht unter- bzw. überschreiten.
- Eine gesteigerte Systemfrequenz bewirkt ein Aufweiten des Bereichs nutzbarer Spanungsdicken.
- Für eine gesteigerte Systemfrequenz ist die Verwendung sehr kleiner Werkzeugeckenradien zur Bearbeitung filigraner Konturelemente möglich.
- In der Regel führen große Spanungsdicken zu einem Anstieg der Druckeigenspannungen durch mechanische Verfestigung in der Bauteilrandzone.
- Durch die Wahl geringer Vorschübe und Schnitttiefen überwiegt die thermische Beanspruchung der Randzone und begünstigt die Ausbildung von Zugeigenspannungen.

8.2 Umsetzung der Erkenntnisse und Richtlinien

Transformation of results and guidelines

Unter Berücksichtigung der in dieser Arbeit gewonnenen Erkenntnisse und Restriktionen für die Bearbeitung vergüteter Stahlwerkstoffe ist in einem abschließenden Bearbeitungsversuch am Fraunhofer-Institut für Produktionstechnologie IPT ein planer Formeinsatz für die replikative Herstellung von Kunststoff- und Glaskomponenten entstanden. In Bild 8-1 sind die Prozessparameter inkl. des Werkzeugzustands nach der Bearbeitung (unten links) aufgezeigt. Die Spanbildung kann als duktil bezeichnet werden und zeigt im Bild unten rechts eine wendelspanartige Gestalt. Die dabei erzielte Rauheit und Ebenheit des Bauteils qualifizieren es zum direkten Einsatz für die Replikation. Eine Nachbearbeitung z. B. mittels Polieren ist nicht notwendig.

[3] In dieser Arbeit wurde ein System mit einer Frequenz von $f_2 = 60$ kHz genutzt, das um 75 % reduzierte seitliche Schwingungen aufweist. Diese kann, je nach Auslegung des Systems, unterschiedlich ausfallen.

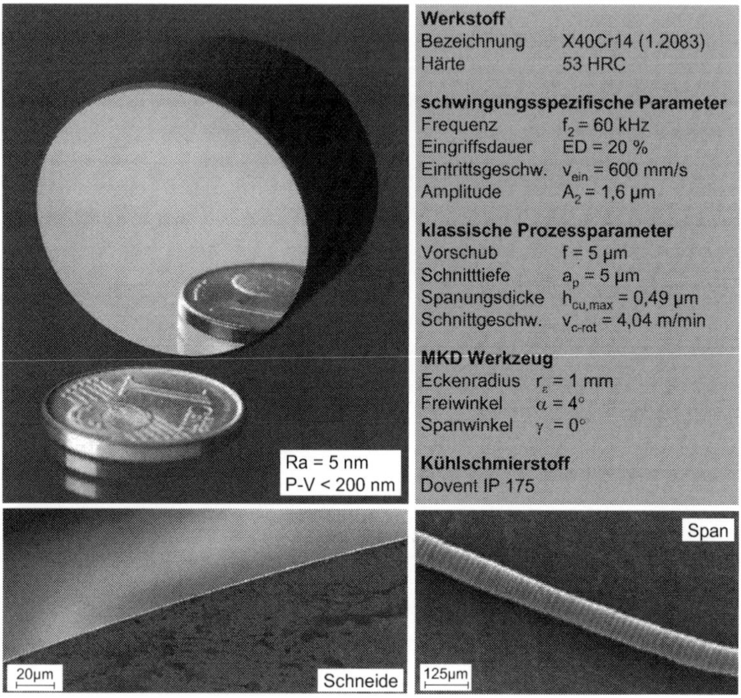

Bild 8-1: **Planer Formeinsatz für die Replikation von Kunststoffen oder Gläsern**

Plane mould die for the replication of plastics and glass

Das erzielte Ergebnis zeigt dabei deutlich die Leistungsfähigkeit des Verfahrens. Auch der Erweiterung der Planbearbeitung hin zu filigranen stetigen oder auch nicht stetigen Konturen, wie z. B. diffraktiv wirkende optische Elemente, steht nichts entgegen. Hier liegt das große Potenzial der Technologie, da solche Bauteilkonturen durch die klassischen Schleif- und Poliertechnologien nur unter erheblichem Aufwand herstellbar sind.

8.3 Verfahrensbewertung

Process assessment

Die Ergebnisse dieser Arbeit zeigen deutlich die Vorteile und daraus resultierenden Anwendungsfelder des Einsatzes schwingungsunterstützter monokristalliner Diamantwerkzeuge für die Ultrapräzisionsbearbeitung. Die Technologie befähigt zur Bearbeitung gänzlich neuer Werkstoffspektren, wie es RÜBENACH beispielsweise für die Zerspanung optischer Gläser nachweisen konnte [RUEB01]. Hierdurch ist erstmals die Grundlage zur Bearbeitung optischer Komponenten aus Glas mit definierter Schneide geschaffen worden. In dieser Arbeit wurde das bearbeitbare Werkstoffspektrum auf Stahlwerkstoffe erweitert. Es erschließen sich neue Anwendungsfelder wie z. B. die Bearbeitung optischer Formeinsätze für die Replikation von Kunststoff- oder Glasoptiken. Jedoch unterliegt auch die schwingungsunterstützte Ultrapräzisionsbearbeitung gewissen Grenzen. Deshalb ist eine sachliche Bewertung der Verfahrensvorteile als auch -grenzen erforderlich.

Der grundlegende Vorteil schwingungsunterstützter Diamantwerkzeuge für die ultrapräzise Zerspanung von harten Stahlwerkstoffen liegt in einer drastischen Reduzierung des Werkzeugverschleißes. Erstmals können harte Stahlwerkstoffe für die UP-Bearbeitung nutzbar gemacht werden. Die erzielbaren Oberflächenqualitäten liegen dabei im Bereich von Ra = 5 nm. Eine anschließende Polierbearbeitung wird stark reduziert oder je nach Anforderung sogar vermieden. Die bearbeiteten Werkstücke können unmittelbar als optische Formeinsätze in Kunststoffspritzguss- oder Präzisionsblankpressmaschinen eingesetzt werden.

Ursächlich führt die hochfrequente Schnittunterbrechung zu einer Reduzierung der tribochemisch und abrasiv getriebenen Verschleißmechanismen an der Schneidkante. Es muss jedoch unterstrichen werden, dass der Werkzeugverschleiß nicht eliminiert werden kann. Im Vergleich zur etablierten Ultrapräzisionsbearbeitung von NE-Metallen ist der Standweg der Werkzeuge immer noch drei Größenordnungen kleiner. Quantitativ bedeutet dies, dass die Standwege für die schwingungsunterstützte Bearbeitung eisenhaltiger Werkstoffe im Bereich von 500 bis 1000 m liegen. Die Bearbeitung von Stählen ohne Schwingungsunterstützung lieferte realisierbare Drehwege von 15 bis 25 m. Bei der klassischen UP-Zerspanung von NE-Metallen weisen die Werkzeuge Standwege von mehreren hundert Kilometern auf. Vor diesem Hintergrund qualifiziert sich die schwingungsunterstützte Bearbeitung nicht für die Serienbearbeitung optischer Komponenten. Erschwerend für den Serieneinsatz wirken sich sowohl die hohen Werkzeugkosten als auch die hohen Rüstaufwände in der Werkzeugmaschine aus.

Der Argumentationslinie folgend liefern auch die kinematischen Randbedingungen der schwingungsunterstützten Bearbeitung mit definierter Schneide Restriktionen, die einen Einsatz in der Serienfertigung nicht erlauben. Zur Realisierung der zwingend erforderlichen hochfrequenten Schnittunterbrechung sind relativ geringe Schnittgeschwindigkeiten von $v_{c\text{-}rot} < 10$ m/min notwendig. Im Vergleich hierzu werden bei der Hochpräzisionsbearbeitung harter Stahlwerkstoffe mit PCBN Schneiden Schnittgeschwindigkeiten von $v_c > 160$ m/min eingesetzt. Die Folge sind relativ geringe Zeitspanungsvolumina, die einem hochproduktiven Serieneinsatz entgegenstehen.

Für relativ geringe Systemfrequenzen liegt eine Abhängigkeit von der Werkstoffhärte vor. Je härter das Substrat, desto niedriger fallen die erzielbaren Oberflächenqualitäten aus. Die Steigerung der Systemfrequenz kann diesen Nachteil durchaus kompensieren. Die Ergebnisse in dieser Arbeit zeigen, dass auch hochharte Gefügezustände einer ausreichenden Duktilisierung während der Zerspanung unterliegen. Ein weiterer Vorteil erhöhter Systemfrequenzen liegt in der Erweiterung des nutzbaren Spanungsdickenbereichs. Hierdurch wird der Einsatz kleiner Werkzeugeckenradien zur Bearbeitung filigraner Konturen und -elemente möglich. Nachteilig wirkt sich jedoch der höhere Verschleiß der Schneiden bei gesteigerten Systemfrequenzen aus.

Die Bewertung der Vorteile und Restriktionen zeigt deutlich auf, dass die schwingungsunterstützte Bearbeitung mit monokristallinen Diamanten, ebenso wie die konventionelle UP-Bearbeitung, als reines Endbearbeitungsverfahren einzustufen ist. Folglich ist das Verfahren immer mit der vor- und gegebenenfalls nachgelagerten Prozesskette abzustimmen. Für die vorgelagerten Prozessschritte ist auf eine möglichst endkonturnahe Eingangsqualität für die Endbearbeitung zu achten. Dabei ist es durchaus denkbar, die klassische optische Prozesskette Vorschleifen, Feinschleifen und Polieren durch eine neuartige optische Prozesskette Hochpräzisions-Hartdrehen und anschließender schwingungsunterstützter Bearbeitung zu ersetzen. Ein anschließender Poliervorgang ist je nach geforderter Bauteilqualität optional. Vor diesem Hintergrund, den niedrigen Zeitspanvolumina sowie dem noch relativ hohen Werkzeugverschleiß zeigen sich folgende Einsatzfelder für die Bearbeitung gehärteter oder vergüteter Stähle:

- Bearbeitung von Prototypen mit mittlerer bis hoher Konturkomplexität.
- Fertigung von Werkstücken mit kleiner bis mittlerer Stückzahl und hoher bis sehr hoher Komplexität, wie z. B. stetige asphärische oder torische Konturen bis hin zu unstetigen diffraktiven Konturelementen.
- Herstellung hochgenauer Formwerkzeuge für die Kunststoff- und Glasreplikation.

Der Einsatz ultrapräziser Werkzeugsmaschinen unter kontrollierten Umgebungsbedingungen ist für die genannten Anwendungsfelder obligatorisch.

8.4 Zukünftige Handlungsfelder und Entwicklungspotenzial

Future fields of actions and development potential

Die Ergebnisse der Arbeit zeigen, dass der Einsatz der schwingungsunterstützten Ultrapräzisionsbearbeitung durchaus eine Nische in der Bearbeitung für komplex konturierte, optisch wirkende Bauteile besetzen kann. Die bereitgestellten system- und prozessseitigen Ergebnisse decken aber auch Potenziale und Restriktionen auf, die den Bedarf für weitere sowohl wissenschaftliche als auch anwendungsorientierte Untersuchungen aufzeigen. Eine rein prozesstechnologische Betrachtung, wie z. B. die Ermittlung optimaler Parameterkonstellationen, ist dabei jedoch nicht zielführend. Vielmehr ist eine gesamtheitliche Betrachtung der Technologie für eine erfolgreiche Umsetzung erforderlich. Diese erstreckt sich von der Prozesskette über das Werkzeug, das Schwingungssystem bis hin zur Zerspanungszone. Im Vordergrund steht dabei immer, den zu zerspanende Werkstoff für die schwingungsunterstützte Zerspanung zu qualifizieren.

Untersuchung alternativer Prozessketten

Die schwingungsunterstützte ultrapräzise Bearbeitung gehärteter oder vergüteter Stahlwerkstoffe ermöglicht es, ausgehend von einer klassisch vor- oder feingeschliffenen Oberflächenrauheit, optische Konturen zu erzeugen. Eine Nachbearbeitung durch Polieren ist nur noch in geringem Maße bzw. nicht mehr erforderlich. Wie schon im vorangegangenen Teilkapitel angedeutet, besteht hierdurch die Möglichkeit die klassische optische Prozesskette, die über das Vor-, Feinschleifen und Polieren definiert ist, aufzubrechen. Vorstellbar ist eine gänzlich neue Fertigungsfolge, die aus einer klassischen Hochpräzisions-Hartdrehbearbeitung und einer anschließenden schwingungsunterstützten UP-Bearbeitung besteht. Zum einen kann hierdurch, im Gegensatz zur klassischen optischen Prozesskette, die Bearbeitung auf einer Maschine erfolgen. Die Bearbeitung in einer Aufspannung führt zur Kompensation und Vermeidung möglicher Aufspann- und Umspannfehler. Zudem unterstützt die kinematische Flexibilität der Hochpräzisions-Hartdrehbearbeitung die Endbearbeitung. Komplexe Konturen und Konturelemente können bereits im Vorbearbeitungsprozess realisiert werden. Hierdurch kann der zeitaufwändige schwingungsunterstützte Prozess ideal wirken. Hohe Haupt- und Nebenzeiten werden vermieden.

Diese allgemeine Betrachtung zeigt die Potenziale für die Prozesskette auf. Jedoch muss die Maschinentechnik für die Hochpräzisions-Hartdrehbearbeitung geeignet sein, um optisch wirksame Flächen zu erzeugen. Da diese Maschinensysteme einen ähnlichen Aufbau wie ultrapräzise Werkzeugsmaschinen aufweisen, ist das Potenzial gegeben.

Für eine kombinierte Bearbeitung auf einer Hochpräzisions-Hartdrehmaschine bedarf es aber auch einiger Anpassungen des Schwingungssystems. Dazu zählen beispielsweise:

- Modifikation der Anbindung des Schwingungssystems, z. B. Integrierbarkeit in den Revolver einer Hochpräzisions-Hartdrehmaschine.
- Dichtheit des Schwingungssystems gegenüber einer möglichen Flutung des Bearbeitungsraums mit Kühlschmierstoff.
- Schutz der Diamantschneide gegen umherfliegende Späne während der Vorbearbeitung.
- Sichere Zuführung der hochfrequenten Wechselspannung für den Schallwandler.

Angepasste Schwingungssysteme und Werkzeuge

Neben der bereits diskutierten Adaption des Schwingungssystems für alternative Prozessketten und Werkzeugmaschinen werfen die Ergebnisse auch Fragen und Potenziale zur Weiterentwicklung des eigentlichen WZ-Systems und der Werkzeuge auf.

Die hier betrachtete unidirektionale Schwingungsanregung führt zwangsläufig zur Ausbildung unerwünschter seitlicher Schwingungen. Die entscheidenden Einflussgrößen sind die Systemabmessungen und die -frequenz. Die Systemfrequenz wird, neben der elektrischen Ansteuerung des Schallwandlers, maßgeblich über die Länge des Systems modifiziert und muss durch die werkstoffspezifische Randbedingung der konstanten Schallschnelle als nicht veränderbar angesehen werden. Über ein angepasstes Systemdesign besteht das größte Potenzial, die seitlichen Schwingungen weiter zu senken oder gänzlich zu kompensieren.

In Kapitel 5 konnte durch theoretische Überlegungen und anschließende messtechnische Validierung bereits gezeigt werden, dass eine Überlagerung der seitlichen Schwingung mit der longitudinalen zu einer angestellten linearen Werkzeugbewegung führt. Dabei wirkt der seitliche Anteil in Passivrichtung und beeinflusst die Oberflächentopographie. Dieser Anteil könnte durch eine entgegengesetzte Anstellung des Werkzeugsystems kompensiert werden. Dazu ist das Werkzeugsystem an eine hochgenaue Verstelleinheit anzubinden. Vorherige Messungen der seitlichen Schwingungen und der daraus resultierende Winkel der linearen Gesamtschwingung sind zwingend erforderlich.

Eine weitere Möglichkeit, die seitlichen Schwingungen weiter zu reduzieren, bietet das Sonotrodendesign. Durch eine gezielte, sanft verlaufende Variation eines symmetrischen oder asymmetrischen Sonotrodenquerschnitts kann der seitliche Schwingungsanteil reduziert werden. Beispielsweise zeigt der Einsatz einer kegelförmigen Sonotrode stark reduzierte seitliche Schwingungen (s. Kapitel 5.5). Die Modifikation der Sonotrodengeometrie muss jedoch immer im Zusammenhang mit der Amplitudenverstärkung (s. Kapitel 5.1.1) betrachtet werden. Da die hochdynamischen Schwingungssysteme immer im Grenzbereich der maximal möglichen Amplitude arbeiten, kann eine Vergrößerung des Sonotrodendurchmessers durchaus dazu führen, dass die gewünschten Amplituden nicht mehr erreicht werden. Ferner können durch aufwendig gestaltete Sonotrodengeometrien unerwünschte zusätzliche Eigenschwingungen, wie z. B. Biege- oder Torsionsschwingungen, auftreten.

Optimierte Prozessparameter und -randbedingungen

Aus wirtschaftlichen Gesichtspunkten ist die schwingungsunterstützte Bearbeitung nur für die Herstellung von Prototypen oder komplexen bis hochkomplexen Bauteilen mit kleiner bis mittlerer Stückzahl interessant. Dabei sind die Eingriffsdauer ED und die Eintrittsgeschwindigkeit v_{ein} immer so hoch wie möglich zu wählen, um eine möglichst wirtschaftliche Zerspanung zu gewährleisten. Die Ergebnisse dieser Arbeit zeigen, dass eine Steigerung der Systemfrequenz positive Effekte sowohl auf das Arbeitsergebnis als auch auf das nutzbare Parameterspektrum hat. Nachteilig wirkt sich jedoch der verstärkte Werkzeugverschleiß bei einer erhöhten Systemfrequenz aus. Zum einen ist der Freilauf des Werkzeugs pro Schwingungszyklus reduziert und hebt damit die Intensität der thermisch bedingten

Verschleißmechanismen an. Zum anderen wird für die resultierenden geringeren Amplituden die Zufuhr von Kühlschmierstoff gehemmt.

Die Wahl eines geeigneten Kühlschmierstoffs und seiner Zuführung kann durchaus Vorteile hinsichtlich einer Reduzierung des Werkzeugverschleißes für verschiedene Systemfrequenzen aufweisen. Üblicherweise werden für die Ultrapräzisionsbearbeitung niedrigviskose, leicht flüchtige und alkoholbasierte Fluide verwendet. RÜBENACH konnte bereits für Zerspanung von Glas aufzeigen, dass hochviskose, stark ölhaltige Kühlschmierstoffe wie Petroleum oder Schleiföle einen positiven Effekt auf den Werkzeugverschleiß zeigen [RUEB01]. Jedoch wird durch eine hohe Viskosität die Zugänglichkeit in die Zerspanungszone erschwert. Eine Steigerung der Frequenz und die damit verbundenen vergleichsweise geringen Amplituden verstärken diesen Effekt. Die Verwendung ölbasierter Kühlschmierstoffe kann durch Zuführung mit gesteigertem Druck gelingen. Jedoch bleibt zu beachten, dass stark ölhaltige Kühlschmierstoffe in Ultrapräzisionsmaschinen einen verstärkten Reinigungsaufwand nach sich ziehen, da sich der Ölnebel im gesamten Arbeitsraum niederschlägt. Hier ist eine fallweise Eruierung der technologischen und wirtschaftlichen Aufwände notwendig. Für die oben beschriebene Prozesskette Hochpräzisions-Hartdrehen mit anschließender schwingungsunterstützter Bearbeitung in einer Hochpräzisionshartdrehmaschine sollte der Einsatz ölbasierter Kühlschmierstoffe überprüft werden. Diese Werkzeugmaschinen sind prinzipiell für den Einsatz ölhaltiger Kühlschmierstoffe ausgelegt.

Die prozesstechnologischen Untersuchungen ergaben weiterhin, dass nicht nur eine erhöhte Systemfrequenz den Werkzeugverschleiß ansteigen lässt. Auch die Eingriffsdauer als schwingungsspezifisch abgeleitete Bezugsgröße verstärkt den Verschleiß je größer sie gewählt wird. Da in diesen Untersuchungen aus anlagentechnischen Gründen keine Eingriffsdauer unterhalb von ED = 20 % dargestellt werden konnte, besteht hier zusätzliches Potenzial den Verschleiß zu verringern.

Ein weiteres Handlungsfeld, das die Attraktivität der Technologie auch aus Sicht des Anwenders steigern kann, ist die Bearbeitung zonaler Strukturen, wie sie z. B. für diffraktiv wirkende optische Komponenten benötigt werden. Diese nicht stetigen Konturen werden in der Regel über Werkzeuge mit geringsten Eckenradien $r_\varepsilon < 50$ µm oder auch Halbradiuswerkzeuge hergestellt. Diese gegen Werkzeugbruch empfindlichen Schneidkanten können durch die Schwingungsunterstützung einer geringeren Belastung unterliegen. Dabei sollten nicht nur schwer zu zerspanende Werkstoffe in die Untersuchungen mit einbezogen werden. Auch für konventionelle UP bearbeitbare NE-Metalle wie z. B. chemisch abgeschiedene Nickelschichten kann die Schwingungsunterstützung von Vorteil sein. Dabei ist aufgrund der Schwingung bei einer von außen nach innen verlaufenden Planbearbeitung das Werkzeug im Uhrzeigersinn links von der Kontur zu halten. Ansonsten arbeitet sie in die konkave Krümmung der Struktur.

Bearbeitung weiterer Werkstoffgruppen

Die wichtigste Werkstoffgruppe für technische Anwendungen sind Stahlwerkstoffe. MORIWAKI und RÜBENACH erkannten das Potenzial dieser Werkstoffgruppe für die Ultrapräzisionsbearbeitung [MORI99, MORI00, RUEB01]. Sie zeigten mit ersten prinzipiellen Untersuchungen, dass eine Verschleißminimierung an der Diamantschneidkante auch bei der schwingungsunterstützten Bearbeitung möglich ist. Die Kernergebnisse der nun vorliegenden Erkenntnisse untermauern und erweitern das Potenzial der Technologie für diese Werkstoffgruppe. Die Ergebnisse zeigen, dass mit gesteigerten Werkzeugfrequenzen sowohl das nutzbare Parameterspektrum als auch die bearbeitbare Werkstoffhärte gesteigert werden kann. Unweigerlich wirft dies die Frage auf, ob eine Anwendung der Technologie auch für weitere Werkstoffgruppen möglich ist.

Die erzielten Erkenntnisse zeigen auch für die in der Vergangenheit erkannten Grenzen neue Potenziale auf. Exemplarisch seien die Ergebnisse von RÜBENACH genannt. Er konnte für eine Systemfrequenz von f = 40 kHz Gläser bis zu einer bestimmten Mikrohärte schwingungsunterstützt bearbeiten. Hochharte Gläser wie Quarzglas führten direkt zu einer spröd induzierten Zerspanung und verminderter Oberflächenqualität. Das größere Duktilisierungspotenzial hoher Systemfrequenzen könnte diese Lücke schließen. Grundsätzlich ist eine retrospektive Betrachtung und Überprüfung des Kenntnisstands vor dem Hintergrund der aktuellen Ergebnisse dieser Arbeit erforderlich.

Für die identifizierten Anwendungsfelder in Kapitel 8.3 ist eine Ausweitung der Untersuchungen auf andere Stähle oder Metalle sinnvoll. Beispielsweise müssen Formwerkzeuge für das Präzisionsblankpressen niedrigschmelzender Gläser ein Mindestmaß an Warmfestigkeit besitzen. Der in dieser Arbeit untersuchte Werkstoff X38CrV14 ist für diesen Temperaturbereich T < 300°C stabil. Durch die Erhöhung der Legierungsbestandteile wie z. B. Chrom ist eine weitere Steigerung der Warmfestigkeit zu erzielen. In Verbindung mit den aktuellen Erkenntnissen können über stichprobenartige Versuchsreihen höher legierte Stähle relativ schnell auf Ihre Eignung für die schwingungsunterstützte Zerspanung untersucht werden.

Die meisten relevanten technischen Gläser weisen eine Transformationstemperatur von $500 < T_g < 1000$°C auf, ab der eine Umformung möglich ist. Eisenbasierte Werkstoffe halten diesen thermischen Belastungen nicht mehr stand. Hochwarmfeste Legierungen wie nickel- und chrombasierte Werkstoffe sowie pulvermetallurgisch erzeugte Hartmetalle werden bereits für diesen Temperaturbereich eingesetzt. Hier kann die schwingungsunterstützte Zerspanung ansetzen. In ersten am Fraunhofer-Institut für Produktionstechnologie IPT durchgeführten Versuchsreihen konnte bereits gezeigt werden, dass mit der Schwingungsunterstützung die Bearbeitung des nickelbasierten Werkstoffs NIMONIC80a möglich ist [NANO05]. Des Weiteren ist durch sehr feinkörnige Werkstoffentwicklungen auch die Bearbeitung von Hartmetallen ohne Schwingungsunterstützung möglich [KURI06]. Jedoch sind hierbei Spanungsdicken von $30\,\text{nm} < h_{cu} < 90\,\text{nm}$ während der Zerspanung prozesssicher einzuhalten. Hierzu bedarf es einer kostenintensiven Maschinentechnik und hochgenau präparierten monokristallinen Schneidkanten. Des Weiteren wird die Vorbearbeitung der Bauteile durch diese Vorgabe entsprechend aufwändiger. Die Ultraschallunterstützung eröffnet die Möglichkeit, den nutzbaren Spanungsdickenbereich zu erweitern und damit auch den Einsatz konventioneller Ultrapräzisionsmaschinen für die Zerspanung feinkörniger und hochharter Werkstoffe zu qualifizieren.

Die Ansätze zeigen, dass sowohl für die Bearbeitung von Nichtmetallen und NE-Metallen als auch von eisenhaltigen Metallen große Potenziale für die schwingungsunterstützte Bearbeitung liegen. Eine Ausweitung der Technologie auf die Bearbeitung keramischer Werkstoffe ist denkbar.

9 Zusammenfassung

Die zunehmende Integration und Verbindung optischer, mechanischer und elektronischer Funktionselemente ist einer der wichtigsten Trends in der Konsumgüterindustrie. Leistungs- und Funktionsdichte der Produkte führen zu hochkomplexen und filigranen Baugruppen und -komponenten. Im Bereich der optischen Komponenten sind zunehmende Anforderungen an die Oberflächen- und Formqualität bei gleichzeitiger Zunahme der geometrischen Komplexität zu verzeichnen. Diese hauptsächlich marktseitig getriebenen Anforderungen bedingen eine entsprechende Weiter- und Neuentwicklung der Fertigungstechnologien für optische Komponenten.

Etablierte Prozessketten zur Herstellung optischer Komponenten, wie das Vorschleifen, Feinschleifen und das abschließende Polieren optischer Gläser, können durch ihre eingeschränkte kinematische Flexibilität nur zu einem begrenzten Teil diese Anforderungen erfüllen. Die Fähigkeit, stetige als auch zonal unstetige Konturen zu fertigen, ist stark limitiert. Dazu zählen sowohl asphärische Konturen als auch strukturierte Konturen, wie sie beispielsweise für diffraktiv wirkende Optiken benötigt werden. Aufgrund ihrer kompakten Bauweise, bei gleichzeitig gesteigerter Qualität des optischen Strahlengangs, ist hier jedoch ein starker Bedarf zu erkennen. Eine geeignete Fertigungstechnologie zur Herstellung dieser Optiken ist die ultrapräzise Bearbeitung mit definierten Schneidteilgeometrien. Zum Einsatz kommen hier monokristalline Diamantenschneiden, die sich durch ihre Schneidteilschärfe, nahezu nicht nachweisbare Schneidenschartigkeit sowie gleichzeitige Vielfalt an einsetzbaren Werkzeuggeometrien auszeichnen. In Kombination mit den mechanischen Freiheitsgraden ultrapräziser Maschinensysteme können konturkomplexe optische Komponenten bearbeitet werden.

Den kinematischen Vorteilen der ultrapräzisen Zerspanung mit monokristallinen Diamantwerkzeugen steht eine starke Limitierung des bearbeitbaren Werkstoffspektrums gegenüber. Sowohl die direkte Bearbeitung optischer Gläser als auch die Zerspanung von hochlegierten Replikationswerkzeugen aus Stahl ist aufgrund des hohen Werkzeugverschleißes nicht möglich. In der Vergangenheit wurden bereits verschiedenste Ansätze zur Auflösung des Problems untersucht. Vor dem Hintergrund einer Umsetzung im industriellen Umfeld waren die Konzepte aus praktischen und wirtschaftlichen Gesichtspunkten nicht tragbar.

Die Integration uni- oder bidirektionaler schwingungsunterstützter Werkzeugsysteme zeigte erstmals das Potenzial, den monokristallinen Diamanten für die ultrapräzise Zerspanung von Gläsern und eisenhaltigen Metallen zu qualifizieren. Für die Überführung dieser Technologie in ein industrielles Umfeld lag bisher noch keine detaillierte Beschreibung der Leistungsfähigkeit einerseits und des prozesstechnologisches Wissens andererseits zur Bearbeitung hochlegierter Stähle vor.

Unter Berücksichtigung der genannten wirtschaftlichen sowie technologischen Aspekte entstand die vorliegende Arbeit. Übergreifende Aufgabe und Ziel war es, die Wirkzusammenhänge für die schwingungsunterstützte und unidirektional wirkende ultrapräzise Zerspanung wärmebehandelter Stähle mit monokristallinen Diamantschneiden zu untersuchen. Ausgehend vom Stand der Technik und den werkstoffspezifischen Randbedingungen sind dazu die system- und prozessspezifischen Einflüsse und Mechanismen systematisch untersucht worden, die abschließend in praxisorientierte Handlungsempfehlungen mündeten.

Grundvoraussetzung für die Untersuchung der prozesstechnologischen Einflüsse ist ein leistungsstarkes und stabil arbeitendes Schwingungssystem, das den empfindlichen Randbedingungen der UP-Zerspanung genügen muss. Aus diesem Grund ist eine systematische Untersuchung der Einflüsse des WZ-Systems auf den Prozess zwingend erforderlich. Hierzu wurde zunächst der Stand der aktuellen Systemtechnik aufgenommen und analysiert. In dieser Arbeit wurde das Prinzip der unidirektionalen Schwingungsanregung, die im Zerspanungsprozess in Schnittrichtung wirkt, mit theoretischen Überlegungen zum statischen und dynamischen Verhalten des Systems untersucht. Anschließende Versuchsreihen an einem System mit einer Frequenz von f = 40 kHz dienten dabei zur Verifizierung der Annahmen.

Eine wichtige statische Eigenschaft des Schwingungssystems ist dessen Steifigkeit. Für eine prozesssichere schwingungsunterstützte Bearbeitung im ultrapräzisen Umfeld ist eine hochsteife Auslegung zwingend erforderlich. Abgesehen vom Werkstoff ist eine höhere Systemsteifigkeit nur über eine Steigerung des Systemquerschnitts und eine Reduzierung der Systemlänge zu realisieren. Gleichzeitig dürfen diese Maßnahmen nicht die gewünschte longitudinale Oszillation beeinflussen. Simulationen mit der FE-Methode zeigten jedoch eine signifikante Abhängigkeit der Schwingungsform vom Systemquerschnitt. Die Wahl großer Durchmesser führte zum Auftreten zusätzlicher unerwünschter Schwingungsformen. Eine messtechnische Untersuchung konnte diesen Effekt belegen. Demnach steht das System aus statischen Gesichtspunkten immer im Spannungsfeld mit den dynamischen Randbedingungen. Für die Auslegung eines solchen Systems ist somit immer eine enge Abstimmung zwischen den sich widersprechenden Zielgrößen erforderlich.

Des Weiteren konnte über theoretische und praktische Untersuchungen gezeigt werden, dass eine ideale unidirektionale Schwingung aufgrund der Volumenkonstanz des kontrahierten und expandierten Schwingungssystems nicht vorliegen kann. Es treten seitliche Oszillationen an den schwingungsübertragenden Elementen auf, die senkrecht zur gewünschten longitudinalen Schwingung vorliegen. Die Überlagerung der phasenverschobenen longitudinalen und seitlichen bzw. radialen Sonotrodenschwingung führt zu einer zur Bauteiloberfläche angestellten linearen Schwingung, die in Passivrichtung wirkt und somit einen Einfluss auf die entstehende Oberflächentopographie hat. Der signifikante Einfluss auf das Arbeitsergebnis konnte in den prozesstechnologischen Untersuchungen gezeigt werden.

Die systemspezifischen Erkenntnisse flossen in die Entwicklung einer neuen Schwingungseinheit ein. Erstmals konnte für die schwingungsunterstützte Zerspanung eine voll digital angesteuerte unidirektional wirkende Einheit bereitgestellt werden, die Frequenzen in diskreten Schritten von f = 60...100 kHz am Werkzeug realisieren kann. Die messtechnische Charakterisierung des neu entwickelten Systems zeigte für gesteigerte Frequenzen stark reduzierte seitliche Schwingungen.

Aufbauend auf den systemspezifischen Erkenntnissen und der abgeleiteten Randbedingungen standen umfangreiche Versuchsreihen zur Ermittlung sowie zur ursächlichen Beschreibung der Wirkmechanismen in der Zerspanungszone im Fokus. Neben der Aufnahme des Stands der Prozesstechnologie ist eine modellhafte Beschreibung der Vorgänge in der Zerspanungszone abgeleitet worden. Anschließend wurden die Modellvorstellungen unter Verwendung von zwei Systemfrequenzen verifiziert. Ausgehend von einem festgelegten Zentralpunkt der Bearbeitungsversuche wurden sowohl die schwingungsspezifischen als auch konventionellen Prozessparameter variiert. Für alle Versuche kamen einheitlich vorbearbeitete Versuchsträger aus einem vergütbaren Stahlwerkstoff in vier Gefügeausprägungen bzw. Härtezuständen zum Einsatz.

Zur Untersuchung der prozessseitigen Einflüsse diente zunächst die Beschreibung der physikalischen und der chemischen Eigenschaften sowohl des Werkstück- als auch Werkzeugwerkstoffs. Im Zusammenwirken mit normalen atmosphärischen Bedingungen ergeben sie ein komplexes Tribosystem, das ursächlich den Verschleiß verantwortet. Zur Auswertung kam eine Vielzahl von Untersuchungen aus der Vergangenheit, die die Verschleißmechanismen im Tribosystem Diamant-Luft-Stahl inklusive des Kühlmediums beschreiben. Ferner sind entsprechende Ansätze zur Verschleißreduzierung diskutiert worden, die das Potenzial für den Einsatz der schwingungsunterstützten Bearbeitung unterstreichen.

Des Weiteren ist in Analogie zur Hochpräzisions-Hartdrehbearbeitung gehärteter Stähle der Übergang von duktiler zu spröder Zerspanung und die damit verbundene Oberflächenausprägung modellhaft beschrieben worden. Die dynamisch wirkenden Prozessparameter sind zum Abschluss der Modellbildung über einen energetischen Ansatz in eine Kennzahl überführt worden, die sowohl zur Vorhersage des werkstoffspezifischen Zerspanverhaltens als auch des Arbeitsergebnisses dient. Die Systemfrequenz ist aus den theoretischen Betrachtungen heraus die Haupteinflussgröße, die den Übergang von duktiler zu spröder Zerspanung beschreibt.

Drei Untersuchungsabschnitte bildeten den Rahmen der Bearbeitungsreihen. Zunächst wurden die schwingungsspezifischen Parameter unter konstanten geometrischen Kontaktverhältnissen durchgeführt. Im zweiten Abschnitt kam eine gezielte Variation der Spangeometrie zum Einsatz unter Beibehaltung der schwingungsbezogenen Parameter. Für beide Abschnitte wurden sowohl die erzielbare Oberflächenrauheit und -topographie, die Spanbildung als auch der Werkzeugverschleiß aufgenommen und analysiert. Der dritte Abschnitt bildete den Abschluss der Untersuchungen mit einer Analyse der oberflächennahen Randzone.

Die Schwingungsunterstützung führt zu einer eigenständigen Oberflächenausprägung mit charakteristischer Welligkeit, die senkrecht zur kinematisch bedingten Rauheit auftritt. Die Ursache sind radiale, in die Oberfläche wirkende Schwingungen des WZ-Systems, wie sie schon während der Systemanalyse identifiziert wurden. Maßgeblich führt die größere pro Schwingungszyklus zerspante Strecke zu einer Steigerung des in die Oberfläche wirkenden seitlichen Schwingungsanteils. Der zerspante Weg pro Oszillationszyklus wird über die prozessspezifischen Parameter Eingriffsdauer und Eintrittsgeschwindigkeit bestimmt. Diese ergeben sich aus einem numerisch ermittelten Parameterfeld, aus dem die Werte zur Einstellung der Systemamplitude und Umfangsgeschwindigkeit des Werkstücks abgelesen werden können. Der Einfluss ist sowohl für eine Systemfrequenz von $f = 40$ kHz als auch $f = 60$ kHz festgestellt worden. Für die höhere Frequenz zeigte sich eine deutlich reduzierte schwingungsinduzierte Oberflächenwelligkeit. Damit bestätigten die Versuche die formulierten Annahmen und Messergebnisse aus der systemspezifischen Analyse.

Hinsichtlich der Oberflächenqualität sind für die untersuchten Frequenzen optische Oberflächen in definierten schwingungsspezifischen Parameterfenstern erzielt worden. Aufgrund der geringeren seitlichen Systemschwingungen und eines verbesserten duktilen Zerspanungsverhaltens stellt sich für höhere Frequenzen eine signifikant verbesserte Rauheit ein.

Die Spanbildung, die in Analogie zur Hartbearbeitung mit PCBN Schneiden auftritt, entsprach den Modellvorstellungen. Die Überlagerung von Druck- und Scherspannungen führt demnach zu einer Plastifizierung des Werkstoffs direkt vor der Schneidkante. Hierdurch kommt es in Verbindung mit spröd induzierten Oberflächenrissen vor der Schneide zum Ausschieben von zusammengesetzten Lamellenspänen bzw. Sägezahnspänen aus der Zerspanungszone. Werden die günstigen Parameterkonstellationen verlassen, so liegen die Späne in vereinzelter oder lose agglomerierter Form vor. Den Modellvorstellungen entsprechend ist der Aufbau des Spannungszustands hochdynamisch und unterbindet das Fließen des Werkstoffs. Maßgeblich konnte über eine Variation der Eingriffsdauer und Eintrittsgeschwindigkeit der pro Schwingungszyklus zerspante Weg als Treiber für diesen

Mechanismus identifiziert werden. Je kleiner dieser Wert gewählt wird, desto größer ist das Duktilisierungspotenzial vor der Schneide.

Für eine Erhöhung der Systemfrequenz auf f = 60 kHz sind dieselben Zerspanungmechanismen identifiziert worden. Jedoch sind, durch die Aufteilung der Schnittenergie in kleinere Energieportionen, die Duktilisierung des Werkstoffs und die Spanbildung wesentlich günstiger. Für gleiche Arbeitspunkte erweitert sich das nutzbare schwingungsspezifische Parameterfenster bei höheren Frequenzen deutlich. Unterstützt wird dies durch die Beobachtung einer zunehmenden Unabhängigkeit von der Werkstoffhärte für steigende Systemfrequenzen. Die schwingungsspezifischen Parameter sind abschließend in ein frequenzabhängiges kennzahlbasiertes Parameterfeld überführt worden.

Der positive Effekt einer Frequenzsteigerung auf die Spanbildung und Oberflächenausprägung konnte hingegen für das Verschleißverhalten der Werkzeuge nicht bestätigt werden. Hier führt die Frequenzerhöhung für gleiche Arbeitspunkte zu einem höheren Verschleiß an der Werkzeugschneide. Der zeitlich kürzere Freilauf des Werkzeugs und die eingeschränkte Zufuhr von Kühlschmierstoff werden als Ursache vermutet. Dies führt zu erhöhter Reibung und einem Anstieg des Temperaturniveaus an der Schneide. Im Vergleich zu niedrigeren Systemfrequenzen konnte eine stärkere Krümmung der Späne festgestellt werden. Dieses weitere Indiz weist auf ein höheres Reibungs- bzw. Temperaturniveau in der Zerspanungszone hin. Einen weiteren negativen Einfluss auf den vorwiegend tribochemisch und abrasiv ablaufenden Verschleiß haben hohe Eingriffsdauern.

Die Variation des Vorschubs und der Schnitttiefe hatte im zweiten Untersuchungsabschnitt zum Ziel, den Einfluss des Spanquerschnitts zu ermitteln. Es konnte sowohl eine untere als auch obere kritische Spanungsdicke festgestellt werden, für die die duktile Zerspanung entweder in Drück- und Quetschvorgänge oder spröd induzierte Zerspanung überging. Die Erhöhung der Frequenz hatte eine signifikante Erweiterung des nutzbaren Spanungsdickenbereichs zur Folge.

Im dritten Untersuchungsabschnitt wurden die Randzonen der zerspanten Oberflächen einer Eigenspannungs-, Mikrohärte- und Gefügeanalyse unterzogen. Die Ausbildung von mechanisch oder thermisch induzierten Rissen oder thermisch bedingten Neuhärtungszonen konnte nicht festgestellt werden. Eine mechanische Belastung der Randzone konnte dennoch über einen signifikanten Anstieg der Mikrohärte und höhere Druckeigenspannungen im Vergleich zu entsprechenden Referenzproben identifiziert werden.

Die gewonnenen Erkenntnisse wurden in anwendungsorientierte Richtlinien überführt. Diese dienten als Grundlage zur Zerspanung eines planen optischen Formeinsatzes aus einem vergüteten Stahlwerkstoff mit einer Härte von 53 HRC. Eine Prozessbewertung und der daraus folgende Ausblick für die zukünftigen system- und prozessseitigen Entwicklungspotenziale schließen diese Arbeit ab.

9 Summary

The increasing integration and combination of optical, mechanical and electrical functional elements is one of the most important trends in the consumer goods industry. Performance and functional density of the products lead to highly complex and filigree modules and components. For the field of optical components, a continuous increase of surface and form quality as well as geometrical complexity is observed. These mainly market driven requirements entail a corresponding further development of new production technologies for optical components.

Established process chains for the production of optical components, like pre- and fine grinding and subsequent polishing of glass optics, are limited by their kinematical inflexibility and do not fulfil the demands adequately. The ability to produce continuous and discontinuous contours is constricted. This includes aspherical contours as well as structured contours, which are needed for e. g. diffractive optics. Due to their compact design in combination with an increased optical beam quality, the need for them is nevertheless obvious. One suitable production technology for the manufacturing of these optical components is ultra-precision machining with defined cutting edges. Mono-crystalline diamond tools are applied which are unique for their cutting edge sharpness causing hardly any chipping as well as for their variety of applicable cutting edge geometries. In combination with the mechanical degrees of freedom for ultra-precision machine tool systems, complex contoured optical components can be realised.

The kinematic advantages of ultra-precision cutting processes with mono-crystalline diamond tools are accompanied by a strong limitation regarding the spectrum of machinable material. The direct machining of optical glass as well as the direct manufacturing of alloyed steel components (applied for moulding dies in the field of precision glass moulding and injection moulding of plastics) is not possible due to the excessive diamond tool wear. In the past, diverse approaches were undertaken to bridge this technological gap. Considering practical and economic perspectives, the concepts were not feasible in industrial environments.

The integration of uni- and bi-directional vibration-assisted tool systems showed the potential to qualify the mono-crystalline diamond tool for the ultra-precision machining of glass and steel. For the transportation into an industrial environment, a detailed description of the performance as well as process technological know-how for machining steel parts had so far been unavailable.

This thesis is written in consideration of the mentioned economical and technological aspects. The comprehensive task and objective was the investigation of the mechanisms for unidirectional vibration-assisted ultra-precision machining of heat treated steels with mono-crystalline diamond tools. Based on state-of-the-art and the material specific conditions, the system- and process specific influences and mechanisms were studied in detail. The results were finally transformed into practice oriented recommendations.

The basic requirement for the investigation of the process technological influences is a powerful and stable working vibration system which can fulfil the sensitive conditions for ultra-precision machining processes. For this reason, a systematic investigation of the process relevant influences of the tool system is necessary. Therefore, the current system technology was discussed in the state-of-the-art chapter. In this thesis, the principle of unidirectional vibration assistance working in cutting direction was investigated theoretically with a focus on static and dynamic tool behaviour. Subsequent tests with a tool system frequency of f = 40 kHz were conducted to verify the theoretical assumptions.

An important static characteristic of the vibration system is its stiffness. For a stable vibration-assisted machining process in an ultra-precision environment, a tool design implying high stiffness is mandatory. Besides the material, an increase of system stiffness is only feasible if the system cross section is increased or its length decreased. At the same time, these actions should not affect the desired system frequency. However, simulations with the FE-Analysis showed a significant dependency of the vibration mode on the system cross section. The choice of large diameters led to additional and undesired vibration modes. A metrological survey confirmed this effect and shows that from a static point of view, the system has a conflict when dynamic conditions occur. Therefore, a careful trade-off regarding contradicting target values is highly important.

Furthermore, it could be shown by theoretical and practical considerations that an ideal unidirectional vibration is not possible due to the constancy of volume of the contracted and expanded vibration system. Perpendicular to the longitudinal oscillation, lateral vibrations occur at the transmitting vibrations elements. The superposition of the phase shifted longitudinal and lateral and radial vibrations, respectively, result into a linear vibration which is not parallel to the workpiece surface. Subsequently, the angular oscillation works with a proportional amplitude into passive direction and therefore into the workpiece surface. The significant influence on the working result could be shown by process technological investigations.

The system specific findings build the basis for the development of an oscillating tool system. For the first time, a fully digital controlled unidirectional tool system was provided with a discrete frequency range of f = 60...100 kHz. The metrological characterisation of the new system showed a strongly reduced radial vibration.

Based on the system specific knowledge and the derived conditions, the results were transferred into a comprehensive experimental series to find and describe the causal mechanisms in the cutting zone. Besides the description of the state-of-the-art for the process technology, a theoretical model for the procedures in the cutting zone was generated. Subsequently, the model was verified by the use of two system frequencies. Coming from a determined central point of the machining tests, which based on state-of-the-art, the vibration specific parameters as well as the conventional process parameters were varied. For all investigations, a standard test specimen was used, which was made from heat treated alloyed steel with four types of micro structure respectively hardness levels.

To detect the process technological influences, the experimental series was based on a description of the physical and chemical properties of the workpiece as well as the diamond tool. Their interaction with normal atmospheric conditions result in a complex tribological system which causes the tool wear. Diverse publications were evaluated describing the wear mechanisms in the tribological system of diamond-air-steel including the coolant. Furthermore, approaches to reduce diamond tool wear were discussed which emphasised the potential to apply vibration-assisted tool systems.

In analogy to the technology of high precision hard turning of hardened steels, the transition from ductile to brittle material removal and the effect on the result were described in a model. The dynamic process parameters were finally summarised in an index by means of an energetic approach to predict the material specific removal as well as the result. Out of theoretical considerations the system frequency is regarded a significant parameter to describe the ductile-brittle transition.

Three experimental sections built the framework for the machining tests. Initially, the vibration specific parameters were varied whereby geometrical contact conditions were held constant. In section two, a specific variation of the chip geometry was conducted whereby vibration specific parameters were held constant. For both sections, the attainable surface roughness, topography, the chip formation and tool wear were recorded and analysed. The third section constituted the final investigation with a subsurface analysis of the machined test specimens.

The vibration assistance leads to a self-contained surface topography with a characteristic waviness, which occurs perpendicularly to the kinematic affected roughness. Vibrations working into the workpiece surface which could already be detected during the tool system investigations are the reason for this effect. An increased machined distance during each oscillation cycle results in an increased influence of the lateral vibration on the workpiece surface. The machined distance during each oscillation cycle is determined by the vibration specific parameters of entrance duration and entrance velocity. They are derived by a numerically calculated parameter field which is the basis to set-up the system amplitude and circumferential speed of the workpiece. The influence was described for a system frequency of $f = 40$ kHz as well as for $f = 60$ kHz. For the higher frequency, a significantly reduced surface waviness could be detected. The associated system specific assumptions and measurement results were confirmed by the experiments.

Regarding surface quality, it can be stated that for the investigated frequencies optical qualities are realisable within a defined parameter field. The surface roughness could be significantly reduced by applying higher system frequencies which is justified by a reduced lateral vibration and an improved ductile material removal.

The chip formation was in accordance to the model assumptions which are analogue to hard machining with PCBN tools. The superposition of compressive and shear stress results in a plastification of the workpiece material in the direct vicinity of the cutting edge. In combination with brittle induced micro cracks in the surface front of the cutting edge the workpiece material is moved out by formation of connected lamellar respectively saw tooth chips. In case of inappropriate parameters, isolated or agglomerated needle chips are generated. Based on the model the stress condition is highly dynamic and inhibits plastic flow of the workpiece material. The machined distance per oscillation cycle is the driver for this mechanism which can be varied by entrance duration and entrance velocity. Decreasing these values leads to a higher potential for ductile material removal in front of the cutting edge.

For an increased system frequency of $f = 60$ kHz, identical chip formation and material removal mechanisms were identified. Due to the distribution of the cutting energy in smaller energy portions, the potential for ductile material removal and the chip formation is significantly improved. The useable parameter spectrum is widened for identical working points when higher frequencies are applied. This behaviour is emphasised by the observation of an increasing independence regarding the workpiece hardness. The vibration specific parameters were finally transferred in a frequency and index related parameter field.

The positive effect of an increased system frequency on the material removal could not be confirmed regarding the tool wear. An increased system frequency for identical working points results in higher tool wear at the cutting edge. The reduced time period without contact between tool and workpiece as well as the reduced accessibility for coolant is probably the cause for this effect. Accordingly, an increased friction and thus an increased temperature level occur at the cutting edge. In comparison to lower system frequencies the chip bending is stronger. This additional indication emphasises the assumption of higher friction and temperature levels at the cutting edge. A further influence on the mainly tribochemically and abrasive driven wear could be detected for the use of high entrance durations.

The variation of the feed rate, the depth of cut and the cutting edge radius had the aim to investigate the influence of the chip geometry in the second section. The results showed a minimum and a maximum chip thickness. The ductile material removal was characterised by squeezing effects or brittle induced material removal. An increase in frequency led to a significant extension of the applicable parameter field.

In the third section, the subsurface of the machined workpieces was analysed by residual stress and micro hardness measurements as well as material structure analysis. Mechanically or thermally induced cracks or thermally related new hardened zones could not be detected. However, a mechanical load of the subsurface could be detected by a significant increase of micro hardness and compressive residual stress in comparison to reference test specimens.

The obtained conclusions were transferred into application-oriented guidelines. They were the basis for machining a plane optical die made from hardened and tempered steel with a hardness of 53 HRC. A process assessment and perspective for the system as well as process relevant development potentials finalise this thesis.

10 Literaturverzeichnis

References

[ABDE74] ABDELMONEIM, M.ES.; SCRUTTON, R.F.
Tool edge roundness and stable build-up formation in finish machining
Transactions of the ASPE, 1974, S. 1258-1267

[ALMT07] N.N.
Ultraprecision Cutting Tools (UPC),
Firmenprospekt, A.L.M.T Corp., 2007
http://www.allied-material.co.jp/e/product/dai/cut02.html#p03

[ACKE89] ACKERSCHOTT, G.
Grundlagen der Zerspanung einsatzgehärteter Stähle mit geometrisch bestimmter Schneide
Dissertation RWTH Aachen, 1989, S. 12

[AMMI93] AMMI, S.
Influence of Microstructure of Work Materials on the Cutting Tool Wear
ASPE; S. 238-241, 1993

[BABI04] BABITSKY, V.I.; MITROFANOV, A.V.; SILBERSCHMIDT, V.V.
Ultrasonically assisted turning of aviation materials: simulations and experimental study; Ultrasonics, Vol. 42, S. 81-86

[BEIS97] BEISS, P.
Werkstoffkunde I, Teil C, Metallische Werkstoffe des Maschinenbaus
Skript, Institut für Werkstoffkunde, Aachen, 1997

[BERK92] BERKTOLD, A.
Drehräumen gehärteter Stahlwerkstoffe
Dissertation RWTH Aachen, 1992

[BETZ69] BETZ, F.
Untersuchungen des Spanflächen-Freiflächenübergangs an Spanungswerkzeugen mit bestimmter Schneidenform
Annals of the CIRP, Vol. 17/1/1969, S. 201-215

[BIFF94] BIFFANO, T.; YI, Y.; KAHL, W.K.
Fixed Abrasive Grinding of CVD SiC Mirrors
Precision Engineering, Vol. 16 No 2, April 1994, S. 109-116

[BLAC88] BLACKLEY, W.S.; SCATTERGOOD, R.O.
Diamond Turning of Brittle Materials
5th International Precision Engineering Seminar and Annual Meeting of the ASPE, Monterey California, USA, 18.-22. September 1989, S. 252-257

[BLAC91] BLACKLEY, W.S.; SCATTERGOOD, R.O.
Ductile Regime Machining Model for Diamond Turning of Brittle Materials
Precision Engineering, Vol. 13 No 2, 1991, S. 252-257

[BLAK90] BLAKE, P.N.; SCATTERGOOD, R.O.
Ductile Regime Machining of Germanium an Silicon
Journal of the American Ceramic Society, 73[4]949-57(1990), S. 949-957

[BOEH06] N.N.
Firmenprospekt; Böhler-Uddeholm Deutschland GmbH zum Werkstoff Stavax ESU, http://www.uddeholm.de, 2006

[BOWD64] BOWDEN, F.P.; HANWELL, A.E.
Friction and wear of diamond in high vacuum
Nature (London), Vol. 201, S 1279-1281

[BRAM61] BRAMMERTZ, P.H.
Die Entstehung der Oberflächenrauheit beim Feindrehen
Industrie Anzeiger, Nr. 2, Januar, S. 25-32, 1961

[BRAN95] BRANDT, D.
Randzonenbeeinflussung beim Hartdrehen
Dissertation Universität Hannover
Fortschrittberichte VDI Reihe 2 Nr. 391, 1996

[BRIN91] BRINKSMEIER, E.
Prozess- und Werkstückqualität in der Feinbearbeitung
Habilitation Universität Hannover
VDI-Fortschritte Reihe 2, Bd. 234. VDI-Verlag, Düsseldorf, 1991

[BRIN99] BRINKSMEIER, E.; SCHMÜTZ, J.
Vibration Assisted Diamond Cutting of Non-Ferrous Metals
Proceedings 1st International euspen Conference, Bremen, 1999, S. 446-449

[BRIN07] BRINKSMEIER, E.; GLÄBE, R.; OSMER, J.
Ultra-Precision Diamond Cutting of Steel Molds
Annals of the CIRP, 55/1/2006, S. 551-554

[BUND55] BUNDY, F.P.; HALL, H.T., STRONG, H.M.; WENTORF, R.H.
Man Made Diamonds
Reprinted from Nature, Vol. 176, S. 51, July 9, 1955

[BUND80] BUNDY, F.P.
The p,t phase and reaction diagram for elemental carbon
Journal of Geophysics Research, Vol. 85, No. B12, S. 6930-6938

[BURW57] BURWELL, T.J.
Survey of possible wear mechanisms
Wear, Vol. 1, 1957, S. 119-141

[BYRN92] BYRNE, G.
A new approach to the theoretical analysis of surface generation mechanisms in machining; Annals of the CIRP, Vol. 41/1, 1992, S. 67-70

[CASE73] CASEY, M.; WILKS, J.
The Friction of Diamond Sliding on Polished Cube Face of Diamond
Journal of Physics; Serie D: Applied Physics, Vol. 6, 1973, S. 1772-1781

[CASE76] CASEY, M.; WILKS, J.
Some Exeperiments to study Turning Tools using the Scanning Electron Microscope; International Journal of Machine Tool Design and Research, Vol. 16, 1976, S. 13-22

[CASS83] CASSTEVENS, J.
Diamond Turning of Steel in Carbon-Saturated Atmospheres
Precision Engineering, Vol. 5, No 1, 1983, S. 9-15

[CHOU00] CHOUDHARY, D.; BELLARE, J.
Manufacture of gem quality diamonds: a review
Ceramics International, Vol. 26, S. 73-85, 2000

[CHRI02] N.N.
Was sind Industriediamanten? Eigenschaften, Anwendungen – Ausblicke
Diamond Business, Vol.2, S. 16-18, 2002

[CHUN04] CHUNXIANG, M.; SHAMOTO, E.; MORIWAKI, T.; LIJIANG, W.
Study of machining accuracy in ultrasonic elliptical vibration cutting
International Journal of Machine Tools & Manufacture, Vol. 44, 2004, S. 1305-1310

[CHUN05] CHUNXIANG, M.; SHAMOTO, E.; MORIWAKI, T.; YONGHONG, Z.; LIJIANG, W.
Suppression of burrs in turning with ultrasonic elliptical vibration cutting
International Journal of Machine Tools & Manufacture, Vol. 45, 2005, S. 1295-1300

[COLW56] COLWELL, L.
The Effects of High-Frequency Vibrations in Grinding
Transactions of American Society of Mechanical Engineers, 1956, S. 124-131

[CONT07] N.N.
Informationsheft, Contour Fine Tooling, 2007
www.contour-diamonds.com

[COSE98] N.N.
Harnessing Light – Optical Science and Engineering for the 21th Century
National Academy Press, 1998

[DEBE83] N.N.
Die Eigenschaften des Diamanten
Informationsheft, De Beers Industrial Diamond, 1983

[DEGE81] DEGENER, W.; HOMMEL, B.; IN DER STROTH, R.
Einfluss minimaler Schnitttiefen und Vorschübe auf Qualität und Standzeit bei Feindrehen, Fertigungstechnik und Betrieb, Berlin 31 (1981), 3, S. 135-138

[DAMB05] DAMBON, O.
Das Polieren von Stahl für den Werkzeug- und Formenbau
Dissertation RWTH Aachen, 2005

[DAYM06] DAY, M.
Universelle Präzisionsmaschine zur Herstellung großflächiger Mikrostrukturen
Dissertation RWTH Aachen, 2006

[DIN6507] DEUTSCHES INSTITUT FÜR NORMUNG
DIN 6507: Metallische Werkstoffe, Härteprüfung nach Vickers
Ausgabe: 2006-03

[DIN8580] DEUTSCHES INSTITUT FÜR NORMUNG
DIN 8580: Fertigungsverfahren – Begriffe, Einteilung
Ausgabe: 2003-09

[DOHM64] DOHMEN, H.G.
Zerspanungsuntersuchungen beim Drehen mit periodisch bewegtem Schneidwerkzeug, Dissertation RWTH Aachen, 1964

[DONG05] DEUTSCHE PATENTSCHRIFT; DE10333860A1 2005.03.03
Dong, J.; Gläbe, R.; Mehner, A.; Brinksmeier, E.; Mayr, P.: Verfahren zur Mikrozerspanung von metallischen Werkstoffen

[ELEM07] N.N.
Informationsschrift, ElementSix, 2007
www.e6.com

[ERTL03] ERTL, S.
Untersuchungen zur Herstellung un zum Einsatz mikrotechnisch gefertigter Diamantwerkzeuge
Dissertation Universität Freiburg, 2003, S. 50

[EVAN87] EVANS, C.; POLVANI, R.; POSTEK, M.; ROHRER, R.
Some observations on tool sharpness and sub-surface damage in single point diamond turning; SPIE Vol. 802, 1987, S. 52-66

[EVAN91] EVANS, C.
Cyrogenic Diamond Turning of Stainless Steel
Annals of the CIRP, 47/1/1991, S. 571-575

[FANG98] FANG, F.Z.; VENKATESH, V.C.
Diamond Cutting of Silicon with Nanometric Finish
Annals of the CIRP, 47/1/1998, S. 45-49

[FIEL79] FIELD, E.
The Properties of Diamond
Academic Press, London New York San Francisco, 1979

[FREY76] FREY, H.; FREY, E.; HELLER, H.G.
Der Einfluss einiger physikalisch chemischer Eigenschaften auf das tribologische Verhalten metallischer Werkstoffe.
Zeitschrift für Metallkunde, Vol. 67, 1976, S. 177 185

[GELL07] GELLIßEN, B.
Untersuchung dynamischer Aspekte bei der ultraschallunterstützten Zerspanung
Studienarbeit WZL, RWTH Aachen, 2007, S. 55-56

[GLAE03] GLÄBE, R.
Prozess- und Schneidstoffentwicklung zur ultrapräzisen Drehbearbeitung von Stahl, Dissertation IWT, Universität Bremen, 2003, S. 54-64

[GLAS07] N.N.
Firmeninformation HTW Deutschland, 2006
http://www.htw-germany.com/

[GOLD91] GOLDSTEIN, M.
Optimierung der Fertigungsfolge Kaltfließpressen – Spanen durch Hartdrehen als Feinbearbeitungsverfahren für einsatzgehärtete Preßteile, Dissertation RWTH Aachen, 1991

[HALL82] HALL, H.T.
Synthetic Diamonds
Encyclopedia of Chemical Processing and Design, New York and Basel, 1982

[HABI80] HABIG, K.H.
Verschleiß und Härte von Werkstoffen
Carl Hanser Verlag München Wien 1980, S. 40-46

[HANN80] HANNAY, J. B.
Proceedings of the Royal Society, Vol. 30, S. 188, 1880

[HART88] HARTEL, R.
Feinstdrehen von Metalloptiken – Einflüsse des Maschinenverhaltens auf die Oberflächengüte, Dissertation RWTH Aachen, 1988

[HURT84] HURT, H.H.; DECKER, D.L.
Tribological Considerations of the Diamond Single-Point Tool
SPIE Vol. 508, Production Aspects of Single Point Machined Optics, 1984, S. 126-131

[IKAW71] IKAWA, N.; TANAKA, T.
Thermal Aspects of Wear of Diamond Grain Grinding
Annals of the CIRP, Vol. 1971, S.153-157

[IKAW82] IKAWA, N.; SHIMADA, S.
Microfracture of diamond as fine tool material
Annals of the CIRP, Vol. 21/1, 1982, S. 71-74

[IKAW91] IKAWA, N.; SHIMADA, S.; TANAKA, H.; OHMORI, G.
An atomistic analysis of nanometric chip removal as affected by tool-work interaction in diamond turning
Annals of the CIRP, Vol. 40/1, 1991, S. 551-554

[ISHI98] ISHIKAWA, K.; SUWABE, H.; NISHIDE, T.; UNEDA, M.
A study on combined drilling by ultrasonic and low-frequency vibrations for hard and brittle materials; Precisions Engineering, Vol. 22, 1998, S. 196-205

[JOCH01] JOCHMANN, S.
Untersuchungen zur Prozess- und Werkzeugauslegung beim Hochpräzisionshartdrehen
Dissertation RWTH Aachen, Band 19, 2001, S. 6

[KAIS92] KAISER, K.M.
Grundlagenuntersuchungen zur Technologie der Feinbearbeitung einsatzgehärteter Verzahnungen mit definierter Schneide
Dissertation RWTH Aachen, 1992

[KIMJ96] KIM, J.D.; LEE, E.S.
A Study of Ultrasonic Vibration Cutting of Carbon Fibre Reinforced Plastics
International Journal of Advanced Manufacturing Technology, Vol. 12, 1996, S. 78-86

[KIMJ97] KIM, J.D.; CHOI, I.H.
Micro surface phenomenon of ductile cutting in the ultrasonic vibration cutting of optical plastics
Journal of Materials Processing Technology, Vol 68, 1997, S. 89-98

[KIMJ98] KIM, J.D.; CHOI, I.H.
Characteristics of Chip Generation by Ultrasonic Vibration Cutting with Extremely low Cutting Velocity; International Journal of Advanced Manufacturing Technology, Vol. 14, 1998, S. 2-6

[KLOC00] KLOCKE, F.; RÜBENACH, O.
Ultrasonic assisted diamond turning of glass and steel
Industrial Diamond Review, Vol. 3, 2000, S 227-239

[KLOC02a] KLOCKE, F.; KÖNIG, W.
Fertigungsverfahren Drehen, Fräsen, Bohren.
Springer Verlag, Band 1, 7. korrigierte Auflage, 2002, S. 1

[KLOC02b] KLOCKE, F.; RÜBENACH, O.; HESELHAUS, M.
Kinematics and material removal mechanisms in ultrasonic-assisted diamond turning of brittle materials; Production Engineering, Vol. IX/2, 2002, S. 35-38

[KLOC03] KLOCKE, F.; PONGS, G.; BRESSELER, B.; HESELHAUS, M.
Precison Technologies for Micro-Structuring of Glass; Proc. of the CIRP Seminar on Micro and NanoTechnology 2003, Copenhagen, Denmark, 2003

[KLOC04] KLOCKE, F.; DEMMER, A.; HESELHAUS, M.
Material removal mechanisms in ultrasonic-assisted diamond turning of brittle materials; International Journal of Materials and Product Technology, Vol. 20, No. 4, 2004, S. 231-238

[KLOC05] KLOCKE, F.; KÖNIG, W.
Fertigungsverfahren Schleifen, Honen, Läppen
Springer Verlag, Band 2, 4. neu bearbeitete Auflage, 2005, S. 21

[KLOO82] KLOOS, K.H.
Werkzeugbeanspruchung, Stand und Entwicklung der Eisenwerkstoffe
VDI Berichte Nr. 432, 1982, S. 1-18

[KNUE00] KNUEPFERMANN, M.; READ, R.; NUNN, R.; CLARK, I.
Ultrapräzisionsbearbeitung gehärteter Stahlbauteile mit Amborite
Industrie Diamanten Rundschau IDR 34/3, S. 222-230, 2000

[KOCH92a] KOCH, E.N.
Technologie zum Schleifen asphärischer optischer Linsen
Dissertation RWTH Aachen, 1992

[KOCH92b] KOCH, E.N.
Abrichtverfahren zum duktilen Schleifen optischer Gläser
Industrie Diamanten Rundschau IDR 4/92, S.246-251

[KOCH96] KOCH, K.F.
Technologie des Hochpräzisions-Hartdrehens
Dissertation RWTH Aachen, Band 5/96, 1996

[KOEN93] KÖNIG, W.
Turning versus grinding – A comparison of surface integrity aspects and attainable quality
Annals of the CIRP, Vol. 42/1/1993, S. 39-43

[KOEN94] KÖNIG, W.; SINHOFF, V.; ZAMEL, S.
Tutorial Manufacturing Strategies fort he Produciton of Ultraprecision Parts
Conference UME 3, Aachen, Germany, 1994, S. 26

[KOEN98] KÖNIG, M.
Fräsbearbeitung von Graphitelektroden
Dissertation RWTH Aachen, Shaker Verlag, Band 18/98, 1998, S. 3,

[KOHL01] KOHLSCHEEN, J.; STOCK, H.R.; MAYR, P.
Chemical Bonding in Magnetron Sputtered TiNx Coatings and its Relation to Diamond Turnability
Surface Coating Technology, Vol. 142-144, S.992-998, 2001

[KOSH07] KOSHIMIZU, S.
Ultrasonic-Assisted Cutting of Titanium Alloy;
America Society for Precision Engineering, Proceedings of the 2007 Spring Topical Meeting, Vol. 40, 2007, S. 11-14

[KRAT90] KRATSCHMER, W.; et al.
Solid C_{60}: A new Form of Carbon
Nature, Vol. 347, S, 354-357, 1990

[KREL99] KRELL, A.; BLANK, P.; BERGER, L.; RICHTER, V.
Submicrometer Cutting Tools on the Basis of Al2O3 for Machining Alloyed Hard Cast Iron and Hardened Steels;
Proceeding of the 23rd Annual Conference on Composites, Advanced Ceramics, Materials and Structures, 1999

[KROT85] KROTO, H.W.; HEATH, J.R.; O'BRIEN, S.C.; CURL, R.F.; SMALLEY, R.E.
C_{60}–Buckminsterfullerene
Nature, Vol. 318, S. 162-163, 1985

[KURI06] KURIYAMA, K.; FUKUTA M.; YAMANE Y.
Deterministic ultra-precision cutting of cemented carbide for aspheric mold
Proceedings of the 8th International Conference on Progress of Machining Technology, November 2006, Hiroshima, Japan, S. 353 (8A-1)

[KUTT88] KUTTRUFF, H.
Physik und Technik des Ultraschalls,
S. Hirzel Verlag Stuttgart, 1988

[LEHF58] LEHFELDT, W.
Ultraschall in der Feinbearbeitung
DEVA Fachverlag in der Deutschen Verlagsanstalt GmbH Stuttgart, 1958

[LINZ97] LIN, Z.C.; LAI, W.L.; LIN, H.Y.; LIU, C.R.
Residual stresses with different tool flank wear lengths in the ultra-precision machining of Ni-P alloys
Journal of the Materials Processing Technology, Vol. 65, 1997, S. 116-126

[LIUC02] LIU, C.S.; ZHAO, B.; GAO, G.F.; JIAO, F.
Research on the characteristics of the cutting force in the vibration cutting of a particle-reinforced metal matrix composites SiCp/Al; Journal of Materials Processing Technology, Vol. 192, 2002, S. 380-384

[LIUK04] LIU, K.; LI, X.P.; RAHMAN, M., LIU, X.D.
Study of ductile mode cutting in grooving of tungsten carbide with an without ultrasonic vibration assistance; International Journal of Advanced Manufacturing Technology, Vol. 24, 2004, S.389-394

[LIUK06] LIU, K.; LI, P.; RAHMAN, M.
Characteristics of ultrasonic vibration-assisted ductile mode cutting of tungsten carbide; International Journal of Advanced Manufacturing Technology, Vol. 35 No. 7-8, 2006, S. 833-841

[LIUX03] LIU, X.D.; DING, X.; LEE, L.C.; FANG, F.Z.; LIM G.C.
Direct Single Point Diamond Cutting of Stavax Assisted with Ultrasonic Vibration to Produce Optical Quality Surface Finish
American Society for Precision Engineering, Proceedings of the 18th Annual Meeting 2003, S. 1-4

[MATS00] EUROPEAN PATENT APPLICATION, EP0979700A2 (16.02.2000).
Matsuo, M.: Elliptical vibration cutting method and elliptical vibration cutting apparatus

[MICH06] MICHAELI, W.; OPFERMANN, D.
Ultrasonic Plasticising for Micro Injection Moulding.
Proceedings of the Second International Conference on Multi-Material Micro Manufacture (4M). Grenoble, France, 2006, S. 345-348

[MIKR02] HESSELBACH, J.; WEULE, H.; KLOCKE, F.; WECK, M.
mikroPRO - Untersuchung zum internationalen Stand der Mikroproduktionstechnik, Vulkan Verlag Essen, 2002, S. ....

[MILB05] Milberg, J.
Deutschland eine starke Marke – ein Beittrag zur Leitbildiskussion in Deutschland; Tagungsband, Aachener Werkzeugmaschinenkolloquium 2005, 2005, S. 2-15

[MOIS94] MOISSAN, H.
C.R. Acad. Sci., Paris, Vol. 118, S. 320, 1894

[MORI91] MORIWAKI, T.; SHAMOTO, E.
Ultraprecision Diamond Turning of Stainless Steel by Applying Ultrasonic Vibration; Annals of the CIRP Vol. 40/1/1991, S. 559-562

[MORI92] MORIWAKI, T.; SHAMOTO, E.; INOUE, K.
Ultraprecision Ductile Cutting of Glass by Applying Ultrasonic Vibration
Annals of the CIRP Vol. 41/1/1992, S. 141-144

[MORI94] MORIWAKI, T.; SHAMOTO, E.
Study on Elliptical Vibration Cutting,
Annals of the CIRP Vol. 43/1/1994, S. 35-38

[MORI95] MORIWAKI, T.; SHAMOTO, E.
Ultrasonic Elliptical Vibration Cutting
Annals of the CIRP Vol. 44/1/1995, S. 31-34

[MORI99] MORIWAKI, T.; SHAMOTO, E.
Ultraprecision Diamond Cutting of Hardened Steel by Applying Elliptical Vibration Cutting; Annals of the CIRP, Vol. 48/1, 1999, S. 441-444

[MORI00] MORIWAKI, T.; SHAMOTO, E.; TANAKA, K.; MATSUO, M.; OSADA, M.
Development of ultraprecision 5-axis machine tool equipped with elliptical vibration cutting device; Initiatives of Precision Engineering at the Beginning of a Millennium: 10th International Conference on Precision Engineering (ICPE), 2001, Yokohama, Japan, S. 589-593

[MORI04] MORIWAKI, T.; SHAMOTO, E.; SONG, Y.; KOHDA, S.
Development of a Elliptical Vibration Milling Machine
Annals of the CIRP, 53/1/2004, S. 341-344

[MORR95] MORRIS, J.C.; CALLAHAN, D.L.; KULIK, J.; PATTEN, J.A.; SCATTERGOOD, R.O.
Origin of Ductile Regime in Single-Point Diamond Turning of Semiconductors
Journal of the American Ceramic Society, 78 [8] 2015-20, 1995, S. 2015-2020

[NAKA88] NAKAYAMA, K.; ARAI, M.; KANDA, T.
Machining Characteristics of Hard Materials
Annals of the CIRP, 37/1/1988, S. 89-92

[NAKS90] NAKASUJI, T.; KODERA, S.; HARA, S.; MATSUNAGA, H.; IKAWA, N.; SHIMADA, S.
Diamond Turning of Brittle Materials for Optical Components
Annals of the CIRP, Vol. 39/1/1990; S. 89-92

[NANO05] N.N.
Process chain and system development for the manufacture of ultraprecision steel components, Abschlussbericht des EU Projekts NanoSteel
Projektnr. G1RD-CT-2002-00767, 2005

[NAZA01] NAZARÉ, M.H.; NEVES, A.J.
Properties, Growth and Applications of Diamond
The Institution of Electrical Engineers INSPEC, London, United Kingdom, 2001,

[NEIS94] NEISES, A.
Einfluss von Aufbau und Eigenschaften hochharter nichtmetallischer Schneidstoffe auf Leistung und Verschleiß im Zerspanprozess mit geometrisch definierter Schneide
Dissertation, RWTH Aachen, 1994

[NEOK03] NEO, K.S.; RAHMAN, M.; LI, X.P.; KHOO, H.H.; SAWA, M.; MAEDA, Y.
Performance evaluation of pure CBN tools for machining of steel
Journal of Materials Processing Technology, Vol. 140, 2003, S. 326-331

[NISH86] NISHIGUCHI, T.; MASUDA, M.
Mirror-like cutting of ferrous metals with CBN tools
Proceeding of the 14th NAMRC Conference, 1986, S. 459-464

[NISH88] NISHIGUCHI, T.; MASUDA, M.
Precision cutting of ferrous metals with single crystal CBN cutting tools
Journal of the Japanese Society for Precision Engineering, Vol. 54/1, 1988, S. 140-143

[ONIK06] ONIKURA, H.; ONISHI, O.; SAJIMA, T. KOGA, T., MORIY, M.
Development of an Ultrasonic Vibration Spindle with Aerostatic Bearing for Micro Drilling; Proceedings of th 6th euspen International Conference, Baden, Austria, 2006, S. 317-320

[OOME92] OOMEN, J.M.; EISSES, J.
Wear of Monocrystalline Diamond Tools during Ultraprecision Machining of Nonferrous Metals
Precision Engineering, October 1992, Vol. 14, No 4, S. 206-218

[PAUL96] PAUL, E.; EVANS, C.J.; MANGAMELLI, A.; MC GLAUFLIN, M.L.; POLVANI, R.S.
Chemical Aspects of Tool Wear in Single Point Diamond Turning
Precision Engineering, 1996, Vol. 18, 1996, Seite: 4-19

[PGEN07] N.N.
Informationsschrift der Fa. PGE, Niederlande
www.pge.nl

[POUL99] POULACHON, G., MOISAN, A.L.
Hard Turning: Chip Formation Mechanisms and Metallurgical Aspects
Manufacturing Science and Engineering, MED-Col. 10, 1999

[PROM06]
Studie: Produktion von mikrooptischen Bauteilen und Systemen PROMOT
Deutscher Industrieverband für optische, medizinische und mechatronische Technologien e.V. SPECTARIS, 2006

[RIEM01] RIEMER, O.
Trennmechanismen und Oberflächenfeingestalt bei der Mikrozerspanung kristalliner und amorpher Werkstoffe
Dissertation Universität Bremen, Forschungsberichte aus der Stiftung Institut für Werkstofftechnik, Band 7, 2001, S. 42

[RUBE85] RUBENSTEIN, C.; LAU, W.S.; VENUVINOD, P.K.
Flow of workpiece material in the vicinity of the cutting edge
International Journal of Machine Tools and Design and Research, Vol. 25, No. 1, 1985, S. 91-97

[RUEB01] RÜBENACH, O.
Schwingungsunterstützte Ultrapräzisionsbearbeitung optischer Gläser mit monokristallinen Diamantwerkzeugen, Dissertation RWTH Aachen, 2001

[SAKA02] SAKAMOTO S.; YASUI, H.; KAWADA, M.; KONDO, S.
Ultra-Precision Cutting of Difficult-to-Cut Materials; Proceedings of the 10th International Conference on Precision Engineering (ICPE), Yokohama, Japan, Kluver Academic Publishers, S. 234-238, 2001

[SCHM99] SCHMIDT, J.
Mechanische und thermische Wirkungen beim Drehen gehärteter Stähle
Dissertation Universität Hannover, 1999

[SCHM03] SCHMÜTZ, J.
Mikrostrukturierung duktiler Werkstoffe mit ultraschallangeregten Werkzeugen
Dissertation Universität Bremen, Shaker Verlag, 2003

[SCHO07] N.N.
Datenblatt der Fa. Schott „Optical Materials for Precision Molding"
Schott AG, 2007

[SHAM97] SHAMOTO, E.; MORIWAKI, T.; MATSUO, M.
Ultraprecision Diamond Cutting of Die Steel by Applying Ultrasonic Elliptical Vibration Cutting; Proceedings of the International Conference and Exhibition on Design and Production of Dies and Molds, 1997, S. 105-110

[SHAM99] SHAMOTO, E.; MORIWAKI, T.
Ultra-precision Diamond Cutting of Hardened Steel by Applying Elliptical Vibration Cutting, Annals of the CIRP Vol. 48/1/1999, S. 441-444

[SHAM02] SHAMOTO, E.; SUZUKI, N.; MORIWAKI, T.; NAOI, Y.
Development of ultrasonic elliptical vibration controller for elliptical vibration cutting; Annals of the CIRP, Vol. 51/1/2002, S. 327-330

[SHAM07] SHAMOTO, E.; SUZUKI, N.; HINO, R.
Simulation of Elliptical Vibration Cutting Process with Thin Shear Plane Model America Society for Precision Engineering, Proceedings of the 2007 Spring Topical Meeting, Vol. 40, 2007, S. 64-69

[SHAW93] SHAW, M.C.; VYAS, A.
Chip Formation in the Machining of Hardened Steel
Annals of the CIRP, Vol. 42/1/1993, S. 29-33

[SHIM00] SHIMADA, S.; INAMURA, T.; HIGUCHI, M.; TANAKA, H.; IKAWA, N.;
Suppression of Tool Wear in Diamond Turning of Copper under Reduced Oxygen Atmosphere, Annals of the CIRP, Vol. 49/1, 2000, S. 21-24

[SHIM04] S. SHIMADA, H. TANAKA, M. HIGUCHI, T. YAMAGUCHI, S. HONDA AND K. OBATA
Thermo-Chemical Wear Mechanism of Diamond Tool in Machining of Ferrous Metals; Annals of the CIRP, Vol. 53, Issue 1, 2004, S. 57-60

[SIEB52] SIEBEL, E.
Werkstoffmechanik
VDI-Z 94, 1952, S. 465-471

[SINH96] SINHOFF, V.
Feinbearbeitung optischer Gläser in Kleinserie
Dissertation RWTH Aachen, 1996

[SINN05] SINN, G.; MAYER, H.; STANZL-TSCHEGG, S.
Surface properties of wood and MDF after ultrasonic-assisted cutting
Journal of Material Science, Vol. 40, 2005, S. 4325-4332

[SPEN91] SPENRATH, N.
Technologische Aspekte zum Feinstdrehen von Kupferspiegeln
Dissertation RWTH Aachen, 1991, S. ....

[STOE95] STÖCK, M.; BÜCHEL, B.
Mikromeißeleffekt beim ultraschallunterstützten Bearbeiten sprödharter Werkstoffe mit PKD; Industrie Diamanten Rundschau IDR 2/95, S. 87-91

[STRA05] STRACK, E.
Synthetische Diamanten des amerikanischen Herstellers Gemesis
Diamond Business, Ausgabe 3, S. 26, 2005

[SUZU03] SUZUKI, N.; NAKAMURA, A.; SHAMOTO, E.; HARADA, K.; MATSUO, M.; OSADA, M.
Ultraprecision micromachining of hardened steel by applying ultrasonic elliptical vibration cutting; Proceedings of the International Symposium on Micromechatronics and Human Science, 2003, S. 221-226

[SUZU04] SUZUKI, N.; MASUDA, S.; HARITANI, M.; SHAMOTO, E.
Ultraprecision micromachining of brittle materials by applying ultrasonic elliptical vibration cutting
Proceedings of the Fourth Symposium Micro-Nanomechatronics for Information-Based Society, 2004, S. 133-138

[SUZU06] SUZUKI, H.; INAGAKI, A.; MORIWAKI, T.; OKINO, T.; HIJIKATA, Y.; ANDO, Y.
Development of ultrasonic circular vibration assisted micro aspherical polishing system; Proceedings of the 6th euspen International Conference; Baden, Austria, 05/2006, S. 28-31

[SUZU07a] SUZUKI, N.; HINO, R.; SHAMOTO, E.
Development of 3 DOF Ultrasonic Elliptical Vibration System for Elliptical Vibration Cutting; America Society for Precision Engineering, Proceedings of the 2007 Spring Topical Meeting, Vol. 40, 2007, S. 15-20

[SUZU07b] SUZUKI, N., HARITANI, M.; YANG, J.; HINO, R.; SHAMOTO, E.
Elliptical Vibration Cutting of Tungsten Alloy Molds for Optical Glass Parts
Annals of the CIRP, Vol. 56/1, 2007, S. 127-130

[TAKE88] TAKEYAMA, H.; IJIMA, N.
Machinability of Glassfiber Reinforced Plastics and Application of Ultrasonic Machining, Annals of the CIRP, Vol. 37/1, 1988, S. 93-96

[TAMI91a] TAMINIAU, D.A.; DAUTZENBERG, J.H.
Bluntness of the tool and process forces in high precision cutting
Annals of the CIRP, Vol. 40, 1991, S. 65-68

[TAMI91b] TAMINIAU, D.A.; DAUTZENBERG, J.H.
Wear of single crystal saphire tools in high precision cutting of steel
Forschungsbericht der Eindhoven University of Technology, Faculty of mechanical engineering, 1991

[TAMI94] TAMINIAU, D.A.; DAUTZENBERG, J.H.
High precision cutting of Steel: Choosing a tool material
Proceedings of the 3rd International Conference in Manufacturing Engineering, Aachen, 1994, S. 25-28

[TAMI00] TAMINAU, D.A.; DAUTZENBERG, J.H.
How to Understand Friction and Wear in Mechanical Working Processes
Proceedings of the International Workshop in Friction and Flow Stress in Cutting and Forming, Paris, France, Seite 35-55, 2000

[TANI83] TANIGUCHI, N.
Current Status in, and Future Trends of, Ultraprecision Machining and ultrafine materials processing
Annals of the CIRP, Vol. 32/2, 1983, S. 573-580

[TATR09] TRATRINOV, V.L.
Methode der Verbesserung von Dreh- und Hobelmaschinen durch Verwendung einer Vibrationsbewegung des Schneidwerkzeugs
Vestnik obscestva technologov, 1909, S. 17 nach [DOHM64]

[THOR72] THORNTON, A.G.; WILKS, J.
An Examination of Polished Diamond Surfaces in the Electron Microscope
Journal of Physics, Serie D: Appiled Physics, Vol. 9, 1976, S. 27-35

[THOR79] THORNTON, A.G., WILKS J.
Tool Wear and Solid State Reactions during Machining
Wear, Vol. 53, 1979, S. 165-187

[THOR80] THORNTON, A.G.; WILKS, J.
The wear of diamond tools turning mild steel
Wear, Volume 65, Issue 1, 1 December 1980, S. 67-74

[TRUC06] TRUCKENMÜLLER, R.; AHRENS, R.; CHENG, Y.; FISCHER, G.; SAILE, V.
An ultrasonic welding based process for building up a new class of inert fluidic microsensors and –actuators from polymers; Sensors and Actuators, Vol. 132/1, 2006, S. 385-392

[TSUJ90] TSUJI, K.; DEGAWA, J.; YAZU, S.
The cutting performance of CBN single crystals in precision cutting of hardened steels; Science and Technology of New Diamond, KTK Scientific publishers, Tokyo, 1990, S. 421-424

[UDDE04] N.N.
Datenblatt Fa. Uddeholm zu STAVAX ESU
Böhler Uddeholm Deutschland GmbH, Düsseldorf, 2004

[UEMU04] UEMURA, M.
An Analysis of the Catalysis of FE, Ni, or Co on the Wear of Diamonds
Tribology International, Vol. 37, Issues 11-12, 2004, S. 887-892

[VDI00] N.N.
Agenda optische Technologien für das 21. Jahrhundert
Waz Druck Duisburg, 2000, S. 1-2

[VESP03] VESPER, A.
Elektronen im Rampenlicht, aktualisierte Version von 2003
Zeitschrift: Forschen in Jülich, 3. Jahrgang, Nr. 1/99, S.14-17, April 1999
http://www.weltderphysik.de/de/1387.php

[WADA80] WADA, R.; KODOMA, K.; NAKAMURA, K.
Wear Characteristics of Single Crystal Diamond Tools
Annals of the CIRP, Vol. 29/1, 1980, S. 47-52

[WANG02] WANG, X.; ZHOU, M.; GAN, J.G.-K.; NGOI, B.
Theoretical and Experimental Studies of Ultraprecision Machining of Brittle Materials with Ultrasonic Vibration; International Journal of Manufacturing Technology, Vol. 20, 2002, S. 99-102

[WEBE84] WEBER, H.; HERBERGER, J.; PILZ, R.
Turning of Machinable Glass Ceramics with an Ultrasonically Vibrated Tool
Annals of the CIRP, Vol. 33/1, 1984, S. 85-87

[WECK95] WECK, M.; VOS, M.
Gedrehte und gefräste Mikrostrukturen
VDI-Z 137, Nr. 7/8, 1995, S. 33-35

[WEDE83] WEDEPOHL, K.H.
Diamant, seine Eigenschaften und seine Bildung
Akademie der Wissenschaften und Literatur, 1983, S. 1-23

[WENZ06] WENZEL, C.
Lokale Korrekturpolitur von komplexen Werkzeugformeinsätzen aus Stahl;
Dissertation RWTH Aachen, 2006

[WEST97] WESTKÄMPER, E.; HOFFMEISTER, H.W.; KAPPMEYER, G.
Zerspanung und Oberflächenausbildung beim Hochfrequenzhonen
Industriediamantenrundschau, Heft 31 Nr. 1, 1997, S. 62-68

[WEXL04] WEXLER, E.M.; LOUTFY, R.O.
Thermal insulation using fullerenes
Proceedings of the International Society Conference on Thermal Phenomena, 2004, S. 570-574

[WIER06] WIERCIGROCH, M.; WOJEWODA, J.; KRIVTSOV, A.M.
Dynamics of ultrasonic percussive drilling of hard rocks
Journal of Sound and Vibration, Vol. 280, 2005, S. 739-757

[WILK72] WILKS, E.M.; WILKS, J.
The Resistance of Diamond to Abrasion
Journal of Physics, Serie D: Applied Physics, Vol. 5, 1972, S. 1902-1919

[WILK80] WILKS, J.
Performance of Diamonds as Cutting Tools for Precision Machining
Precision Engineering, Volume 2, Issue 2, April 1980, S. 57-72

[WILK91] WILKS, E.; WILKS, J.
Properties and Applications of Diamond
Butterworth & Heinmann, Oxford, London, Bosten, 1991

[WOBK97] WOBKER, H.G.
Hartbearbeitung, Habilitation Universität Hannover, 1997

[WONG81] WONG, C.
Fracture and Wear of Diamond Cutting Tools
Journal of Eng. Materials and Technology, Vol. 103, S. 341-345, 1981

[XIAO02] XIAO, M.; KARUBE, S.; SOUTOME, T.; SATO, K.
Analysis of chatter suppression in vibration cutting; International Journal of Machine Tool & Manufacture, Vol. 42, 2002, S. 1677-1685

[XIAO03] XIAO, M.; SATO, K.; KARUBE, S.; SOUTOME, T.
The effect of tool nose radius in ultrasonic vibration cutting of hard metal International Journal of Machine Tool & Manufacture, Vol. 43, 2003, S. 1375-1382

[XIAO06] XIAO, M.; WANG, Q.M.; SATO, K.; KARUBE, S.; SOUTOME, T.; XU, H.
The effect of tool geometry on regenerative instability in ultrasonic vibration cutting; International Journal of Machine Tools & Manufacture, Vol. 46, 2006, S. 492-499

[YIAL06] YI, A.Y.; HUANG, C.; KLOCKE, F.; BRECHER, C.; et al.
Development of a compression molding process for three-dimensional tailored free-form glass optics; Applied Optics, Vol. 45, 2006, S. 6511-6518

[YUAN96] YUAN, Z.J.; ZHOU, M.; DONG, S.
Effect of diamond tool sharpness on minimum cutting thickness and cutting surface integrity in ultra-precision machining
Journal of Materials Processing Technology, Vol. 62, 1996, S. 327-330

[YOSH90] YOSHIDA, S.; ITO, H.
The Present and Future of Ductile Regime Grinding of Optical Parts
Bulletin of the Japan Society of Precision Engineering, Vol 24 No 4, December 1990, S.239-244

[ZIMM99] ZIMMERMANN, M.
Einfluss des Werkzeugverschleißes auf die Oberflächenqualität beim Feindrehen von schwer zerspanbaren Werkstoffen
Dissertation TU Dresden, 1999

[ZHAN04] ZHANG, C.; RENTSCH, R.; BRINKSMEIER, E.
Ultrasonic assisted lapping of complex microstructures using chemically active slurries, Proceedings of the 4th euspen International Conference, Glasgow, Scottland, 2004, S. 127-128

[ZHAN07] ZHANG, G.
Method for Extending Tool Life Time in Diamond Machining of Materials that Chemically React with Diamond; United Stated Patent, Nr. 7198043

[ZHAO02] ZHAO, B.; LIU, C.S.; ZHU, X.S.; XU, K.W.
Research on the vibration cutting performance of particle reinforced metal matrix composites SiCp/Al; Journal of Materials Processing Technology, Vol. 129, 2002, S. 380-384

[ZONG06] ZONG, W.J.; SUN, T.; LI, D.; CHENG, K.; LIANG, Y.C.
FEM optimization of tool geometry based on the machined near surface's residual stresses generated in diamond turning; Journal of Materials Processing Technology, Vol. 180, 2006, S. 271-278

Lebenslauf

Curriculum Vitae

Persönliche Daten

Name	Michael Heselhaus
Geburtsdatum	03. Juni 1972 in Südlohn
Familienstand	ledig
Staatsangehörigkeit	deutsch

Schule

Aug. 1982 – Jul 1988	Nünning Realschule, Borken Westf.
Aug. 1988 – Jun. 1991	Gymnasium Remigianum, Borken Westf., Abschluss: Abitur

Studium

Okt. 1995 – Sep. 2001	Studium des Maschinenbaus, Fachrichtung Fertigungstechnik, Rheinisch-Westfälischen Technische Hochschule (RWTH), Aachen, Abschluss: Diplom
Okt. 1999 – Apr. 2000	Studienaufenthalt zur Anfertigung der zweiten Studienarbeit an der McMaster University in Hamilton, Ontario, Kanada

Bundeswehr

Okt. 1991 – Jul. 1992	Wehrdienst, Flugabwehraketengeschwader 31, Westertimke, Bremen

Berufstätigkeit

Aug. 1992 – Jan. 1995	Ausbildung zum Maschinenbaumechaniker, Fa. Fooke GmbH, Borken Westf., Abschluss: Geselle
Feb. 1995 – Aug. 1995	Maschinenbaumechanikergeselle, Fa. Fooke GmbH, Borken Westf.
Okt. 1997 – Sep. 2001	Studentische Hilfskraft am Fraunhofer-Institut für Produktionstechnologie IPT, Aachen
Okt. 2001 – Apr. 2007	Wissenschaftlicher Mitarbeiter am Fraunhofer-Institut für Produktionstechnologie IPT, Abteilung Prozesstechnologie, Aachen
Feb. 2005 – Dez. 2007	Gruppenleiter für den Bereich „Zerspanung mit definierter Schneide“ am Fraunhofer-Institut für Produktionstechnologie IPT, Abteilung Prozesstechnologie, Aachen
seit Mai 2007	Referent Produktionstechnologie, ZF Friedrichshafen AG, Friedrichshafen

MIX

Papier | Fördert gute Waldnutzung

FSC® C083411

Kolibri 360 GmbH
Ferdinand-Jühlke-Straße 7
99095 Erfurt, Deutschland
produktsicherheit@kolibri360.de